“十四五”高等职业教育装备制造类新形态系列教材

焊接综合实训

马春雷◎主　编
赵　娜　武　祎◎副主编
王新年◎主　审

中国铁道出版社有限公司
CHINA RAILWAY PUBLISHING HOUSE CO., LTD.

内 容 简 介

本书根据职业教育国家教学标准体系关于焊接技术专业的教学标准要求进行编写，有机融入《国家职业技能标准》中焊工职业等级标准和“1+X”特殊焊接技术职业技能等级标准的相关内容，以培养操作技能为根本，按照实际工作情景，突出职业教育特色。

本书分为六个项目，分别介绍了焊接工程中常见的焊条电弧焊、CO_2 气体保护焊、手工钨极氩弧焊、埋弧焊、焊接机器人、气割与等离子切割。本书是以任务为导向的活页式教材，内容按照焊接实际生产环节和典型任务，由浅入深，循序渐进，突出焊工岗位技能操作的实用性，强调实践能力培养和岗位技能训练，适合高素质技术技能型人才的培养要求。

本书适合作为高等职业院校焊接技术专业实训课教材，也可作为企业职工的焊接技能培训教材。

图书在版编目(CIP)数据

焊接综合实训/马春雷主编．—北京：中国铁道出版社有限公司，2024．1
“十四五”高等职业教育装备制造类新形态系列教材
ISBN 978-7-113-30788-2

Ⅰ．①焊…　Ⅱ．①马…　Ⅲ．①焊接-高等职业教育-教材　Ⅳ．①TG4

中国国家版本馆 CIP 数据核字(2023)第 240433 号

书　　名：焊接综合实训
作　　者：马春雷

策　　划：曾露平　　　编辑部电话：(010)63551926
责任编辑：曾露平　许　璐
封面设计：刘　颖
责任校对：安海燕
责任印制：樊启鹏

出版发行：中国铁道出版社有限公司(100054，北京市西城区右安门西街 8 号)
网　　址：http://www.tdpress.com/51eds/
印　　刷：北京联兴盛业印刷股份有限公司
版　　次：2024 年 1 月第 1 版　2024 年 1 月第 1 次印刷
开　　本：787 mm×1 092 mm　1/16　印张：11　字数：273 千
书　　号：ISBN 978-7-113-30788-2
定　　价：39.80 元

前 言

2021年4月，习近平同志对职业教育工作作出重要指示："在全面建设社会主义现代化国家新征程中，职业教育前途广阔、大有可为""增强职业教育适应性，加快构建现代职业教育体系，培养更多高素质技术技能人才、能工巧匠、大国工匠"。为适应新时代高等职业院校焊接技术专业人才培养的要求，本书以培养操作技能为根本目标，通过任务驱动模式，按照实际工作情景，系统地介绍了常见焊接方法的焊接材料、设备、工艺及操作，突出理论与实际的联系。

本书由黑龙江农业工程职业学院焊接教研室教师和企业专家根据职业教育国家教学标准体系关于焊接技术专业的教学标准要求进行编写，有机融入《国家职业技能标准》中焊工职业等级标准和"1+X"特殊焊接技术职业技能等级标准中有关内容及要求。本书在编写中以理论够用、技能好用、操作实用为原则，按照实际工作情景展开教学内容，并采用了以任务为导向的活页式教材呈现形式，突出职业教育特色。

本书由黑龙江农业工程职业学院马春雷主编，由黑龙江农业工程职业学院赵娜、武祎任副主编，黑龙江农业工程职业学院侯忠义、张振华，哈尔滨建成北方专用车有限公司关颂参与编写。全书由马春雷统稿，黑龙江农业工程职业学院机械工程学院院长王新年主审。全书编写分工如下：马春雷编写项目一和项目二；武祎编写项目三；侯忠义编写项目四；赵娜编写项目五；张振华编写项目六中的任务一和任务二；关颂编写项目六中的任务三。关颂在本书编写过程中也提出了许多宝贵意见。

本书在编写过程中，得到黑龙江农业工程职业学院教师的大力支持，在此表示衷心感谢。

由于编者水平有限，书中难免有疏漏和不妥之处，恳请读者批评指正。

编　者

2023年11月

目录

项目一 焊条电弧焊

任务一 基本操作练习

任务目标

(1)掌握焊条电弧焊的原理及应用范围。

(2)掌握焊条电弧焊的基本操作。

任务分析

(1)学习手工焊条电弧焊的引弧和收弧操作。

(2)练习焊条电弧焊的运条操作,焊出合格的焊缝。

知识准备

焊条电弧焊又称"手弧焊",是手工操作的电弧焊方法。焊接时,焊条与焊件分别作为两个电极,利用焊条与工件之间产生的电弧热来熔化焊件金属,冷却后形成焊缝。

焊条电弧焊是最常用的熔焊方法之一。焊条电弧焊焊接设备如图 1-1 所示。在焊条末端和工件之间燃烧的电弧所产生的高温使药皮、焊芯和焊件熔化,药皮熔化过程中产生的气体和熔渣不仅使熔池与电弧周围的空气隔绝,而且和熔化了的焊芯、母材发生一系列冶金反应,使熔池金属冷却结晶后形成符合要求的焊缝。

1. 焊条电弧焊的优点

(1)设备简单,维护方便。焊条电弧焊可用交流弧焊机或直流弧焊机进行焊接,这些设备都比较简单,购置设备的费用少,而且维护方便,这是它应用广泛的原因之一。

(2)操作灵活。在空间任意位置的焊缝,凡焊条能够达到的地方都能进行焊接。

(3)待焊接头装配要求低。由于焊接过程由焊工控制,可以适时调整电弧位置和运条手法,修正焊接参数,以保证跟踪接缝和均匀熔透,因此对焊接接头装配尺寸要求相对较低。

(4)可焊金属材料广。焊条电弧焊广泛应用于低碳钢、低合金结构钢的焊接。焊条电弧焊也常用于不锈钢、耐热钢、低温钢等合金结构钢的焊接,又可用于铸铁、铜合金、镍合金材料的焊接,也可以对耐磨损、耐腐蚀等特殊使用要求的构件进行表面层堆焊。

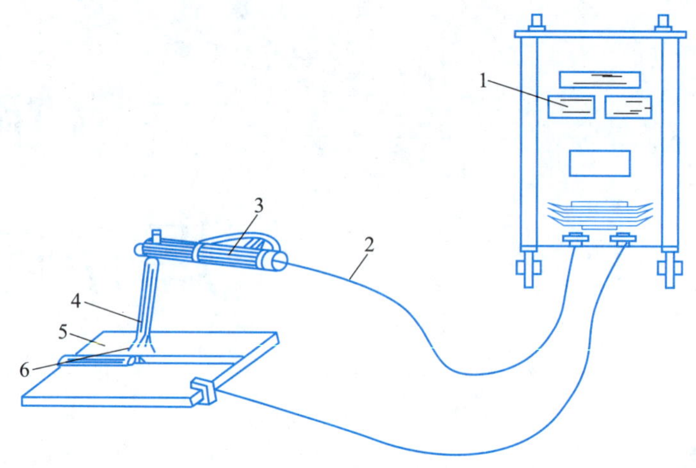

1—弧焊电源;2—电缆;3—焊钳;4—焊条;5—焊件;6—电弧。

图 1-1 焊条电弧焊焊接设备示意图

2. 焊条电弧焊的缺点

(1)依赖性强。虽然焊接接头的力学性能可以通过选择与母材力学性能相当的焊条来保证,但焊缝质量在很大程度上依赖于焊工的操作技能及现场发挥,甚至焊工的精神状态也会影响焊缝质量。

(2)劳动条件差。焊条电弧焊主要靠焊工的手工操作控制焊接的全过程,焊工不仅要完成引弧、运条、收弧等动作,而且要随时观察熔池,根据熔池情况,不断地调整焊条角度、摆动方式和幅度以及电弧长度等。所以说整个焊接过程中,焊工都处在手脑并用、精神高度集中的状态,而且还要受到高温烘烤,在有毒的烟尘及金属和金属氧氮化合物的蒸气环境中工作。焊工的劳动条件是比较差的,因此要加强劳动保护。

(3)生产率低。焊条电弧焊与其他的电弧焊相比,由于其使用的焊接电流小,每焊完一根焊条后必须更换焊条,以及由于需要清渣而停止焊接等,故这种焊接方法的熔敷速度低,生产效率低。

任务实施

焊条电弧焊中,焊缝能否正确成形,是否产生焊接缺陷,在很大程度上取决于焊工的操作技术。焊工的基本操作技术有引弧,运条,焊缝的起头、收尾和连接等。

一、引弧

引弧是焊接过程中频繁进行的动作。引弧技术直接影响到焊接质量,因此必须认真对待,予以重视。

焊接开始时,将焊条末端轻轻接触工件,然后迅速离开,保持一定距离(2~4 mm)后产生电弧的过程称为引弧。引弧的方法一般有直击法、划擦法两种。

1. 直击法

先将焊条末端对准焊缝,然后将手腕放下,轻微碰一下焊件,随后迅速地将焊条提起 3~

4 mm,电弧引燃后立即使弧长保持在焊条直径所要求的范围内,如图 1-2(a)所示。

2. 划擦法

这种方法与擦火柴有些相似。先将焊条末端对准焊件,然后将焊条在焊件表面划擦一下,当电弧产生后金属还没有熔化的一瞬间,立即拉起电弧,使焊条末端与被焊金属表面的距离维持在 2~4 mm,如图 1-2(b)所示。

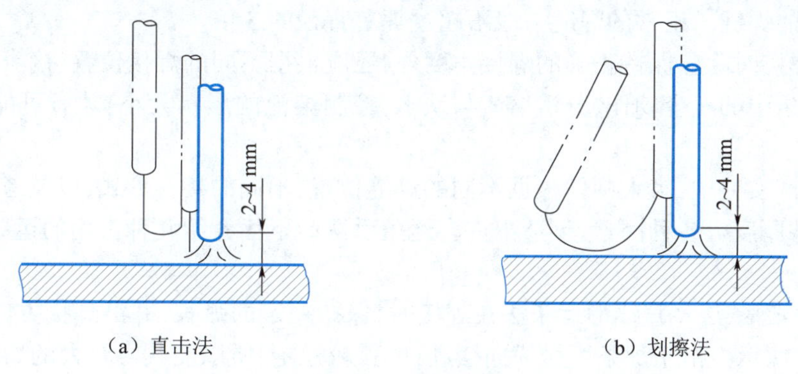

(a) 直击法　　(b) 划擦法

图 1-2　引弧的方法

以上两种方法相比,划擦法比较容易掌握。但是在狭小工作面上或焊件表面不允许损伤时,就不如直击法好。直击法对初学者来说较难掌握,一般容易发生电弧熄灭或短路现象。这是由于没有掌握好焊条离开焊件时的速度和焊条与工作表面的距离而引起的。如果动作太快或焊条提起太高,就不能引燃电弧,或者电弧只燃烧一瞬间就熄灭;相反,动作太慢就可能使焊条与焊件粘在一起,焊接回路发生短路现象,这种情况一般都发生在划擦法中。

引弧时,如果焊条和焊件粘在一起,只要将焊条左右摇动几下,就可以脱离焊件,如果这时还不能脱离焊件,就应立即将焊钳与回路断开,待焊条稍冷再将粘住的焊条脱离焊件。如果焊条粘住焊件的时间过长,可能会因过大的短路电流而使电焊机烧坏,所以引弧时,手腕动作必须灵活准确,而且要选择好引弧起始点的位置。

直击法一般适用于酸性焊条,划擦法一般适用于碱性焊条。

二、运条

为保证焊缝质量,正确运条是十分必要的,初学者更应注意。在焊接过程中,焊条相对焊缝所做的各种运动的总称叫作运条。

当电弧引燃后,焊条有三个方向的基本运动:

(1)焊条向熔池送进的运动。为了使焊条在熔化后仍能保持一定弧长,要求焊条向熔池方向送进的速度与焊条熔化的速度相适应。如果焊条送进的速度低于焊条熔化的速度,则电弧的长度逐渐增加,最终导致断弧。如果焊条送进的速度太快,则电弧长度迅速缩短,使焊条末端与焊件接触造成短路,同样会使电弧熄灭。

(2)焊条沿焊接方向的移动。这个运动主要是使焊接熔敷金属形成焊缝。焊条移动的速度与焊接质量、焊接生产率有很大关系。如果焊条移动的速度太快,则电弧可能来不及熔化足够的焊条与焊件金属,造成未焊透、焊缝较窄。若焊条的移动速度太慢,则会造成焊缝过高、过宽,外形不整齐,在焊接较薄焊件时容易造成焊穿。因此,运条速度适当才能焊缝均匀。

(3)焊条的横向移动。其主要目的是得到一定宽度的焊缝,防止两边产生未熔合或夹渣,也能延缓熔池金属的冷却速度,有利于气体逸出。焊条横向摆动的范围应根据焊缝宽度与焊条的直径而定,横向摆动的速度应根据熔池的熔化情况灵活掌握。横向摆动力求均匀一致,以获得宽度一致的焊缝。正常的焊缝一般不超过焊芯直径的 5 倍。

总之,在焊接时除应保持正确的焊接角度外,还应根据不同的焊接位置、接头形式、焊件宽度灵活运用运条中的三个动作,分清熔渣与铁水,控制熔池的形状大小,才有可能焊出合格的焊缝。

在焊接生产实践中,工人师傅根据不同的焊缝位置,不同的接头形式,以及考虑焊条直径、焊接电流、焊件厚度等各种因素,创造出许多运条手法。下面介绍几种常用的运条方法及适用范围。

(1)直线形运条法。直线形运条法在焊接时,保持一定的弧长,并沿焊接方向做不摆动的前移,如图 1-3 所示。由于焊条不做横向摆动,电弧较稳定,所以能获得较大的熔深,但焊缝的宽度较窄,一般不超过焊条直径的 1.5 倍,所以这种方法适用于板厚 3~5 mm 的不开坡口对接平焊、多层焊的第一道和多层多道焊。

(2)直线往复形运条法。直线往复形运条法是焊条末端沿焊缝的纵向做来回直线形摆动(图 1-4)。这种运条方法的特点是焊接速度快、焊缝窄、散热也快,适用于薄板焊接和接头间隙较大的焊缝。

图 1-3　直线形运条法

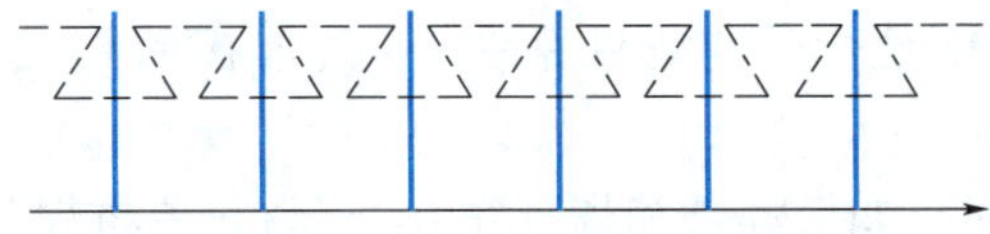

图 1-4　直线往复形运条法

(3)锯齿形运条法。锯齿形运条法是将焊条末端做锯齿形连续摆动而向前移动(图 1-5),并在两边稍停片刻,停留时间视操作时的实际情况而定,以防止咬边为宜。摆动的主要目的是控制焊缝熔化金属的流动和得到必要的焊缝宽度,以获得较好的焊缝成形。由于这种方法容易操作,所以在实际生产中应用较广,多用于较厚钢板的焊接。其具体应用范围是平焊、立焊、仰焊的对接接头和立焊角接接头。

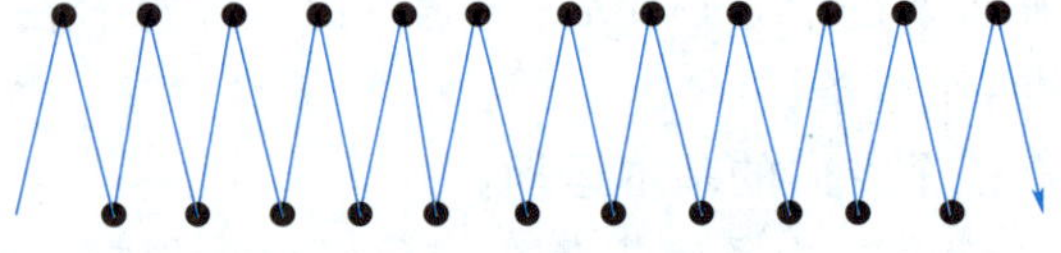

图 1-5　锯齿形运条法

(4)月牙形运条法。月牙形运条法在生产上的应用也比较广泛,采用这种方法时,使焊条末端沿着焊接方向做月牙形的左右摆动(图 1-6),摆动的速度要根据焊缝的位置、接头形式、焊缝宽度和电流大小来决定。同时还要注意在两边的适当位置做片刻停留,这是为了使焊缝边缘有足够的熔深,并防止产生咬边现象。月牙形运条法的适用范围和锯齿形运条法基本相同,不过用它焊出来的焊缝余高较高。这种运条方法的优点是母材金属熔化良好，有较长的保温时间，容易使气体析出，熔渣易浮到焊缝表面上来。所以对提高焊缝质量有好处。

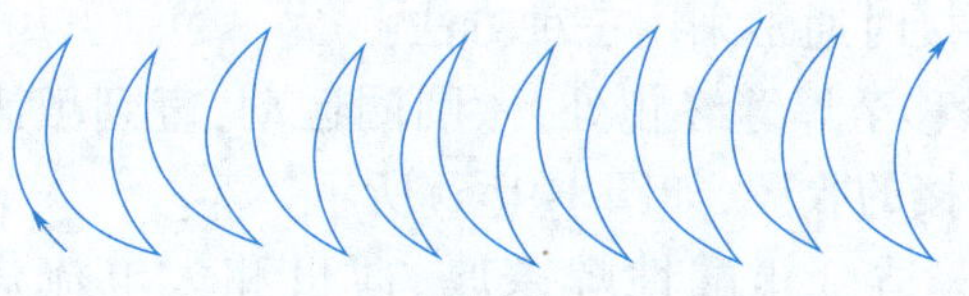

图 1-6　月牙形运条法

（5）三角形运条法。三角形运条法是焊条末端做连续的三角形运动，并不断向前移动，根据它的适用范围不同，基本上可以分为两种形式：斜三角形运条法和正三角形运条法，如图 1-7 所示。其中斜三角形运条法适用于焊接 T 形接头的仰焊缝和有坡口的横焊缝。它的优点是能够借焊条的摆动来控制熔化金属，促使焊缝成形良好。而正三角形运条法适用于开坡口的对接接头和 T 形接头立焊。它的特点是一次能焊出较厚的焊缝断面，焊缝不易产生夹渣等缺陷，有利于提高生产率。

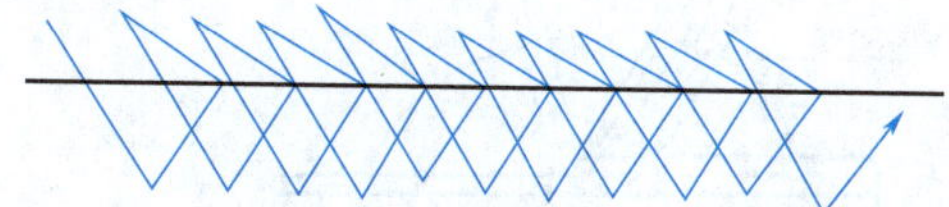

（a）斜三角形运条法

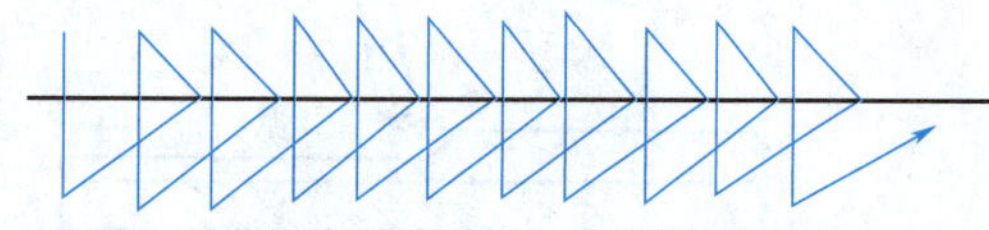

（b）正三角形运条法

图 1-7　三角形运条法

（6）圆圈形运条法。圆圈形运条法是焊条末端连续做圆圈运动，并不断前移，根据它的适用范围不同，基本上可以分为两种形式：斜圆圈形运条法和正圆圈形运条法，如图 1-8 所示。其中正圆圈形运条法只适用于焊接较厚工件的平焊缝。它的优点是能使熔化金属有足够高的温度，促使溶解在熔池中的氧、氮等气体有机会析出，同时便于熔渣上浮。而斜圆圈形运条法适用于平、仰位置的 T 形接头焊缝和对接接头的横焊缝。它的特点是有利于控制熔化金属不受重力的影响而产生下淌现象，有助于焊缝成形。

（a）斜圆圈形运条法

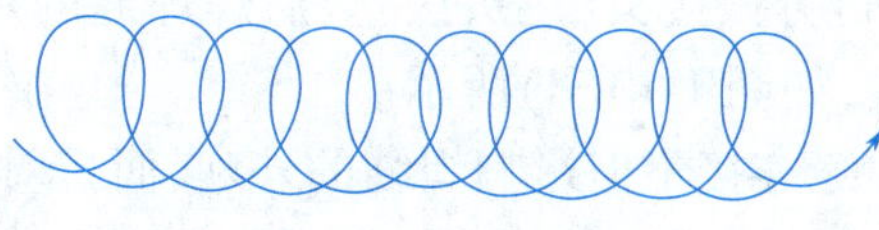

（b）正圆圈形运条法

图 1-8　圆圈形运条法

三、焊缝的起头、收尾与连接

1. 焊缝的起头

焊缝的起头是指开始焊接的部分，由于引弧后不可能迅速使这部分金属温度升高。所以起点部分的熔深较浅，焊缝余高较高。为了减少这种现象，可以采用较长的电弧对焊缝的起头处进行必要的预热，然后适当地缩短电弧的长度再转入正常焊接。

2. 焊缝的收尾

焊缝收尾时由于操作不当往往会形成弧坑,降低焊缝的强度,产生应力集中或裂纹。为了防止和减少弧坑的出现,焊接时通常采用三种方法:

(1)划圈收尾法。焊条移至焊缝终止处,做圆圈运动,直到填满弧坑后再拉断电弧,此法适合于酸、碱性焊条厚板焊接的收尾,如图 1-9(a)所示。

(2)反复断弧收尾法。适合于酸性焊条厚、薄板和大电流焊接的收尾,如图 1-9(b)所示。

(3)回焊收尾法。适合于碱性焊条的收尾,如图 1-9(c)所示。

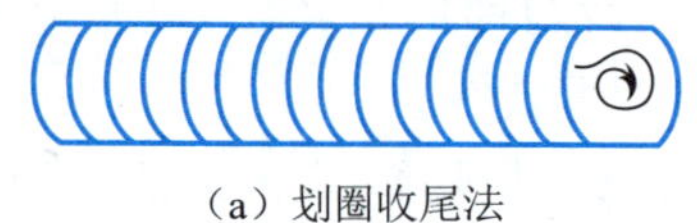

(a)划圈收尾法

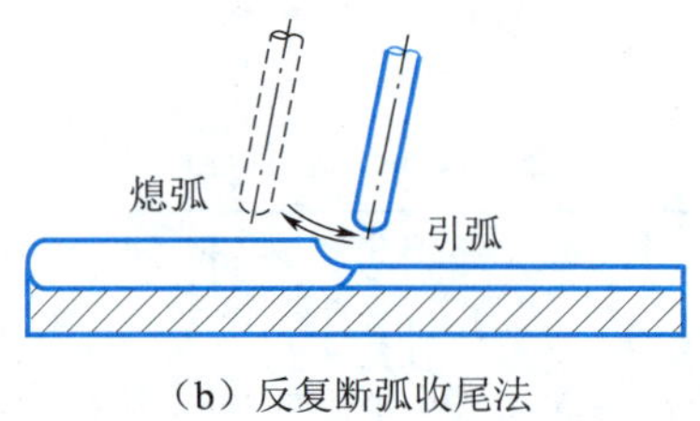

(b)反复断弧收尾法

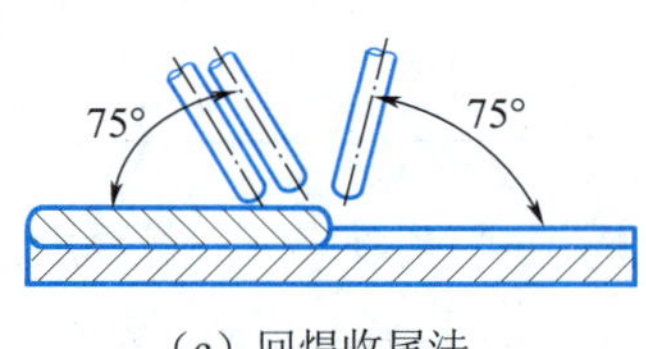

(c)回焊收尾法

图 1-9 焊缝的收尾方法

3. 焊缝的连接方式

焊条电弧焊时,由于受到焊条长度或操作姿势变化的限制,一般需要多根焊条才能完成一条焊缝,因而出现了焊道前后两段的连接。焊道连接一般有以下几种方式:

(1)中间接头(头尾法)。后焊焊缝的起头与先焊焊缝的结尾相接,如图 1-10(a)所示。

(2)向背接头(头头法)。后焊焊缝的起头与先焊焊缝的起头相接,如图 1-10(b)所示。

(3)相向接头(尾尾法)。后焊焊缝的结尾与先焊焊缝的结尾相接,如图 1-10(c)所示。

(4)分段接头(尾头法)。后焊焊缝的结尾与前段焊缝的起头相接,这种方法也称分段退焊连接,如图 1-10(d)所示。

焊缝连接不但影响焊缝的外观,而且对整个焊缝的质量也有极大影响,所以焊缝接头应做到均匀连接,弧坑要填满。为了避免产生连接处过高、脱节和宽窄不一致的缺陷,在焊接过程中要前后照应,选择适当连接方法,以获得良好连接质量。

操作要点

根据板厚合理选择焊条直径和焊接电流;正确选择运条的基本动作,控制熔池的形状和大小,并根据变化情况,不断调整运条动作;焊接时要做到“眼准、手稳、心静、气匀”。

任务评价

教师根据学生任务完成情况,指导学生完成基本操作任务评价表,见表 1-1。

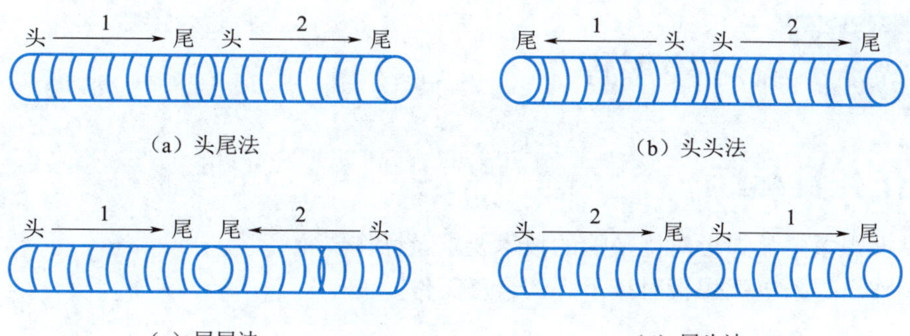

（a）头尾法　（b）头头法

（c）尾尾法　（d）尾头法

1—先焊焊缝;2—后焊焊缝。

图 1-10　焊缝的连接方式

表 1-1　基本操作任务评价表

检查项目		评分标准				测评数据	实得分数
		Ⅰ	Ⅱ	Ⅲ	Ⅳ		
焊缝余高	尺寸标准/mm	0~3	>3 且≤4	>4 且≤5	>5 或<0		
	得分标准	20 分	15 分	10 分	0 分		
焊缝高度差	尺寸标准/mm	≤1	>1 且≤2	>2 且≤3	>3		
	得分标准	20 分	15 分	10 分	0 分		
焊缝宽度差	尺寸标准/mm	≤1.5	>1.5 且≤2	>2 且≤3	>3		
	得分标准	20 分	15 分	10 分	0 分		
咬边	尺寸标准/mm	无咬边	深度≤0.5		深度>0.5		
	得分标准	10 分	每 5 mm 扣 0.5 分		0 分		
正面成形	标准	优	良	中	差		
	得分标准	20 分	15 分	10 分	5 分		
文明生产	得分标准	10 分	遵守满分,违规 0 分				
总分		100 分				总成绩	

焊缝外观成形评判标准			
优	良	中	差
成形美观,焊缝均匀、细密,高低宽窄一致	成形较好,焊缝均匀、平整	成形尚可,焊缝平直	焊缝弯曲,高低、宽窄明显

任务二 板对接平焊

任务目标

(1)掌握焊条电弧焊板对接平焊的技术要求及操作要领。

(2)制作出焊条电弧焊板对接平焊的合格工件。

任务分析

按照图 1-11 的技术要求,学习板对接平焊焊条电弧焊的基本操作技能,完成工件实作任务。

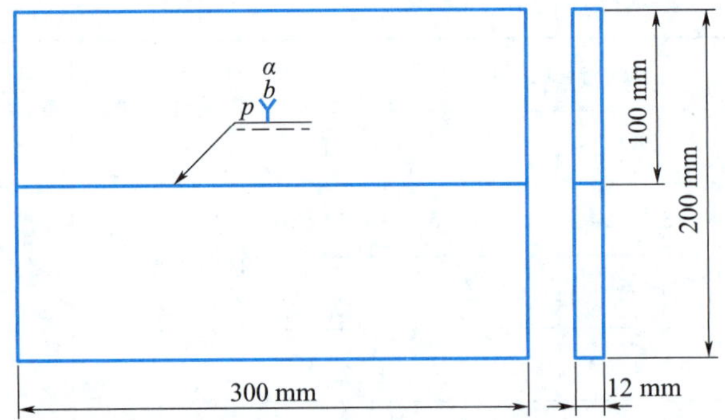

图 1-11　板对接平焊图样

知识准备

一、焊条型号与牌号的编制方法

1. 焊条型号

不同种类的焊条,其型号的表示方法不相同。根据国家标准 GB/T 5117—2012 非合金钢及细晶粒钢焊条型号规定,焊条型号编制方法及其含义如图 1-12 所示。

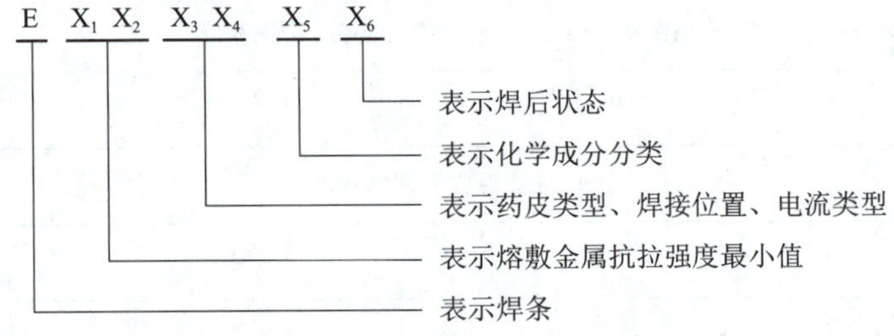

图 1-12　焊条型号编制方法

代号 X_1X_2 为熔敷金属抗拉强度最小值,具体含义见表 1-2。

表 1-2　熔敷金属抗拉强度代号 X_1X_2 含义

熔敷金属抗拉强度代号(X_1X_2)	抗拉强度最小值/MPa
43	430
50	490
55	550
57	570

代号 X_3X_4 为焊条药皮类型、焊接位置和电流类型代号，具体含义见表 1-3。

表 1-3　非合金钢及细晶粒钢焊条型号中代号 X_3X_4 含义

X_3X_4	药皮类型	焊接位置	电流类型
03	钛型	全位置	交流和直流正、反接
10	纤维素	全位置	直流反接
11	纤维素	全位置	交流和直流反接
12	金红石	全位置	交流和直流正接
13	金红石	全位置	交流和直流正、反接
14	金红石+铁粉	全位置	交流和直流正、反接
15	碱性	全位置	直流反接
16	碱性	全位置	交流和直流反接
18	碱性+铁粉	全位置	交流和直流反接
19	钛铁矿	全位置	交流和直流正、反接
20	氧化铁	PA、PB	交流和直流正接
24	金红石+铁粉	PA、PB	交流和直流正、反接
27	氧化铁+铁粉	PA、PB	交流和直流正、反接
28	碱性+铁粉	PA、PB、PC	交流和直流反接
40	不做规定	由制造商确定	—
45	碱性	全位置	直流反接
48	碱性	全位置	交流和直流反接

代号 X_5 为熔敷金属的化学成分分类代号，可为“无标记”或“-”后的字母、数字或字母和数字的组合。

代号 X_6 为熔敷金属的化学成分代号之后焊后状态代号，其中“无标记”表示焊态；“P”表示热处理状态；“AP”表示焊态和焊后热处理两种状态均可。

2. 焊条牌号

焊条牌号是原机械工业部部标，在国家标准颁布之前应用时间较长，因此现在仍有应用。焊条牌号的编制方法为：牌号前以大写汉语拼音字母(或汉字)表示焊条的各大类；字母后的第 1、2 位数字表示各大类中的若干小类，通常以主要性能或化学成分的代号表示；第 3 位数字表示焊条药皮类型及电源种类，见表 1-4。第 3 位数字后面按需要可加注字母符号表示焊条的特殊性能和用途，例如焊条牌号 J507CuP，表示含义如图 1-13 所示。常用焊条型号及对应牌号见表 1-5。

表 1-4 焊条牌号中第 3 位数字的含义

数字	药皮类型	焊条电源种类	数字	药皮类型	焊条电源种类
0	未作规定	未作规定	5	纤维素型	直流或交流
1	氧化钛型	直流或交流	6	低氢钾型	直流或交流
2	氧化钛钙型	直流或交流	7	低氢钠型	直流
3	钛铁矿型	直流或交流	8	石墨型	直流或交流
4	氧化铁型	直流或交流	9	盐基型	直流

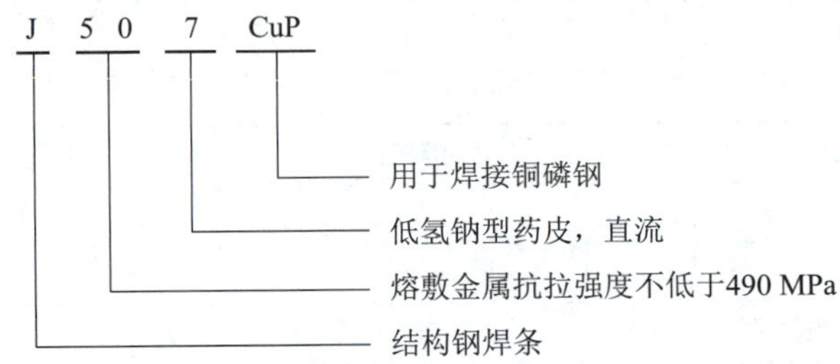

图 1-13 焊条牌号表示方法

表 1-5 常用焊条型号及牌号对应表

型号	牌号	药皮类型	焊接位置	电流种类
E4303	J422	钛钙型	全位置	交流、直流
E5015	J507	低氢钠型	全位置	直流反接

以结构钢焊条牌号为例，牌号首位字母“J”或汉字“结”字表示结构钢焊条；后面第 1、2 位数字表示熔敷金属抗拉强度的最小值(单位为 kgf/mm^2，1 kgf = 9. 8 N)。第 3 位数字表示药皮类型和电源种类。

二、焊接位置标示方法

国家标准 GB/T 16672—1996 和国际标准 ISO 6947—2019 都规定了焊接工作位置的符号，主要焊接位置符号如图 1-14 所示。

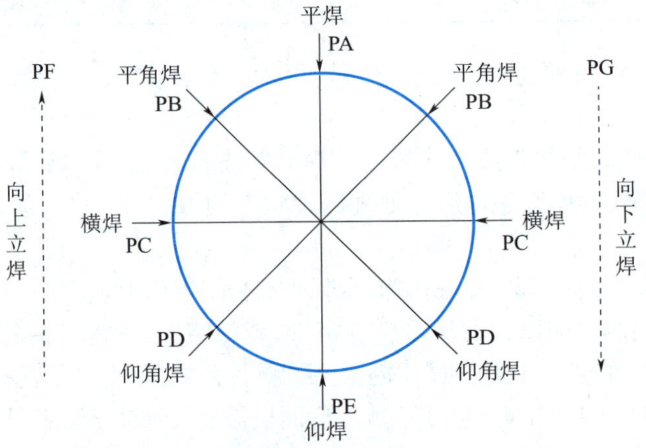

图 1-14 主要焊接工作位置符号表示方法

三、焊条烘干

按产品说明书的规定进行烘干。一般酸性焊条取 70~150 ℃范围,最高不超过 250 ℃,保温 1~1.5 h;碱性焊条取 300~400 ℃范围,保温 1~2 h。

任务实施

一、焊前准备

1. 材料准备

试件材料:Q235。

焊接材料:焊条型号 E5015(J507),规格:ϕ2.5 mm、ϕ3.2 mm。

2. 设备、工具量具准备

焊接设备、工具量具准备清单见表 1-6。

表 1-6 焊接设备工具量具准备清单

类　别	名　称	型　号
设备	焊条电弧焊焊机	ZX7-400
工具	焊接夹具	—
	角向砂轮机	ϕ100
	清渣锤	—
	钢丝刷	—
	焊条保温筒	w-3
	焊接面罩	手持式或头盔式
	焊工手套	—
量具	焊缝检测尺	KH-45A/B
	游标卡尺	0~150 mm

3. 焊接参数

板对接平焊的焊接参数见表 1-7。

表 1-7 板对接平焊的焊接参数

焊道分布	焊接层次	焊条直径/mm	焊接电流/A
	打底层 1	2.5	55~65
	填充层 2、3	3.2	130~140
	盖面层 4	3.2	120~130

二、装配与焊接

1. 装配与定位焊

装配是将加工好的零件,采用适当方法,按照产品图样的要求组装成产品结构的工艺过程。定位焊是指为装配和固定焊件接头的位置而进行的焊接。定位焊缝是指在焊接前，为装配和固定焊件接头的位置而焊接的短焊缝，称为定位焊缝。定位焊焊缝长度为 10~15 mm，施焊位置在焊件坡口内，装配间隙为 3.2~4.0 mm，始焊端为 3.2 mm，终焊端为 4 mm，如图 1-15 所示，1 为始焊端，2 为终焊端。预置反变形量的 α 角为 3 °~4°，如图 1-16 所示。

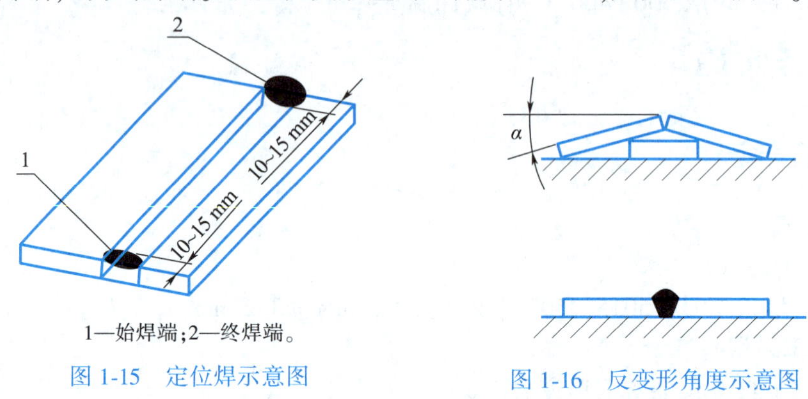

1—始焊端；2—终焊端。

图 1-15　定位焊示意图

图 1-16　反变形角度示意图

2. 打底焊

打底焊也是第一层焊缝，采用单面焊双面成形技术。单面焊双面成形操作技术是采用普通焊条，以特殊的操作方法，在坡口背面没有任何辅助措施的条件下，在坡口的正面进行焊接，焊后保证坡口的正、反两面都能得到均匀、整齐，成形良好，符合焊接质量要求的焊缝的操作方法。它是焊条电弧焊中难度较大的一种操作技术，适用于无法从背面清除焊根并重新进行焊接的重要焊件。

单面焊双面成形按照第一层打底焊时的操作手法不同，可分为连弧焊法（又称连续施焊法）和断弧焊法（又称间断灭弧施焊法）两种。

1）连弧焊法

连弧焊法在焊接过程中电弧连续燃烧，不熄灭，采取较小的坡口钝边间隙，选用较小的焊接电流，始终保持短弧连续施焊。焊缝背面成形比较细密整齐，能够保证焊缝内部质量要求。但如果操作不当，焊缝背面易造成未焊透或未熔合的现象。

操作时，装配间隙小的一端置于操作者的左侧；在左端坡口内侧一面引弧（距离左端的定位焊缝约 10 mm），焊条在坡口内侧作月牙形或锯齿形运条，焊条与焊接方向成 70°~80°夹角，焊条与两侧试板保持垂直，如图 1-17 所示。焊接时，横向摆动向右施焊，应保证熔池间有 2/3 重叠。熔孔明显可见，每侧坡口根部熔化缺口为 0.5~1 mm（图 1-18），同时听到击穿的“噗噗”声音。更换焊条要迅速，在接头处后面约 10 mm 处引弧。

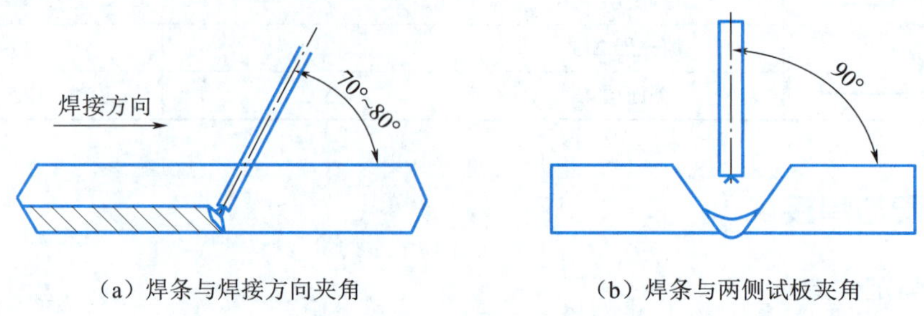

（a）焊条与焊接方向夹角　　（b）焊条与两侧试板夹角

图 1-17　焊条焊接时的操作角度

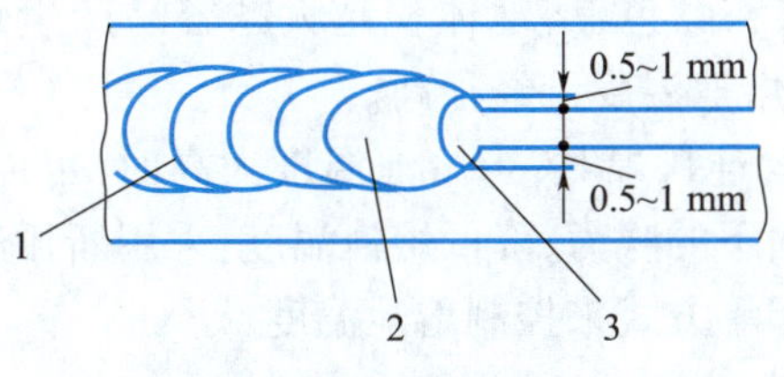

1—焊缝;2—熔池;3—熔孔。

图 1-18 熔孔的位置和大小

2)断弧焊法

断弧焊法在焊接过程中,通过电弧反复交替燃烧与熄灭并控制熄弧时间,从而控制熔池的温度、形状和位置,以获得良好的背面成形和内部质量。断弧焊采取的坡口钝边间隙比连弧焊稍大些,选用的焊接电流范围也较宽,使电弧具有足够的穿透能力。在进行薄板、小直径管焊接和实际产品装配间隙变化较大的条件下,采用断弧焊法施焊更显得灵活和适用。由于断弧焊操作手法变化较大,掌握起来有一定的难度,要求焊工具有较熟练的操作技术,建议初学者采用连弧法焊接。

3. 填充层焊接

12 mm 板厚焊接时,第 2 层、第 3 层为填充层焊接,从焊件左端部引弧,然后开始向右焊接;焊条的摆动幅度要略微加大一些,并在两侧稍作停留,以保证熔池与两侧母材的良好熔合,填充层运条角度如图 1-19 所示,填充层焊后焊缝表面高度要低于焊件表面高度 1.5~2 mm,填充层填充高度如图 1-20 所示,以确保盖面焊接的质量。

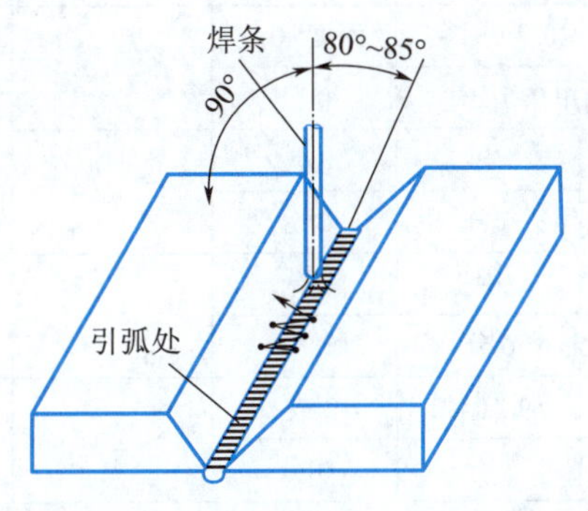

图 1-19 填充层焊接运条角度示意图

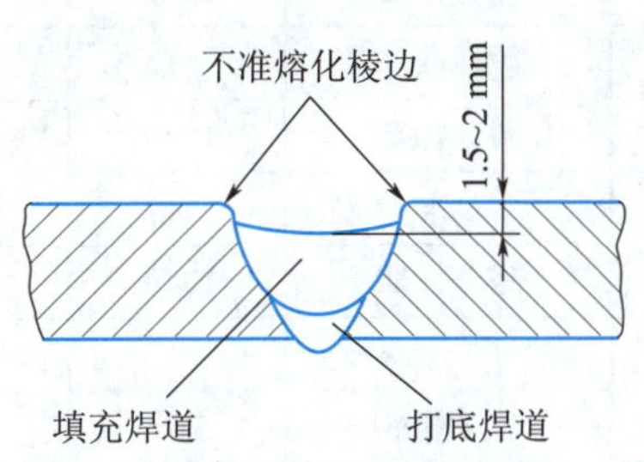

图 1-20 填充层填充高度示意图

4. 盖面层焊接

从焊件左端部引弧,然后开始向右端焊接,此时摆动幅度要加大,并在两侧稍作停留,所产生的熔池边缘应越过坡口上棱边向外 0.5~1.6 mm,以便得到成形良好的焊缝。收弧时要先压低电弧再缓慢抬起后停止焊接,以确保弧坑被填满。

5. 清理现场

练习结束后,必须整理工具设备,关闭电源,清理打扫场地,做到“工完场清”,并由值日生或指导教师检查,做好记录。

操作要点

(1)一听:听电弧击穿坡口根部发出的“噗噗”声,表示已经焊穿。

（2）二看：看熔池的形状和颜色，熔池体积越大越容易产生焊瘤，熔池颜色越亮，温度越高，尤其是呈亮黄色时，说明熔池温度已经很高。

（3）三控：控制熔池温度，连弧焊时，当熔池温度太高时，可以通过控制焊条角度，即将焊条倾斜角度增大，减少电弧向下的吹力，降低熔池温度；采用断弧法焊接时，可以适当降低灭弧的频率，即采用增大间隔时间等方式来控制熔池温度。

任务评价

教师根据学生任务完成情况，指导学生完成板对接平焊任务评价表，见表 1-8。

表 1-8　板对接平焊任务评价表

检查项目		评分标准				测评数据	实得分数
		Ⅰ	Ⅱ	Ⅲ	Ⅳ		
焊缝余高	尺寸标准/mm	0~3	>3 且≤4	>4 且≤5	>5 或<0		
	得分标准	10 分	8 分	6 分	0 分		
焊缝高度差	尺寸标准/mm	≤1	>1 且≤2	>2 且≤3	>3		
	得分标准	10 分	8 分	6 分	0 分		
焊缝宽度	尺寸标准/mm	>16 且≤20	>20 且≤21	>21 且≤22	>22		
	得分标准	10 分	8 分	6 分	0 分		
焊缝宽度差	尺寸标准/mm	≤1.5	>1.5 且≤2	>2 且≤3	>3		
	得分标准	10 分	8 分	6 分	0 分		
咬边	尺寸标准/mm	无咬边	深度≤0.5		深度>0.5		
	得分标准	10 分	每 5 mm 扣 0.5 分		0 分		
正面成形	标准	优	良	中	差		
	得分标准	10 分	8 分	6 分	0 分		
背面成形	标准	优	良	中	差		
	得分标准	10 分	8 分	6 分	0 分		
背面凹	尺寸标准/mm	0	>0 且≤1	>1 且≤2	>2 或<0		
	得分标准	5 分	4 分	3 分	0 分		
背面凸	尺寸标准/mm	0~1	>1 且≤2	>2 且≤3	>3 或<0		
	得分标准	5 分	4 分	3 分	0 分		
角变形	尺寸标准/mm	0~2	>2 且≤3	>3 且≤5	>5		
	得分标准	10 分	8 分	6 分	0 分		
错边量	尺寸标准/mm	0	≤0.7	>0.7 且≤1.2	>1.2		
	得分标准	10 分	8 分	6 分	0 分		
总　分		100 分				总成绩	

焊缝外观（正、背）成形评判标准

优	良	中	差
成形美观，焊缝均匀、细密，高低宽窄一致	成形较好，焊缝均匀、平整	成形尚可，焊缝平直	焊缝弯曲，高低、宽窄明显

任务三　板对接立焊

任务目标

(1)掌握板焊条电弧焊板对接立焊的技术要求及操作要领。

(2)制作出焊条电弧焊板对接立焊的合格工件。

任务分析

板对接向上立焊时,由于重力的作用,熔池中的液态金属易下淌,使焊缝正面和背面出现焊瘤,造成焊缝成形困难。焊接时,要采用较小的焊接电流,焊接速度稍快,焊条的摆动频率稍快,尽量缩短熔池存在的时间,使焊缝薄而均匀。按照图 1-21 的技术要求,学习焊条电弧焊板对接立焊的基本操作技能,完成工件实作任务。

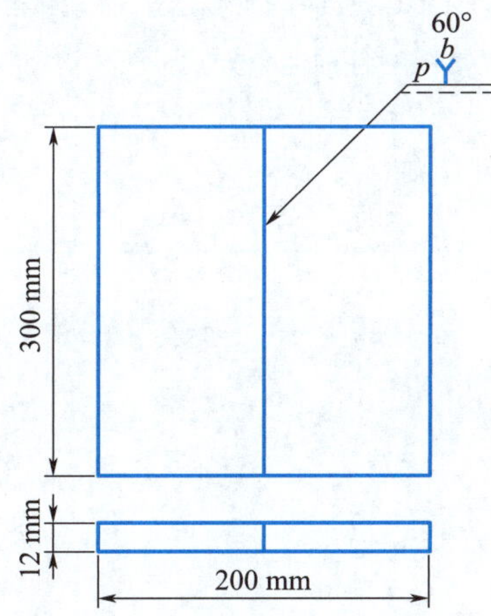

技术要求

打底焊单面焊面成形;

试件材质:Q235;

焊接位置:PF(向上立焊);

根部间隙 b:2.5~3.5 mm;

V 形坡口角度 α:60°±5°;

钝边 p:0.5~1 mm

图 1-21　板对接立焊图样

知识准备

立焊是在垂直方向上进行焊接的一种操作方法。由于在重力的作用下,焊条熔化所形成的熔滴及熔池中的熔化金属要下淌,造成焊缝成形困难,质量受影响,因此,立焊时选用的焊条直径和焊接电流均应小于平焊,并应采用短弧焊接。立焊的特点是铁水与熔渣便于分离,但熔池温度过高时,铁水易下淌形成焊瘤、咬边;温度过低时,易产生夹渣缺陷。焊接时采用短弧焊,利用电弧吹力托住铁水,同时还有利于焊条熔化金属向熔池中过渡。

立焊有两种操作方法。一种是向上立焊(简称立焊),焊接时由下向上施焊,按照 GB/T 16672—1996 规定,符号为 PF,是目前生产中常用的方法。另一种是向下立焊,焊接时由上向下施焊,符号为 PD。这种方法要求采用专用的立向下焊焊条才能保证焊缝质量。

向上立焊时采用的运条方式:在打底焊时,应选用直径较小的焊条和较小的焊接电流,对厚板采用小三角形运条法,对中厚板或较薄板可采用小月牙形或锯齿形跳弧运条法。填充层和盖面层焊缝运条方法可选择月牙形运条、锯齿形运条、小月牙形运条、三角形运条等运条方法,运条速度必须均匀,在焊缝两侧稍作停留,中间快速带过。各层焊缝都应及时清理焊渣,并检查焊接质量,防止产生咬边等缺陷。立焊常用的各种运条方法如图 1-22 所示,图中箭头表示焊接方向。

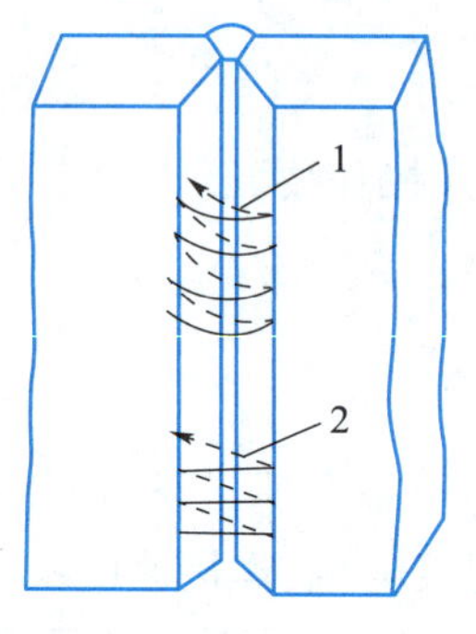

（a）填充及盖面焊

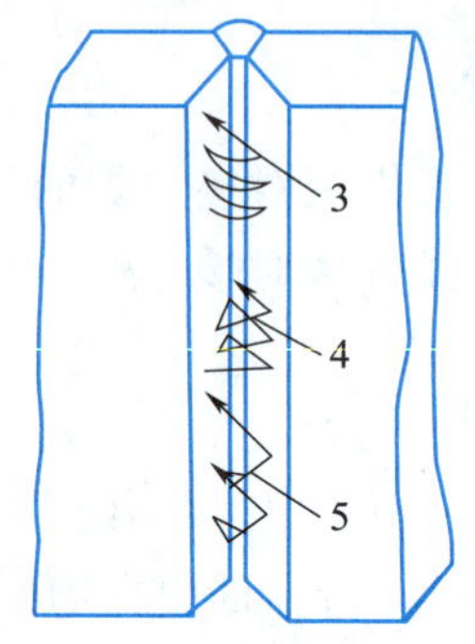

（b）填充及盖面焊

1—月牙形运条;2—锯齿形运条;3—小月牙形运条;4—三角形运条;5—跳弧运条。

图 1-22　对接立焊常用的各种运条方式

任务实施

一、焊前准备

1. 材料准备

同本项目任务一。

2. 设备、工具量具准备

同本项目任务一。

3. 焊接参数

板对接立焊的焊接参数见表 1-9。

表 1-9　板对接立焊的焊接参数

焊道分布	焊接层次	焊条直径/mm	焊接电流/A
4 3 2 1	打底层 1	2.5	50~70
	填充层 2、3	3.2	120~140
	盖面层 4	3.2	110~130

二、装配与焊接

1. 装配与定位焊

在焊件坡口内侧定位焊,焊缝长度为 10~15 mm;装配间隙为 2.5~3.5 mm,预置反变形量为 2°~ 3°,如图 1-23 所示,对装配位置和定位焊质量进行检查。

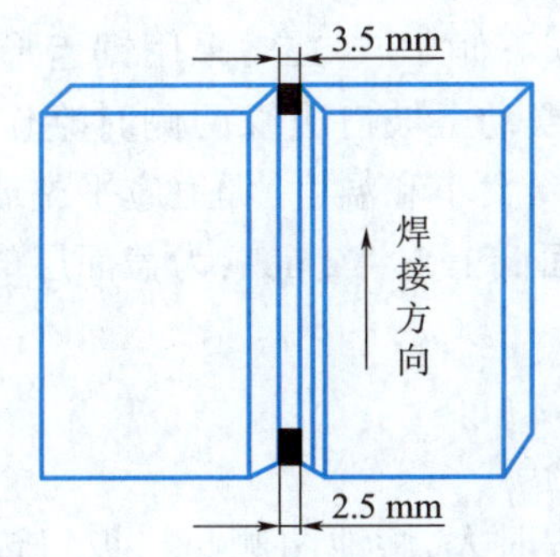

图 1-23　板对接立焊装配示意图

2. 打底焊

(1) V 形坡口向上立焊时，打底焊采用单面焊双面成形技术，焊条与焊接方向的角度为 70°~85°(向下倾斜)，焊条与两侧工件角度为 90°，如图 1-24 所示。焊工立焊焊接时的操作姿势如图 1-25 所示。

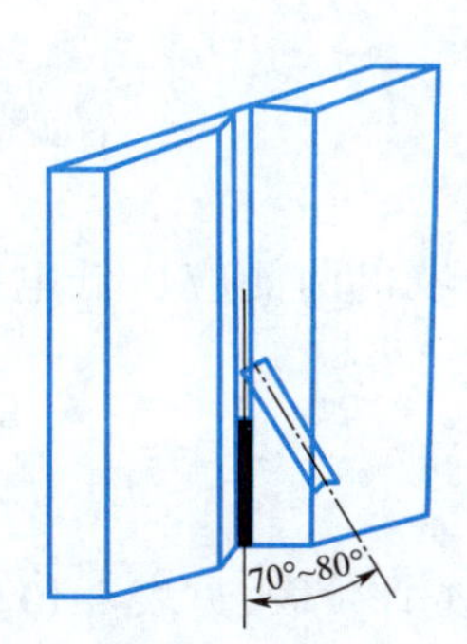

图 1-24　板对接向上立焊焊条角度

图 1-25　焊工立焊焊接的操作姿势示意图

(2) 焊条横向摆动采用小间距锯齿形运条或小月牙形运条。下凹的月牙形运条使焊道表面下坠，是不正确的。焊枪摆动的手法如图 1-22 所示。

(3) 采用断弧法焊接时，在焊件下端定位焊缝处引弧，随后将电弧拉到定位焊点的尾部预热，采用直线或月牙运条方法，使电弧的 1/3 作用在熔池上，2/3 穿透到背面，当听到背面有电弧击穿声时立即灭弧，这时就形成明显的熔孔，保证每次灭弧时熔孔大小一致，灭弧频率控制在 50~60 次/min。

打底焊接过程中要特别注意熔池和熔孔的变化，熔池不能太大。左右摆动的电弧将坡口两侧根部击穿，每边熔化 0.5~1 mm 即可，保持熔孔的尺寸大小一致，且向上移动间距均匀，如图 1-26 所示。

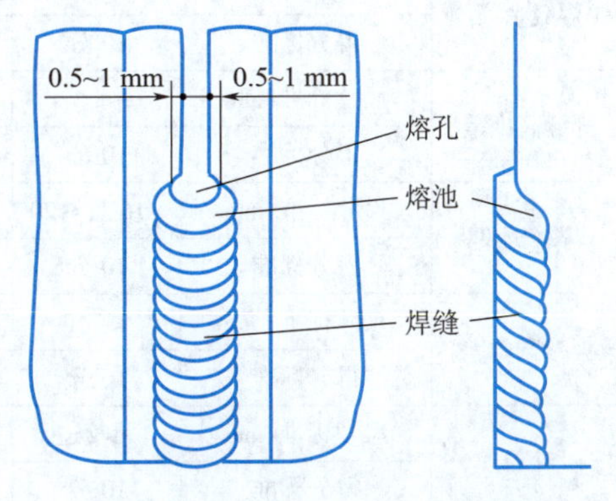

图 1-26　立焊时熔孔和熔池

3. 填充层焊接

(1) 焊前先清除、打磨掉底层焊道和坡口表面的飞溅和熔渣，并用砂轮机将局部凸起的焊道磨平。

(2)施焊时焊条角度比打底层下倾 10°~15°,采用锯齿形或月牙形运条法左右摆动,当摆动至焊缝中间位置时,速度稍快,摆动至坡口边缘两侧时略作停顿,以保证两侧熔合良好。注意分清熔池和熔渣,控制熔池形状、大小和温度,焊道应平整或呈凹形。

(3)盖面前的焊道比试板表面低 1.5 ~ 2 mm,为盖面层的焊接留一定余量,不允许熔化坡口棱边。

4. 盖面层焊接

(1)焊前清理干净飞溅和熔渣。

(2)焊条摆动的幅度比填充焊时大,熔池两侧超过坡口边缘 0.5~1.5 mm,采用匀速锯齿形摆动方式向上运动。

(3)盖面层的方法与填充层一致,只是运条时要求焊条摆动幅度和间距更加均匀、一致,电弧在坡口边缘稍有压低和停顿,防止咬边,使焊缝成形更加整齐、美观。

5. 清理现场

练习结束后,必须整理工具设备,关闭电源,清理打扫场地,做到"工完场清",并由值日生或指导教师检查,做好记录。

操作要点

(1)控制好运条节奏,焊条左右摆动时要保持一致。

(2)注意焊条摆动速度,焊条在摆动到焊缝中间时要快,坡口两侧应压低电弧,并稍作停顿。

任务评价

教师根据学生任务完成情况,指导学生完成板对接立焊任务评价表,见表 1-10。

表 1-10 板对接立焊任务评价表

检查项目		评分标准				测评数据	实得分数
		Ⅰ	Ⅱ	Ⅲ	Ⅳ		
焊缝余高	尺寸标准/mm	0~3	>3 且≤4	>4 且≤5	>5 或<0		
	得分标准	10 分	8 分	6 分	0 分		
焊缝高度差	尺寸标准/mm	≤1	>1 且≤2	>2 且≤3	>3		
	得分标准	10 分	8 分	6 分	0 分		
焊缝宽度	尺寸标准/mm	>16 且≤20	>20 且≤21	>21 且≤22	>22		
	得分标准	10 分	8 分	6 分	0 分		
焊缝宽度差	尺寸标准/mm	≤1.5	>1.5 且≤2	>2 且≤3	>3		
	得分标准	10 分	8 分	6 分	0 分		
咬边	尺寸标准/mm	无咬边	深度≤0.5		深度>0.5		
	得分标准	10 分	每 5 mm 扣 0.5 分		0 分		
正面成形	标准	优	良	中	差		
	得分标准	10 分	8 分	6 分	0 分		

续上表

检查项目		评分标准				测评数据	实得分数
		Ⅰ	Ⅱ	Ⅲ	Ⅳ		
背面成形	标准	优	良	中	差		
	得分标准	10 分	8 分	6 分	0 分		
背面凹	尺寸标准/mm	0	>0 且≤1	>1 且≤2	>2 或<0		
	得分标准	5 分	4 分	3 分	0 分		
背面凸	尺寸标准/mm	0~1	>1 且≤2	>2 且≤3	>3 或<0		
	得分标准	5 分	4 分	3 分	0 分		
角变形	尺寸标准/mm	0~2	>2 且≤3	>3 且≤5	>5		
	得分标准	10 分	8 分	6 分	0 分		
错边量	尺寸标准/mm	0	≤0.7	>0.7 且≤1.2	>1.2		
	得分标准	10 分	8 分	6 分	0 分		
总　分		100 分				总成绩	

焊缝外观(正、背)成形评判标准			
优	良	中	差
成形美观,焊缝均匀、细密,高低宽窄一致	成形较好,焊缝均匀、平整	成形尚可,焊缝平直	焊缝弯曲,高低、宽窄明显

任务四 板对接横焊

任务目标

(1)掌握焊条电弧焊板对接横焊的技术要求及操作要领。

(2)制作出焊条电弧焊板对接横焊的合格工件。

任务分析

板对接横焊一般采用直线运条右焊法(采用摆动运条焊接难度较大)。由于是多层多道焊接,温度较高,熔池体积较大,凝固速度较慢,容易出现液态金属下坠,尤其是打底焊,焊缝背面成形会发生向下偏移。故焊接时应保持较小的熔池和较小的熔孔尺寸,适当提高焊接速度,采用较小的焊接电流和短弧焊接。按照图 1-27 的技术要求,学习焊条电弧焊板对接横焊的基本操作技能,完成工件实作任务。

知识准备

横焊是焊接垂直或倾斜平面上水平方向的焊缝。在横焊时由于熔化金属受重力的作用,容易下淌而产生缺陷,应采用短弧焊接,并选用较小直径焊条和较小的焊接电流焊接。

试板材料为 Q235 钢板,厚度为 12 mm,V 形坡口,钝边为 0.5~1.0 mm。对接装配时考虑到横向收缩,末端间隙略大于始端间隙。横焊时,由于焊接道数较多,易产生较大的反变形,应预留 7°~8°反变形量。

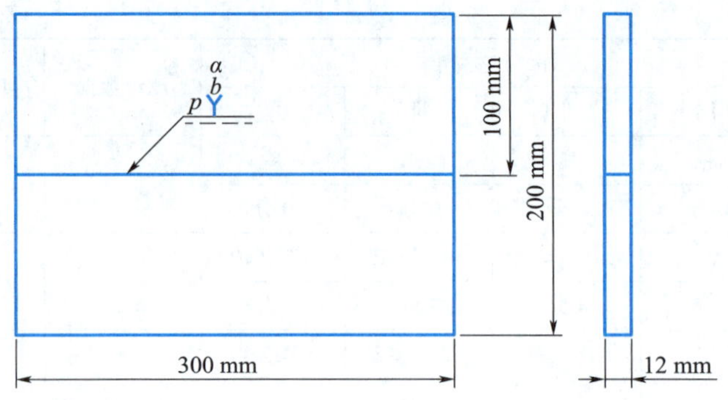

图 1-27　板对接横焊图样

一、横焊断弧法打底焊方法

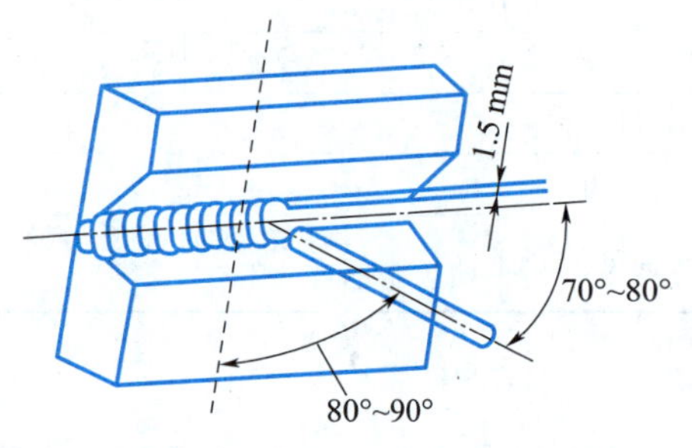

图 1-28　横焊时焊条角度图

横焊时由于过渡液态金属受重力影响,容易偏离焊条轴线,向下倾斜。因此,在短弧施焊的基础上,除保持一定的下倾角 80°~90°外,焊条还需与焊件的水平轴线倾斜 70°~80°,如图 1-28 所示。

由于焊条的倾斜以及上、下坡口面角度的影响,使电弧对上、下坡口面的加热不均匀,上坡口面受热较好,下坡口面受热较差。同时熔池金属因受重力作用下坠,极易造成下坡口面熔合不良,产生未熔合缺陷。因此,应先击穿下坡口面,后击穿上坡口面,并将击穿位置相互错开一定距离,使下坡口面击穿熔孔在前、上坡口面击穿熔孔在后。起焊时,首先在定位焊缝前 10~15 mm 处的坡口面上划擦引弧,然后将电弧迅速回拉到定位焊缝中心部位处加热坡口,当见到坡口两侧金属即将熔化时,将熔滴金属送至坡口根部,并压一下电弧,使熔滴与熔化的定位焊缝和母材金属熔合成第一个熔池。当听到背面电弧的穿透声时,表明已形成了明显可见的熔孔,这时使焊条与焊件保持成一定的倾角,依次在下坡口面和上坡口面接近钝边处,击穿施焊,横焊时打底层断弧焊时击穿施焊的倾角,如图 1-29 所示。横焊打底层采用断弧焊的操作手法,如图 1-30 所示。

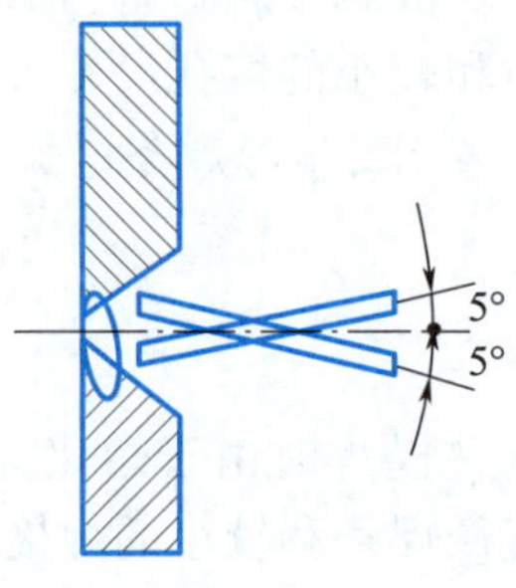

图 1-29　断弧焊时击穿施焊的倾角

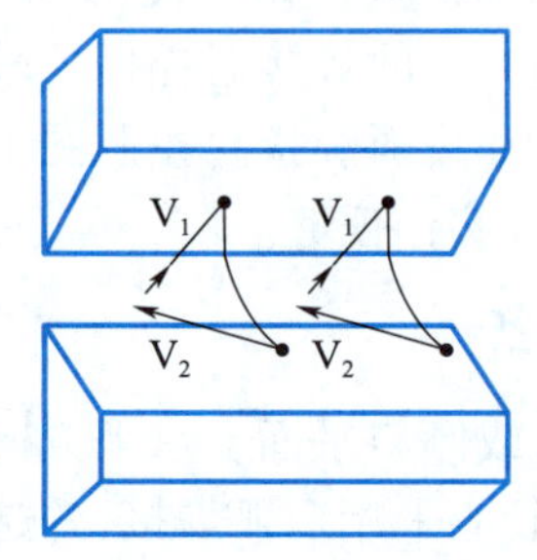

V_1—引弧方向;V_2—灭弧方向。

图 1-30　横焊打底层断弧焊时的运条方法

更换焊条熄弧前，为防止产生弧坑缩孔，必须向熔池背面多补充几滴熔滴，然后将电弧拉到侧后方熄弧。更换焊条时速度要快，换好焊条后最好在熔池尚处于红热状态下引弧施焊。接头位置应选在熔池前缘，利用电弧的加热和吹力，重新击穿坡口钝边，为保证根部焊透，接头光滑。当听到试板背面电弧穿透声后，稍做停留，然后立即收弧、依次运条前进。

横焊打底层在使用碱性焊条断弧焊法施焊时，不能像酸性焊条那样靠长弧预热或跳弧控制熔池温度，必须采用短弧焊，否则容易产生气孔，焊件背面弧长应保持约 1/2 弧柱长度。

二、横焊连弧法打底焊方法

横焊打底层连弧焊时，先在施焊部位的上坡口面引弧，待根部钝边熔化后，再将液态金属带到下侧钝边，形成第一个熔池，然后击穿熔池，并立即采用斜椭圆形运条法运条，如图 1-31 所示。焊接过程中要采用短弧将液态金属送到坡口根部，收弧时，应将电弧带到坡口上侧并向后方提起收弧。从坡口上侧向下侧的运条速度要慢一些，防止产生夹渣以及保证填充金属与焊件熔合良好。从下侧向上侧的运条速度要快一些，以防止液态金属下淌。

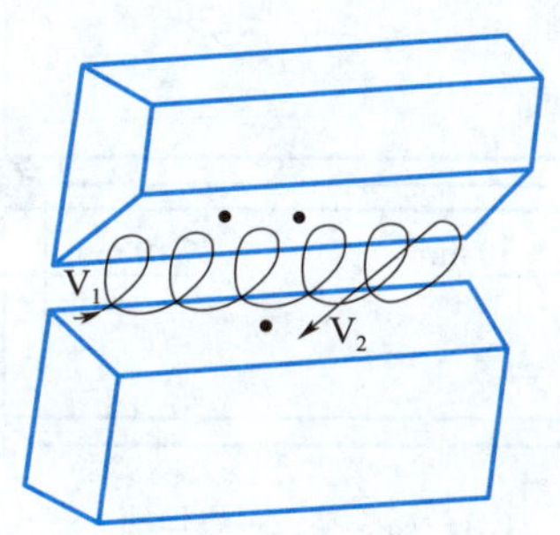

V_1—引弧方向；V_2—灭弧方向。

图 1-31 横焊打底层连弧焊时的运条方法

焊接过程中要采用短弧将液态金属送到坡口根部，收弧时，应将电弧带到坡口上侧并向后方提起收弧。横焊打底层采用连弧焊法施焊时，焊件背面弧长应保持 2/3 弧柱长度。

任务实施

一、焊前准备

1. 材料准备

同本项目任务一。

2. 设备、工具量具准备

同本项目任务一。

3. 焊接参数

板对接横焊的焊接参数见表 1-11。

表 1-11　板对接横焊的焊接参数

焊道分布	焊接层次	焊条直径/mm	焊接电流/A
	打底层 1	2.5	60~75
	填充层 2、3、4	3.2	130~140
	盖面层 5、6、7	3.2	120~130

二、装配与焊接

1. 装配与定位焊

装配焊件时，要求用与正式焊接同样型号的焊条在焊件坡口内两端进行点固，定位焊焊缝长为 10 mm，装配间隙为 3.2~4.0 mm，始焊端 1 为 3.2 mm，终焊端 2 为 4.0 mm，如图 1-32 所示，反变形量为 7°~8°。

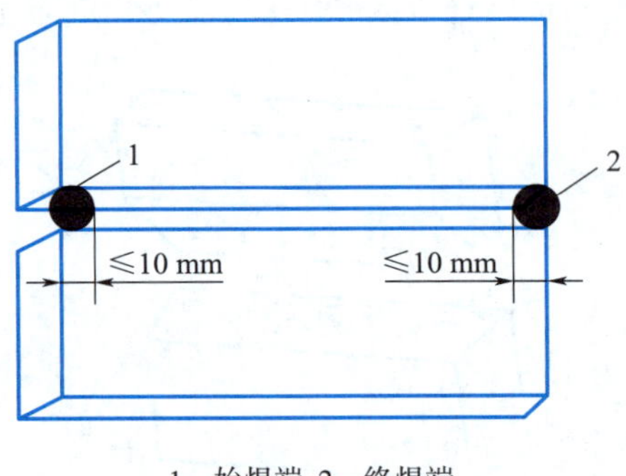

1—始焊端；2—终焊端。

图 1-32　板对接横焊装配示意图

2. 打底焊

横焊打底焊可采用连弧法或断弧法焊接，焊接时在始焊端的定位焊缝处引弧，稍作停顿预热，然后上下摆动向右施焊，待电弧到达定位焊缝的前沿时，将焊条向试件背面压下，同时稍作停顿，这时可以看到试板坡口根部被熔化并击穿，形成了熔孔，此时焊条可上下做锯齿形摆动，如图 1-33 所示，打底焊时焊条角度如图 1-34 所示。

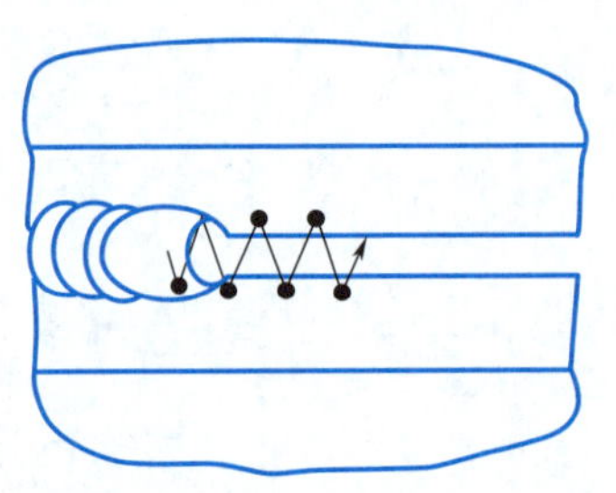

图 1-33　横焊打底焊时的运条方法

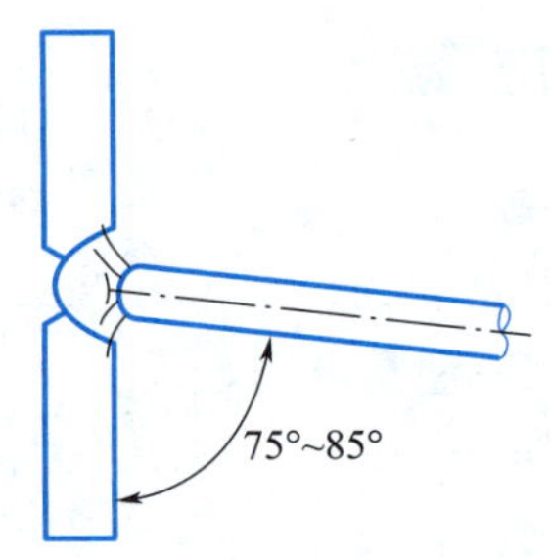

图 1-34　横焊打底焊时焊条角度

为保证打底焊道获得良好的背面焊缝,电弧要控制短些,焊条摆动,向前移动的距离不宜过大,焊条在坡口两侧停留时要注意,上坡口停留的时间要稍长,焊接电弧的1/3保持在熔池前,用来熔化和击穿坡口的根部。电弧的2/3覆盖在熔池上并保持熔池的形状和大小基本一致,还要控制熔孔的大小,使上坡口面熔化1~1.5 mm,下坡口面熔化约0.5 mm,保证坡口根部熔合好。在施焊时,若下坡口面熔化太多,试板背面焊道易出现下坠或产生焊瘤。

3. 填充层焊接

填充层采用2层3道焊,填充层在施焊前,先将打底层的熔渣及飞溅物清除干净,焊缝接头过高的部分应打磨平整,然后进行填充层焊。第一层填充焊道2为单层单道,焊条的角度与填充层相同,但摆幅稍大些。第二层填充焊有3、4两条焊道,焊条角度如图1-35所示。

焊接时先焊下焊道,再焊上焊道。采用直线形运条或斜圆圈形运条,保证焊道与打底焊道的夹角处熔合良好,防止未熔合和夹渣,同时上焊道要盖住下焊道1/2~2/3,使焊缝表面平整,填充层焊完后应预留1~1.5 mm的深度为盖面层的施焊留有一定余量。

在施焊过程中绝不允许破坏坡口棱边,以免造成盖面层施焊时失去基准。每道焊缝采用横拉(稍做往复)直线运条法时,每条焊道都要对准前一焊层(道)形成的沟槽处,一道一道地由下向上排列施焊,以防液态金属下淌影响成形。

4. 盖面层焊接

在盖面层施焊时,焊条与试件的角度如图1-36所示。焊条与焊接方向的角度与打底焊相同,盖面层焊缝共5、6、7三道,依次从下往上焊接。盖面层焊缝的边缘焊道施焊时,运条应稍快,中间焊道运条稍慢,这样有利于焊缝两侧圆滑过渡,获得良好的表面成形。采用直线运条法施焊盖面层时,每道焊缝盖住上一焊道的1/2~2/3,这样有利于焊道之间圆滑过渡,减小焊道之间形成的沟槽,使焊缝外表光滑美观。

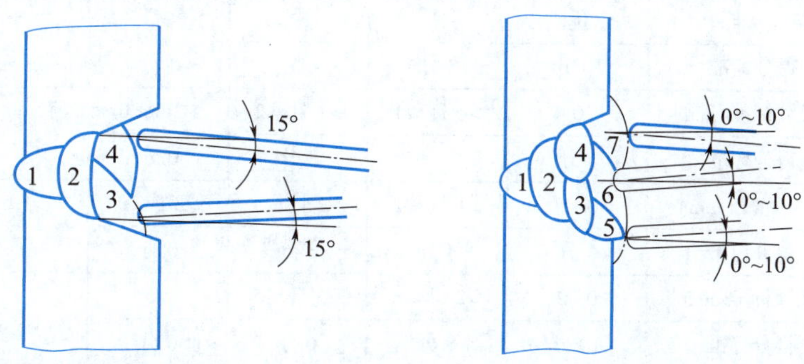

图1-35　焊接填充层2、3、4道时焊条角度　　图1-36　盖面焊道的焊条角度

5. 清理现场

练习结束后,必须整理工具设备,关闭电源,清理打扫场地,做到“工完场清”,并由值日生或指导教师检查,作好记录。

操作要点

厚板对接横焊时,均需采用多层多道焊。板对接横焊的关键在第一层打底焊,打底焊时焊条电弧始终偏向上坡口，焊条倾斜角度为75°～85°，利用电弧吹力拖住熔池铁水。填充层和盖面层焊道从下往上排列，随着焊缝层数的增加，逐步减小焊道的熔敷金属量，并增加焊道数。后道焊缝应盖住前道焊缝的1/2以上，从而每层焊完都能尽量得到平坦的焊缝表面。

任务评价

教师根据学生任务完成情况，指导学生完成板对接横焊任务评价表，见表1-12。

表1-12　板对接横焊任务评价表

检查项目		评分标准				测评数据	实得分数
		Ⅰ	Ⅱ	Ⅲ	Ⅳ		
焊缝余高	尺寸标准/mm	0～3	>3且≤4	>4且≤5	>5或<0		
	得分标准	10分	8分	6分	0分		
焊缝高度差	尺寸标准/mm	≤1	>1且≤2	>2且≤3	>3		
	得分标准	10分	8分	6分	0分		
焊缝宽度	尺寸标准/mm	>16且≤20	>20且≤21	>21且≤22	>22		
	得分标准	10分	8分	6分	0分		
焊缝宽度差	尺寸标准/mm	≤1.5	>1.5且≤2	>2且≤3	>3		
	得分标准	10分	8分	6分	0分		
咬边	尺寸标准/mm	无咬边	深度≤0.5		深度>0.5		
	得分标准	10分	每5 mm扣0.5分		0分		
正面成形	标准	优	良	中	差		
	得分标准	10分	8分	6分	0分		
背面成形	标准	优	良	中	差		
	得分标准	10分	8分	6分	0分		
背面凹	尺寸标准/mm	0	>0且≤1	>1且≤2	>2或<0		
	得分标准	5分	4分	3分	0分		
背面凸	尺寸标准(mm)	0～1	>1且≤2	>2且≤3	>3或<0		
	得分标准	5分	4分	3分	0分		
角变形	尺寸标准/mm	0～2	>2且≤3	>3且≤5	>5		
	得分标准	10分	8分	6分	0分		
错边量	尺寸标准/mm	0	≤0.7	>0.7且≤1.2	>1.2		
	得分标准	10分	8分	6分	0分		
总　分		100分				总成绩	
焊缝外观(正、背)成形评判标准							
优		良		中		差	
成形美观，焊缝均匀、细密，高低宽窄一致		成形较好，焊缝均匀、平整		成形尚可，焊缝平直		焊缝弯曲，高低、宽窄明显	

任务五 板对接仰焊

任务目标

(1)掌握焊条电弧焊板对接仰焊的技术要求及操作要领。

(2)制作出焊条电弧焊板对接仰焊的合格工件。

任务分析

仰焊时焊接位置处于水平下方的焊接,在焊接全位置中属于最难焊的一个位置。采用直流反接法仰焊时,熔滴过渡形式主要是短路过渡,即靠电弧的吹力和熔化金属的表面张力作用过渡于熔池。焊缝金属熔滴的重力也阻碍了熔滴的过渡,熔池金属也受自身重力作用产生下坠,容易造成仰焊背面凹陷,正面出现焊瘤的缺陷。按照图 1-37 的技术要求,学习焊条电弧焊板对接仰焊的基本操作技能,完成工件实作任务。

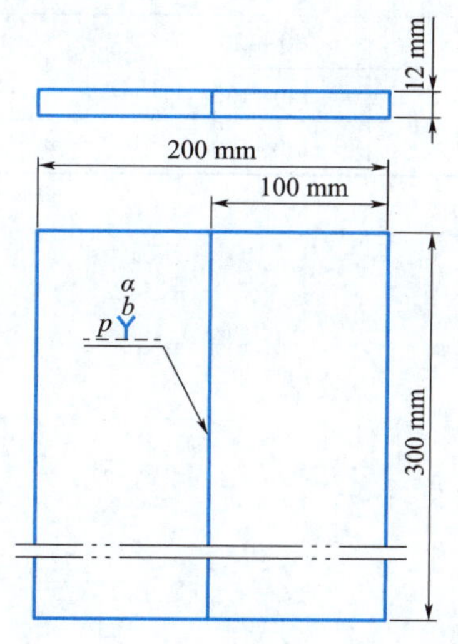

技术要求

打底焊单面焊双面成形;

试件材质:Q235;

焊接位置:PE(仰焊);

根部间隙 b:2. 5~3. 5 mm;

V 形坡口角度 α:60°±5°;

钝边 p:0. 5~1 mm

图 1-37 板对接仰焊图样

知识准备

当厚板仰焊时,通常开 V 形或 U 形坡口,采用多层焊或多层多道焊。在焊接第一层焊缝时,可采用直线形、直线往返形、锯齿形运条法,要求焊缝表面要平直,不能向下凸出。焊接第二层及以后的焊缝时,采用锯齿形或月牙形运条法,如图 1-38 所示。但无论采用哪种运条法,焊成的焊道均不宜过厚。焊条的角度应根据每一条焊道的位置作相应的调整,以利于熔滴金属的过渡并获得较好的焊缝成形。板对接接头 V 形坡口的仰焊推荐焊接参数,见表 1-13。

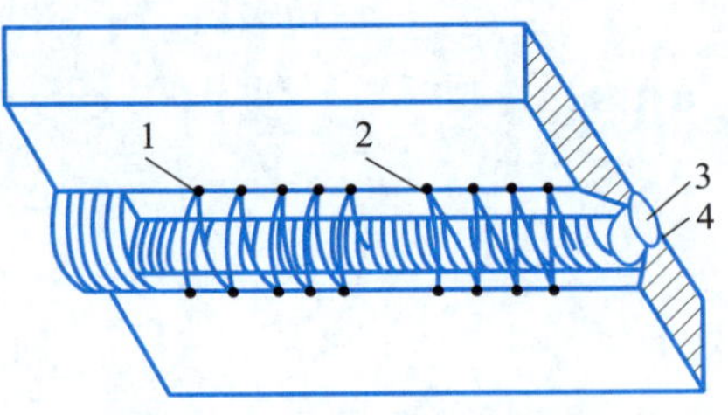

1—月牙形运条;2—锯齿形运条;3—第一层焊道;4—第二层焊道。

图 1-38 V 形坡口对接仰焊的运条法

表 1-13 板对接接头仰焊推荐焊接参数

<table>
<tr><th rowspan="2">焊缝横断面形式</th><th rowspan="2">焊件厚度/mm</th><th colspan="2">第一层焊缝</th><th colspan="2">其他各层焊缝</th></tr>
<tr><th>焊条直径/mm</th><th>焊接电流/A</th><th>焊条直径/mm</th><th>焊接电流/A</th></tr>
<tr><td rowspan="4"></td><td rowspan="2">5~8</td><td rowspan="2">3. 2</td><td rowspan="2">90~120</td><td>3. 2</td><td>90~120</td></tr>
<tr><td>4</td><td>140~160</td></tr>
<tr><td rowspan="2">≥9</td><td>3. 2</td><td>90~120</td><td rowspan="2">4</td><td rowspan="2">140~160</td></tr>
<tr><td>4</td><td>140~160</td></tr>
<tr><td rowspan="3"></td><td rowspan="2">12~18</td><td>3. 2</td><td>90~120</td><td rowspan="2">4</td><td rowspan="2">140~160</td></tr>
<tr><td>4</td><td>140~160</td></tr>
<tr><td>≥19</td><td>4</td><td>140~160</td><td>4</td><td>140~160</td></tr>
</table>

任务实施

一、焊前准备

1. 材料准备

同本项目任务一。

2. 设备、工具量具准备

同本项目任务一。

3. 焊接参数

板对接仰焊的焊接参数见表 1-14。

表 1-14 板对接仰焊的焊接参数

<table>
<tr><th>焊道分布</th><th>焊接层次</th><th>焊条直径/mm</th><th>焊接电流/A</th></tr>
<tr><td rowspan="3">1
2
3
4</td><td>打底层 1</td><td>2. 5</td><td>60~75</td></tr>
<tr><td>填充层 2、3</td><td>3. 2</td><td>100~120</td></tr>
<tr><td>盖面层 4</td><td>3. 2</td><td>90~100</td></tr>
</table>

二、装配与焊接

1. 装配与定位焊

试板材料为 Q235 钢板，厚度为 12 mm，V 形坡口，坡口角度 60°，钝边 0.5~1.0 mm。装配时间隙为 3.2~4.0 mm，末端间隙大于始端间隙，并预留 6°~7° 反变形量，其装配尺寸如图 1-39 所示。

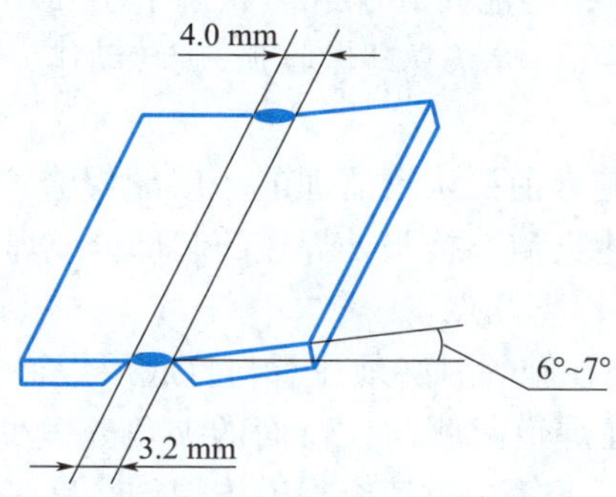

图 1-39 板对接仰焊装配示意图

2. 打底焊

板对接仰焊直流反接断弧打底的操作要领：焊接打底层时易在焊缝背面产生塌陷，为达到单面焊双面成形的目的，使背面焊缝成形良好，仰焊打底层的操作具有较大的难度，打底层采用断弧焊时的焊条角度如图 1-40 所示。

开始焊接时，首先在距定位焊缝 10~15 mm 处的坡口一侧引弧，然后将电弧拉回至定位焊缝上，借助定位焊缝连弧加热坡口根部，到接头处迅速压低电弧将熔滴送到焊缝根部，并借助电弧吹力作用尽量向坡口根部、背面输送熔滴。同时将其稍向左右摆动，以便于形成熔池和熔孔，并保证接头熔合良好。仰焊时第一个熔孔形成后立即熄弧以冷却熔池。再次引弧时，在第一个熔池前一侧坡口面上，即在熔孔的边缘用接触法引弧，电弧引燃后，听到电弧击穿声时，控制焊条不要摆动，使电弧燃烧 0.8~1 s，并保持弧柱长度 1/2 穿过熔孔。然后急速拉回侧后方熄弧。仰焊打底层采用断弧焊的操作手法如图 1-41 所示。

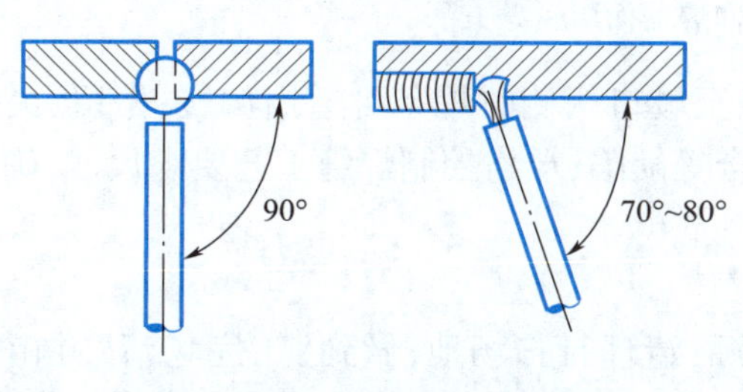

图 1-40 对接仰焊时的焊条角度

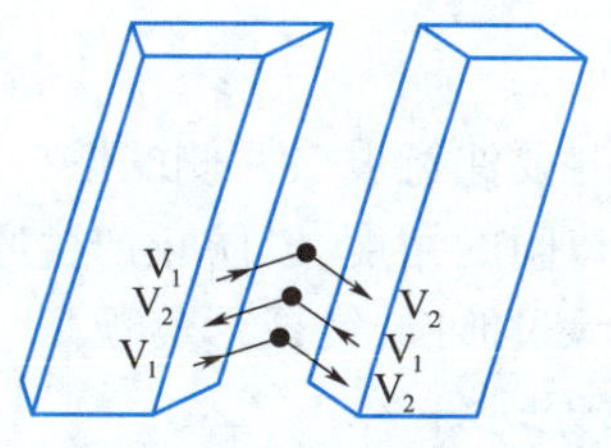

V_1—引弧方向；V_2—灭弧方向；·—电弧稍作停留。

图 1-41 仰焊打底焊时采用断弧法操作手法

电弧燃烧时焊条不应做大幅度摆动，运条速度要快，如果焊条摆动幅度过大，液态金属受电弧的吹力就越小，且力的作用位置发生改变，将使熔池金属下坠倾向增大。熄弧动作应迅速利落，以免焊道背面产生塌陷，正面铁水下坠形成焊瘤。施焊过程中，焊件背面应保持焊缝凸起,穿透熔孔的位置要准确,每侧坡口穿透尺寸为1~1.5 mm。为了更好地掌握焊接方法、灵活调整焊条角度、控制电弧长度应注意以下几点:

(1)在使用碱性焊条时,不能像酸性焊条那样靠长弧预热或跳弧控制熔池温度,必须采用短弧焊,否则容易产生气孔。

(2)更换焊条熄弧前,为防止产生弧坑缩孔,要在熔池边缘部位迅速向背面补充2~3滴液态金属,然后向后侧衰减灭弧。

(3)接头时动作要快,最好在熔池尚处于红热状态下引弧施焊。接头位置应选在熔池前缘,当听到试板背面电弧穿透声后,焊条立即做收弧、旋转动作,再运条前进。

3. 填充层焊接

施焊填充层和盖面层时,施焊前要认真清理前一层的焊渣、飞溅,尤其是焊道两侧的焊渣必须清理干净,防止焊接时产生夹渣。接头处焊道凸起部分或焊瘤应鉴削平,采用锯齿形运条法焊接填充层。焊接时应注意以下几点:

(1)焊接第一道填充层时,在施焊时必须注意与打底层焊道应充分熔合,并不应出现凸形焊道,采用小幅摆动,摆动时在焊道两侧与坡口面的夹角处做少许停留,使夹角处熔化充分。焊成的焊道要光滑平整,为随后的第二道填充焊道施焊创造良好的条件。

(2)焊接第二道填充时,由于焊缝宽度增大,焊条摆动的幅度也随之加大,注意不要将电弧摆出坡口外,造成坡口损伤。同时应严格控制预留坡口的深度,预留坡口的深度过深或过浅,都会影响盖面层的施焊,一般深度1~1.5 mm为宜,为盖面层施焊打好基础。

4. 盖面层焊接

盖面层焊道为修饰焊道,应力求成形美观,为此应确保盖面焊道表面光滑平坦。焊接时用短弧操作,弧长最好控制在3 mm以下,以防止产生气孔。如果填充层焊道表面较整齐、平滑,则盖面层焊道可采用锯齿形或月牙形运条法施焊,板对接仰焊盖面层运条方法如图1-42所示。

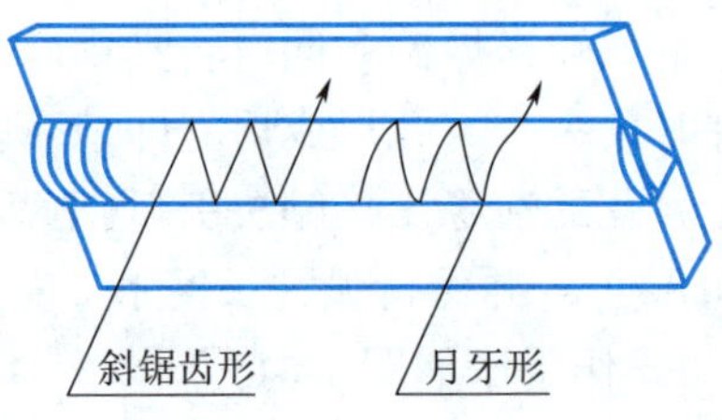

图1-42 板对接仰焊盖面层运条方法

操作时要注意坡口两侧的熔合情况,运条至坡口两侧时焊条可适当偏转、停留,灵活调整电弧与坡口间的角度,以防止产生咬边、未熔合等缺陷,严格控制焊缝工艺要求尺寸,确保焊缝与母材边缘过渡圆滑,成形美观。

5. 清理现场

练习结束后,必须整理工具设备,关闭电源,清理打扫场地,做到“工完场清”并由值日生或指导教师检查,做好记录。

操作要点

仰焊时,熔池倒挂在焊件下面,熔化金属因重力的作用容易下坠滴落,不易控制熔池的形状和大小,容易出现未焊透、夹渣和凹陷等缺陷。焊接时,必须采用短弧,选择合适的焊条角度，宜采用较小直径的焊条和较小的电流，电流比平焊时的电流小 15%～20%，即严格控制热输入，尽量做到焊速快，熔池小，焊肉薄。

打底焊时，推荐使用断弧法进行焊接操作（碱性焊条宜采用直流正接进行打底焊）；焊接电流宜比正常焊接时的电流稍大，否则易产生粘连。形成熔孔后，焊条尽可能地向上顶，始终保持 1/2～2/3 的电弧在背面燃烧，同时，新的熔池要覆盖前一个熔池的 1/2 以上。

任务评价

教师根据学生任务完成情况，指导学生完成板对接仰焊任务评价表，见表 1-15。

表 1-15 板对接仰焊任务评价表

检查项目		评分标准				测评数据	实得分数
		Ⅰ	Ⅱ	Ⅲ	Ⅳ		
焊缝余高	尺寸标准/mm	0～3	>3 且≤4	>4 且≤5	>5 或<0		
	得分标准	10 分	8 分	6 分	0 分		
焊缝高度差	尺寸标准/mm	≤1	>1 且≤2	>2 且≤3	>3		
	得分标准	10 分	8 分	6 分	0 分		
焊缝宽度	尺寸标准/mm	>16 且≤20	>20 且≤21	>21 且≤22	>22		
	得分标准	10 分	8 分	6 分	0 分		
焊缝宽度差	尺寸标准/mm	≤1.5	>1.5 且≤2	>2 且≤3	>3		
	得分标准	10 分	8 分	6 分	0 分		
咬边	尺寸标准/mm	无咬边	深度≤0.5		深度>0.5		
	得分标准	10 分	每 5 mm 扣 0.5 分		0 分		
正面成形	标准	优	良	中	差		
	得分标准	10 分	8 分	6 分	0 分		
背面成形	标准	优	良	中	差		
	得分标准	10 分	8 分	6 分	0 分		
背面凹	尺寸标准/mm	0	>0 且≤1	>1 且≤2	>2 或<0		
	得分标准	5 分	4 分	3 分	0 分		
背面凸	尺寸标准/mm	0～1	>1 且≤2	>2 且≤3	>3 或<0		
	得分标准	5 分	4 分	3 分	0 分		
角变形	尺寸标准/mm	0～2	>2 且≤3	>3 且≤5	>5		
	得分标准	10 分	8 分	6 分	0 分		
错边量	尺寸标准/mm	0	≤0.7	>0.7 且≤1.2	>1.2		
	得分标准	10 分	8 分	6 分	0 分		
总 分		100 分				总成绩	

焊缝外观（正、背）成形评判标准			
优	良	中	差
成形美观，焊缝均匀、细密，高低宽窄一致	成形较好，焊缝均匀、平整	成形尚可，焊缝平直	焊缝弯曲，高低、宽窄明显

任务六 T形接头焊接

任务目标

(1)掌握焊条电弧焊T形接头平角焊和立角焊的技术要求及操作要领。
(2)制作出焊条电弧焊T形接头平角焊的合格工件。
(3)制作出焊条电弧焊T形接头立角焊的合格工件。

任务分析

T形接头即两块钢板互为90°并呈"T"字形进行连接,是一种常见的焊接接头形式。由于两块钢板有一定的夹角,降低了熔敷金属和熔渣的流动性,容易形成夹渣和咬边等缺陷。所以在操作中,电流要大于平焊时的电流。按照图1-43的技术要求,学习焊条电弧焊T形接头焊接的基本操作技能,完成工件实作任务。

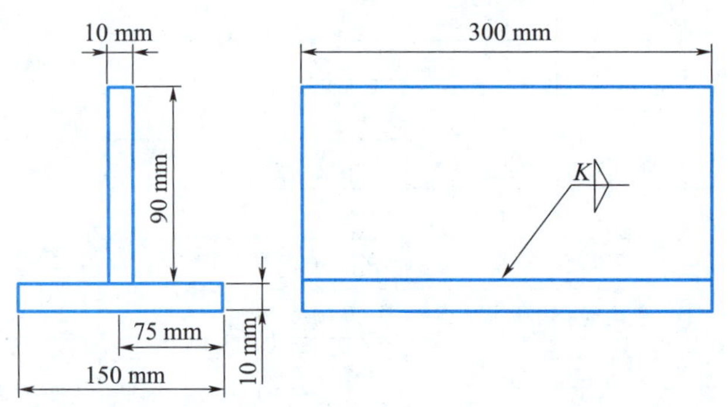

图1-43 T形接头图样

知识准备

一、焊接接头的基本形式

焊接接头的基本形式有四种:对接接头、搭接接头、T形接头和角接接头,如图1-44所示。

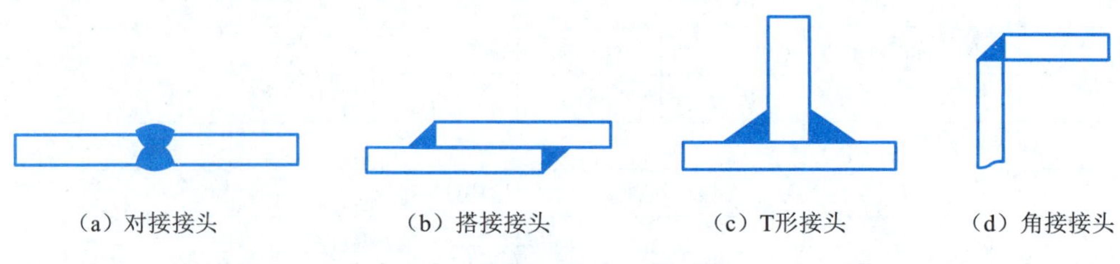

图1-44 焊接接头的基本形式

(1)对接接头。两焊件表面构成大于或等于 135°、小于或等于 180°夹角,即两板件相对端面焊接而形成的接头称为对接接头,如图 1-44(a)所示。

(2)搭接接头。两板件部分重叠起来进行焊接所形成的接头称为搭接接头,如图 1-44(b)所示。

(3)T 形接头。T 形接头是将相互垂直的被连接件,用角焊缝连接起来的接头,此接头一个焊件的端面与另一焊件的表面构成直角或近似直角,如图 1-44(c)所示。这种接头是典型的电弧焊接头,能承受各种方向的力和力矩,这类接头应避免采用单面角焊缝,因为这种接头的根部有很深的缺口,其承载能力低。

对较厚的钢板,根据受力状况决定是否需要焊透。对要求完全焊透的 T 形接头,采用单边 V 形坡口从一面焊,焊后在背面清根焊满。

(4)角接接头。两板件端面构成 30°~135°夹角的接头称作角接接头,如图 1-44(d)所示。

二、T 形接头焊接方法

T 形接头的平角焊容易产生未焊透、下垂、咬边、夹渣等缺陷,特别是在立板处容易出现咬边,如图 1-45 所示。为防止上述缺陷,焊接时除正确选择焊接参数外,还必须根据两板厚度来调整焊条的角度,电弧应偏向厚板的一边,使两板受热温度均匀一致。

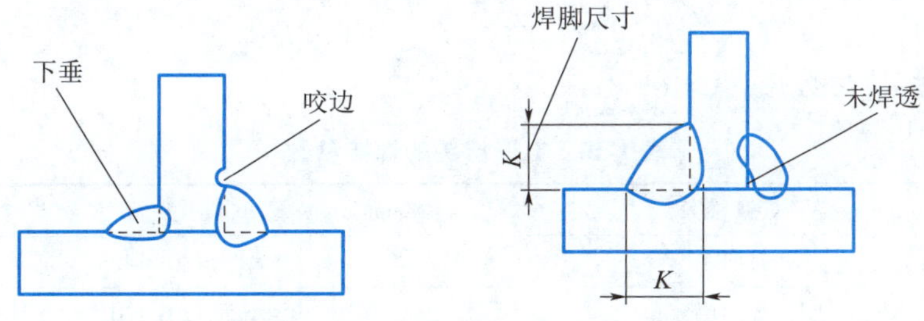

图 1-45 T 形接头焊缝容易产生的缺陷

T 形焊缝平角焊缝由于两块钢板之间有一定的夹角,降低了熔敷金属和熔渣的流动性,容易形成夹渣和咬边等缺陷。在操作中,电流要大于平焊时的电流,当焊脚尺寸小于 5 mm 时,可采用直线运条;当焊脚尺寸大于 5 mm 时,可采用斜圆圈形运条法,如图 1-46 所示。斜圆圈形运条法操作要点:a 点到 b 点稍慢,保证熔深;b 点到 c 点稍快,使熔化金属不流下来;同时在 c 点稍停,以保证熔化,但又不能产生咬边;c 点到 d 点稍慢,以保证根部焊透、水平焊件无夹渣;d 点到 e 点稍快,在 e 点稍作停留。如此反复,采用短弧,在收尾时填满弧坑。当两块钢板厚度不同时,原则上应将电弧的能量集中对准厚的钢板。

T 形接头立角焊容易产生的缺陷是角顶不易焊透,而且焊缝两侧容易咬边。为克服此缺陷,焊条在焊缝两侧应稍作停留,电弧的长度尽可能地缩短,焊条摆动幅度应不大于焊缝宽度,为获得质量良好的焊缝,要根据焊缝的具体情况,选择合适的运条方法。常用的运条方法有跳弧法、三角形运条法、锯齿形运条法和月牙形运条法等,如图 1-47 所示。

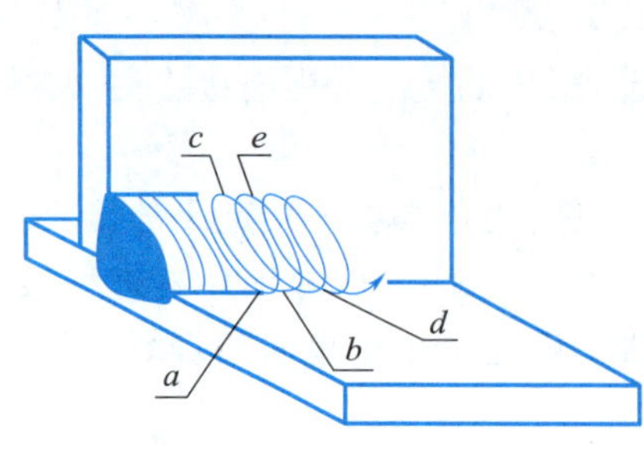

图 1-46　T 形接头平角焊运条方法

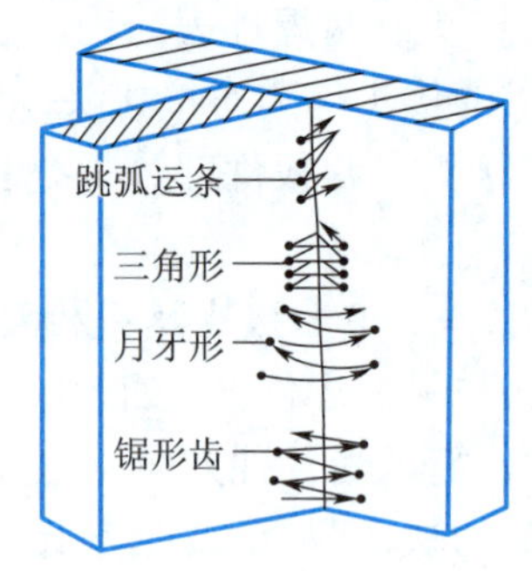

图 1-47　T 形接头立角焊的运条方法

任务实施

一、焊前准备

1. 材料准备

同本项目任务一。

2. 设备、工具量具准备

同本项目任务一。

3. 焊接参数

T 形接头的焊接参数见表 1-16。

表 1-16　T 形接头的焊接参数

焊接位置	焊接层次	焊条直径/mm	焊接电流/A	焊脚尺寸 K/mm
PB	打底层	3.2	130~140	12
	盖面层	3.2	120~130	
PF	打底层	3.2	110~130	12
	盖面层	3.2	100~120	

二、装配与焊接

1. 装配与定位焊

T 形接头装配时，两块钢板需要保证为 90°夹角，定位焊道采用双面四点对称点固，为了减小变形，点固如图 1-48 所示，定位焊长约 10 mm 并做到焊缝薄而牢。

2. 打底焊

(1) T 形接头平角位置打底焊。当焊脚尺寸小于 5 mm 时，可采用直线运条；当焊脚尺寸大于 5 mm 时，可采用斜圆圈形运条法。如果是单层角焊缝，则打底时要特别注意保证顶角处焊透和焊脚对称。焊接时要压低电弧，必须保证顶角处焊透，为此焊接电流可稍大一些，电弧始终对准顶角，在焊接过程中注意观察熔池，使熔池下沿与底板熔合好，熔池上沿与立板熔合好，使焊脚对称。T 形接头平角焊时焊条的角度，如图 1-49 所示。

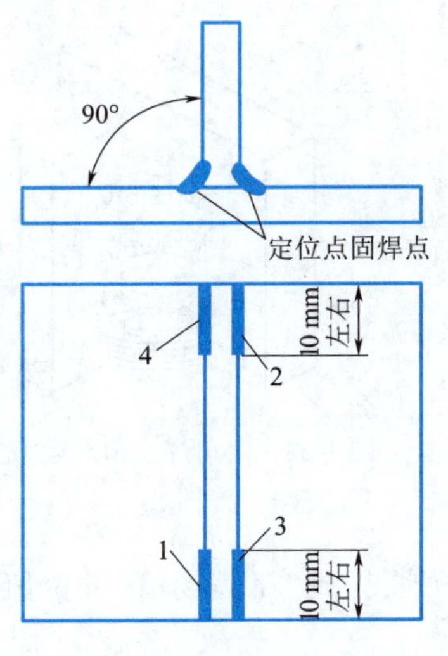

图 1-48 定位焊示意图

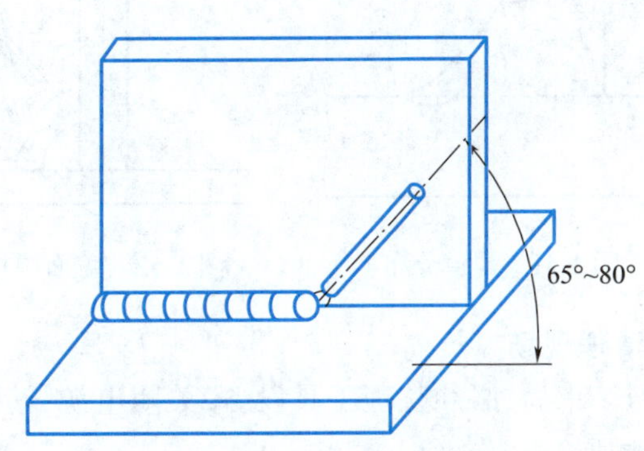

图 1-49 T 形接头平角焊时焊条角度

(2)T 形接头立角位置打底焊。T 形接头立角焊时焊条角度如图 1-50 所示,采用三角形运条方法焊接(或断弧法打底)。在三角形顶角和试板两侧稍作停留,以保证顶角熔合良好,防止试板两侧产生咬边。

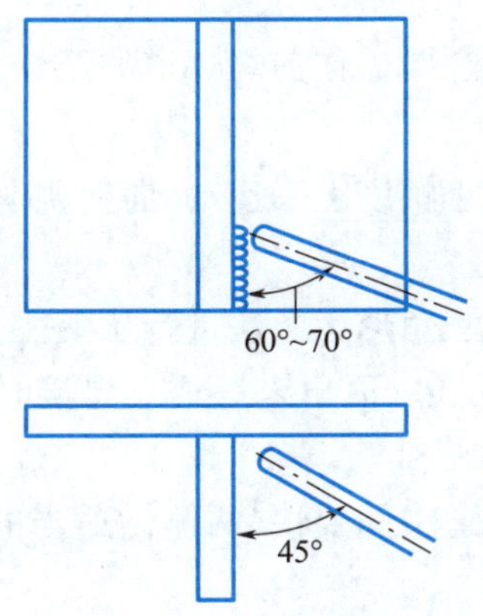

图 1-50 T 形接头立角焊时焊条角度

3. 盖面层焊接

(1)T 形接头平角位置盖面焊。在盖面焊前,应将打底层上的熔渣与飞溅物清除干净。在焊盖面层下面的焊道时,电弧应对准打底焊道的下沿,直线运条;在焊盖面层上面的焊道时,电弧应对准打底焊道的上沿,焊条稍横向摆动,使熔池上沿与立板平滑过渡,熔池下沿与下面的焊道均匀过渡。焊接速度要均匀,以便焊成一条表面较平滑且略带凹形的焊缝。焊道分布如图 1-51 所示。平角位置盖面层焊条角度如图 1-52 所示。

(2)T 形接头立角位置盖面焊。盖面施焊前,应清除根部焊道的焊渣和飞溅,焊缝接头的局部凸起处需打磨平整。在试板最下端引弧,采用三角形或倒月牙形运条方法,如图 1-53 所示,后焊道压住前焊道 1/2 以上,保证焊波均匀,横向摆动向上焊接。焊缝表面应平整,避免咬边。

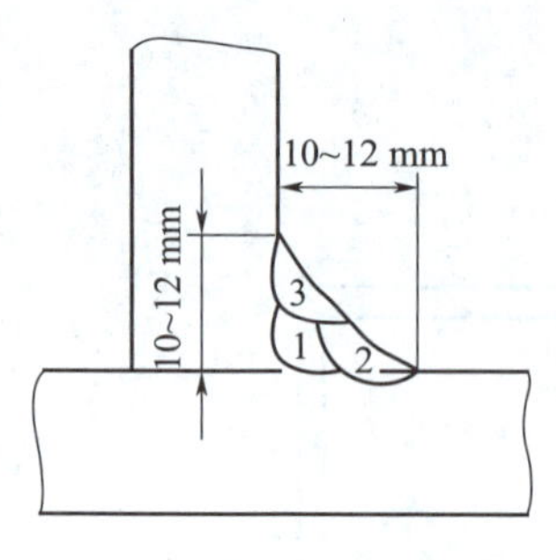

图 1-51　焊道分布

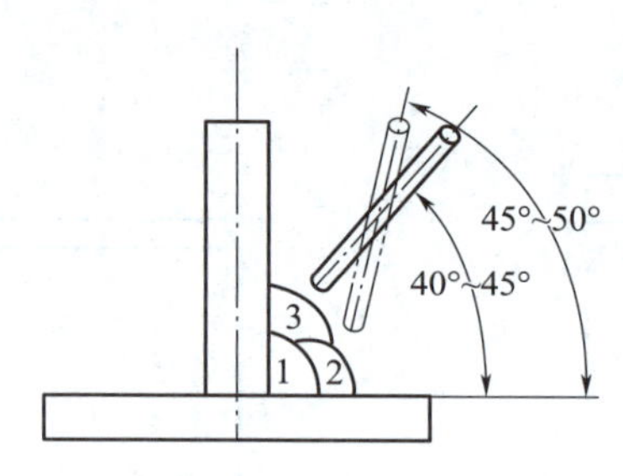

图 1-52　盖面层焊条角度

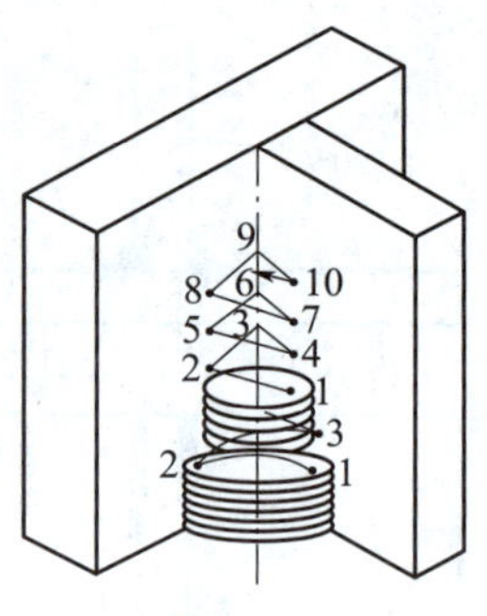

图 1-53　立角焊三角形运条方法

4. 清理现场

练习结束后，必须整理工具设备，关闭电源，清理打扫场地，做到“工完场清”并由值日生或指导教师检查，作好记录。

操作要点

（1）T 形接头平角焊的操作要点：

①“三分手艺，七分电流”。打底焊电流要适当大，利用电弧挺度将熔渣引导向熔池后方，避免夹渣。

②多层多道焊盖面时，后焊焊道要盖住前焊焊道的至少 1/2，确保焊缝成形美观。

（2）T 形接头立角焊的操作要点：

①采用断弧法打底，运用手腕小幅度上下运动，向上挑电弧熄灭，动作干净利索，引燃电弧时落点要准确点在熔池处。

②填充盖面运条要节奏一致，三角形运条法进行从下往上的焊接，注意在三角形的顶点都应稍停留，保证熔合好，防止两侧咬边、顶角未焊透。焊接时要特别注意观察熔池，防止铁液下淌。

③电弧要控制短些，焊条在焊道中间要快，两侧做适当的停留，填充后的焊道表面要与母材熔合良好，不得夹渣。

任务评价

教师根据学生任务完成情况，指导学生完成 T 形接头焊接任务评价表，见表 1-17。

表 1-17　T 形接头焊接任务评价表

检查项目		评分标准				测评数据	实得分数
		Ⅰ	Ⅱ	Ⅲ	Ⅳ		
焊脚尺寸	标准/mm	12～13	13～14	14～15	>15 或<12		
	分数	10	8	4	0		
焊缝凹凸度	标准/mm	≤1	>1 且≤2	>2 且≤3	>3		
	分数	10	8	4	0		

续上表

检查项目		评分标准				测评数据	实得分数
		Ⅰ	Ⅱ	Ⅲ	Ⅳ		
垂直度	标准/mm	0	>0且≤1	>1且≤2	>2		
	分数	10	8	4	0		
气孔	标准	无			有		
	分数	10			0		
咬边	标准/mm	无	深≤0.5 长≤10	深≤0.5 长≤10	深>0.5 长>20		
	分数	10	8	4	0		
焊瘤	标准	无	有				
	分数	10	0				
裂纹	标准	无	有				
	分数	10	0				
弧坑	标准	填满	未填满				
	分数	10	0				
未熔合	标准/mm	无	深≤1 长≤10	深≤1 长≤12	深>1 长>12		
	分数	10	8	4	0		
表面成形	标准	优	良	中	差		
	分数	10	8	4	0		
总　分		100分				总成绩	

焊缝外观(正、背)成形评判标准

优	良	中	差
成形美观,焊缝均匀、细密,高低宽窄一致	成形较好,焊缝均匀、平整	成形尚可,焊缝平直	焊缝弯曲,高低、宽窄明显

项目二 CO_2气体保护焊

任务一 基本操作练习

任务目标

(1)掌握 CO_2 气体保护焊的基本操作方法。

(2)掌握 CO_2 气体保护焊送丝机构的基本安装方法。

(3)了解 CO_2 气体保护焊的焊接材料的种类。

任务分析

(1)掌握 CO_2 气体保护焊引弧收弧等操作方法。

(2)练习焊条电弧焊的运条操作,焊出合格的焊缝。

(3)学会正确安装送丝机构。

知识准备

CO_2 气体保护焊是利用 CO_2 作为保护气体的熔化极气体保护焊方法,简称 CO_2 焊。CO_2 焊是目前焊接钢铁材料的重要焊接方法之一,作为熔化电极的焊丝,有实心和药芯两类,前者一般含有脱氧用的和焊缝金属所需要的合金元素,后者的药芯成分及作用与焊条的药皮相似。其焊接示意图如图 2-1 所示。

目前,CO_2 气体保护焊使用的保护气体分 CO_2 和 CO_2+Ar 两种,所使用的焊丝主要是锰硅合金焊丝、超低碳合金焊丝及药芯焊丝。焊丝主要规格有 0.5 mm、0.8 mm、0.9 mm、1.0 mm、1.2 mm、1.6 mm、2.0 mm、2.5 mm、3.0 mm、4.0 mm 等。

一、CO_2 气体保护焊的工艺特点

(1)CO_2 的穿透能力强,焊后一般无须清渣,所以 CO_2 气体保护焊的生产率比焊条电弧焊高 1~3 倍。

(2)CO_2 气体来源广,价格便宜,而且电能消耗少,故使焊接成本降低。通常 CO_2 气体保

护焊的成本只有埋弧焊或焊条电弧焊的40%~50%。

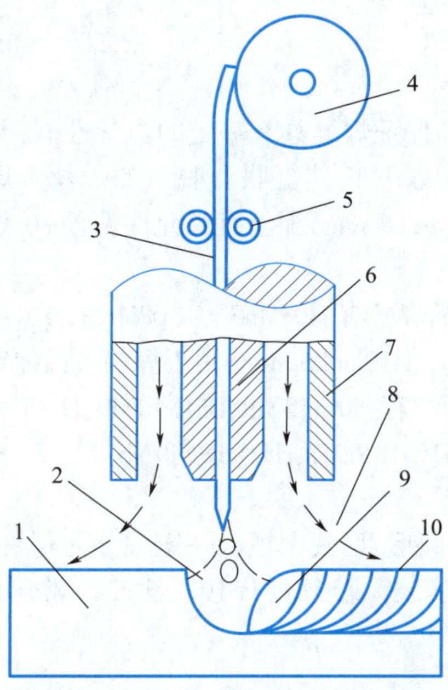

1—母材;2—电弧;3—焊丝;4—焊丝盘;5—送丝滚轮;6—导电嘴;
7—保护气体喷嘴;8—保护气体;9—熔池;10—焊缝金属。

图2-1 熔化极气体保护焊示意图

(3)可实现全位置焊接,并且对于薄板、中厚板甚至厚板都能焊接。由于电弧加热集中,工件受热面积小,同时 CO_2 气流有较强的冷却作用,所以焊接变形小,特别适宜于薄板焊接。

(4)对铁锈敏感性小,焊缝含氢量少,抗裂性能好。

(5)飞溅率较大,并且焊缝表面成形较差。特别当焊接工艺参数匹配不当时,更为严重。

(6)电弧气氛有很强的氧化性,不能焊接易氧化的金属材料。抗侧向风能力较弱,室外作业需有防风措施。

(7)焊接弧光较强,特别是大电流焊接时,要注意对操作人员防弧光辐射保护。

二、CO_2 气体保护焊焊接材料

1. CO_2 气体

纯 CO_2 气体是无色,略带有酸味的气体。密度为1.97 kg/m^3,比空气重。CO_2 通常采用40 L标准钢瓶灌入25 kg液态的 CO_2,焊接用 CO_2 气体纯度不应低于99.8%(体积法),其含水量小于0.005%(质量法)。CO_2 气瓶要防止烈日暴晒或靠近热源,以免发生爆炸。

2. 混合气体

现在大工业生产时的 CO_2 气体保护焊气体,一般采用混合气体,混合气体是在Ar气中加入20%左右的 CO_2 气体制成。

三、CO_2 气体保护焊焊丝

1. 实心焊丝

为了防止气孔，减少飞溅和保证焊缝具有一定的力学性能，要求焊丝中含有足够的合金元素，一般采用限制含碳量(0.1%以下)、硅锰联合脱氧的焊丝。焊丝直径常用的有 ϕ0.8 mm、ϕ0.9 mm、ϕ1.0 mm、ϕ1.2 mm、ϕ1.6 mm，焊丝直径允许偏差+0.01 mm，-0.04 mm。以下介绍几种常用的焊丝。

用于焊接低碳钢低合金钢的焊丝有 H08MnSiA、H08MnSi、H10MnSi；用于焊接低合金钢强度钢的焊丝有 H08Mn2SiA、H10MnSiMo、H10Mn2SiMoA；用于焊接贝氏体钢的焊丝有 H08Cr3Mn2MoA；用于焊接抗微气孔焊缝低飞溅的焊丝有 H0Cr18Ni9、H1Cr18Ni9、H1Cr18Ni9Ti；用于焊接不锈钢薄板的焊丝有 H0Cr18Ni9、H1Cr18Ni9、H1Cr18Ni9Ti、H1Cr18Ni9Nb。

2. 药芯焊丝

药芯焊丝是用薄钢带卷成圆形管，其中填入一定成分的药粉，拉制而成的焊丝。采用药芯焊丝焊接，形成气渣联合保护，焊缝成形好，焊接飞溅小。常用的药芯焊丝有 YJ502、YJ507、YJ507CuCr、YJ607、YJ707。

任务实施

一、焊前准备

(1)焊机型号：NBC350 型半自动 CO_2 气体保护焊机。

(2)焊接材料：Q235 钢板；焊丝牌号 ER50-6，直径 1.2 mm；CO_2 气体。

(3)焊帽、角向砂轮、手锤、钢丝刷等。

二、送丝机构的安装

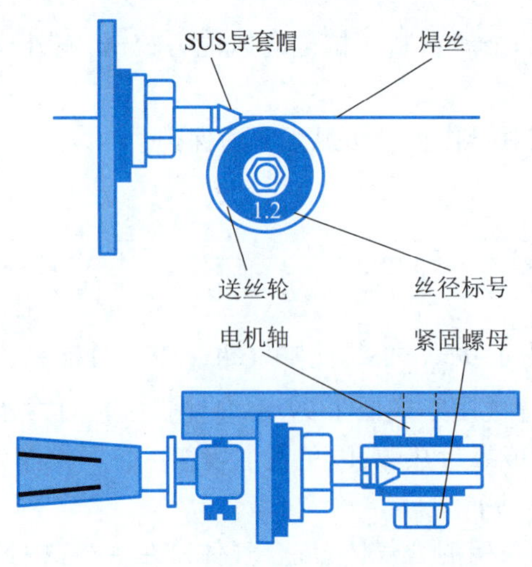

图 2-2　送丝轮安装示意图

1. 送丝轮的安装

每个送丝轮可适用两种直径的焊丝，送丝轮槽大小必须与焊丝直径保持一致，安装正确时丝径标号应朝向外侧，紧固螺母必须拧紧以保证送丝轮槽与 SUS 导套帽的同心度，如图 2-2 所示。否则将增加送丝阻力或刮伤焊丝，从而引起焊接电弧不稳，影响焊接质量。

2. 焊丝的安装

(1)将焊丝装到送丝机盘轴上，并用扳手螺钉将挡块固定。

(2)抬起加压臂，将焊丝插入 SUS 导套帽 2~3 cm，如图 2-3 所示。

(3)加压臂复位，并用加压手柄紧固，旋转加压手柄到所用焊丝直径刻度的上方，如图 2-4 所示。

(4)用焊接电流调节旋钮控制手动送丝速度，将焊丝送出焊枪导电嘴 1～2 cm 后放开手动送丝按钮。

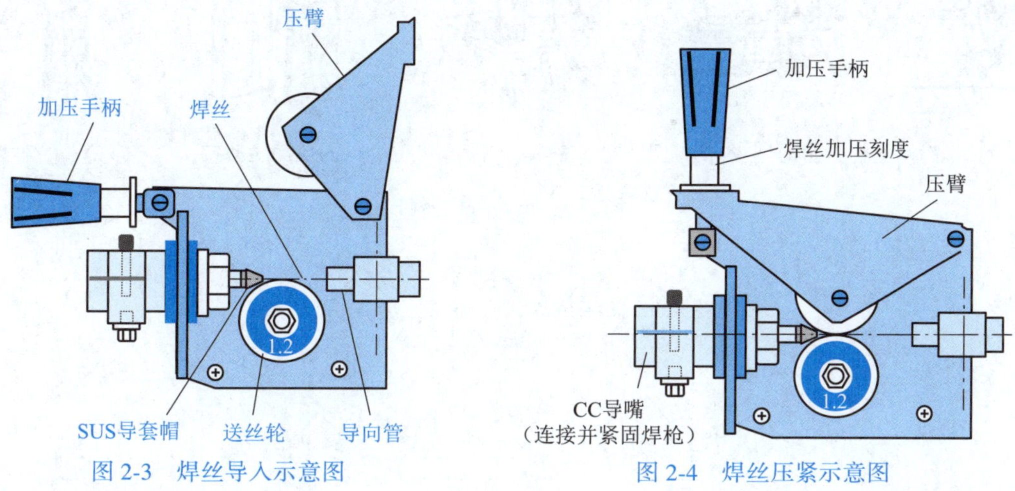

图 2-3 焊丝导入示意图

图 2-4 焊丝压紧示意图

3. 导电嘴的更换与安装

安装时导电嘴必须用扳手拧紧，工作前应检查其是否松动，如图 2-5 所示。导电嘴始终与焊丝滑动接触，所以当内孔磨损成椭圆孔时，导电性能差，电弧不稳，应及时更换，否则导电不好，烧毁导电嘴接头甚至烧毁喷嘴接头绝缘体。

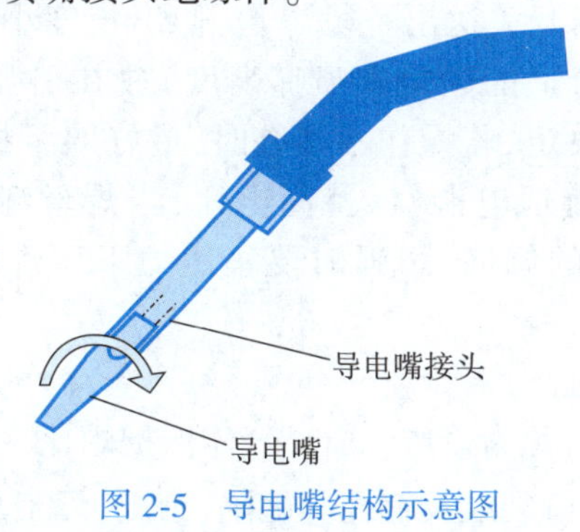

图 2-5 导电嘴结构示意图

三、CO_2 气体保护焊的基本操作

1. 持枪姿势

根据焊件高度，身体呈下蹲、坐姿或站立姿势，脚要站稳，右手握焊枪，手臂处于自然状态，焊枪软管应舒展，手腕能灵活带动焊枪平移和转动，焊接过程中能维持焊枪倾角不变，并可方便地观察熔池，焊接不同位置焊缝时的正确持枪姿势如图 2-6 所示。

2. 焊枪的摆动方法

与焊条电弧焊相同，为了控制焊缝的宽度和良好的焊缝成形，CO_2 气体保护焊焊枪也要做横向摆动。常用的摆动方法有直线形、直线往返形、锯齿形、月牙形等。

平板对接焊时，焊枪应根据坡口间隙的大小采用不同的焊枪摆动方式，小焊缝一般采用直线焊接或小幅度摆动,如图 2-7(a)所示;大焊缝采用月牙形摆动,如图 2-7(b)所示。

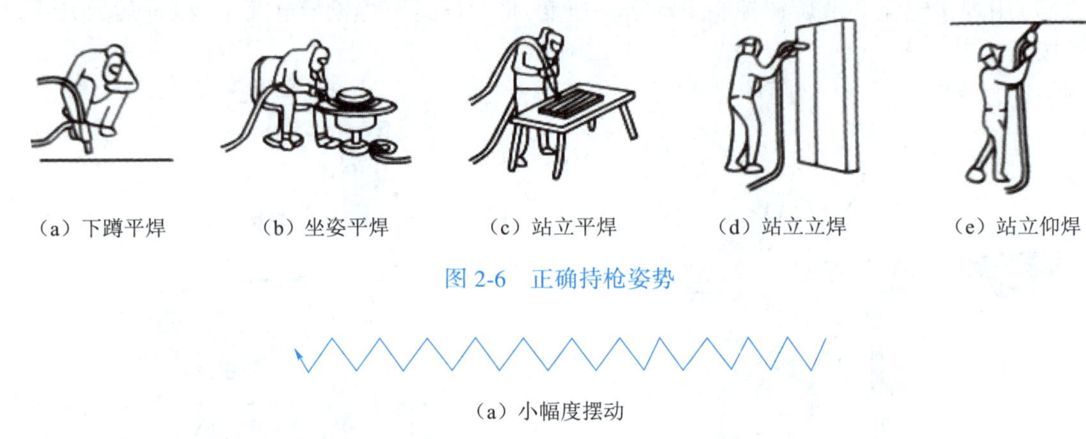

(a)下蹲平焊　(b)坐姿平焊　(c)站立平焊　(d)站立立焊　(e)站立仰焊

图 2-6　正确持枪姿势

(a)小幅度摆动

(b)月牙形摆动

图 2-7　焊枪摆动方式

3. 引弧

CO_2 气体保护焊通常采用短路接触法引弧。引弧的具体操作步骤为:首先按遥控盒上的点动开关或按焊枪上的控制开关送出一段焊丝,伸出长度小于喷嘴与工件间应保持的距离;然后将焊枪按要求(保持合适的倾角和喷嘴高度)放在引弧处(此时焊丝端部与工件未接触),喷嘴高度由焊接电流决定,若操作不熟练时,最好双手持枪;最后按焊枪上的控制开关,焊机自动提前送气,延时接通电源,保持高电压,当焊丝碰撞工件短路后,自动引燃电弧。短路时,焊枪有自动顶起的倾向,引弧时要稍用力下压焊枪,防止因焊枪抬高,电弧太长而熄灭。

4. 收弧

焊道收尾处往往出现凹陷,称为弧坑。CO_2 气体保护焊比一般焊条电弧焊用的电流大,所以弧坑也大。弧坑处易产生火口裂纹及缩孔等缺陷,为此,焊工总是设法减小弧坑尺寸。目前主要应用的方法如下:

采用带有电流衰减装置的焊机时,填充弧坑电流较小,一般只为焊接电流的 50%~70%,易填满弧坑。最好以短路过渡的方式处理弧坑。这时,电弧沿火口的外沿移动焊枪,并逐渐缩小回转半径,直到中间停止。

没有电流衰减装置时,在火口未完全凝固的情况下,应在其上反复进行几次断续焊接。这时只是交替按压与释放焊枪按钮,而焊枪在弧坑填满之前始终停留在火口上,电弧燃烧时间应逐渐缩短。最后使用工艺板,也就是把弧坑引到工艺板上,焊完之后再去除。

5. 接头

焊缝连接时接头好坏会直接影响焊缝质量。CO_2 气体保护焊接头操作方法是:在接点前方 10~20 mm 处引弧,待电弧稳定下来后,再返回接点处进行焊接。平焊和立焊接头操作如图 2-8 所示。

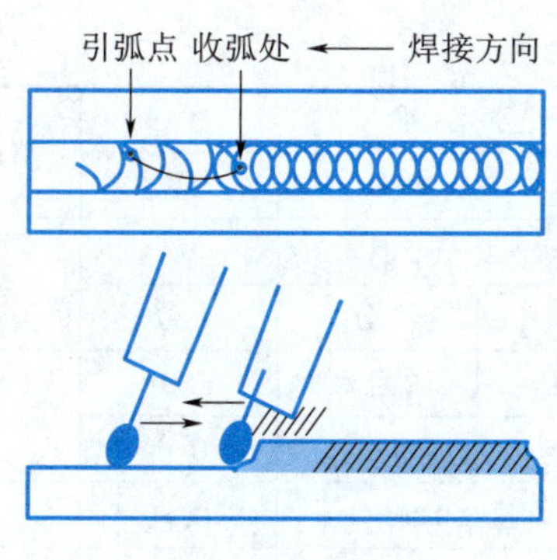

（a）平焊焊缝接头方法

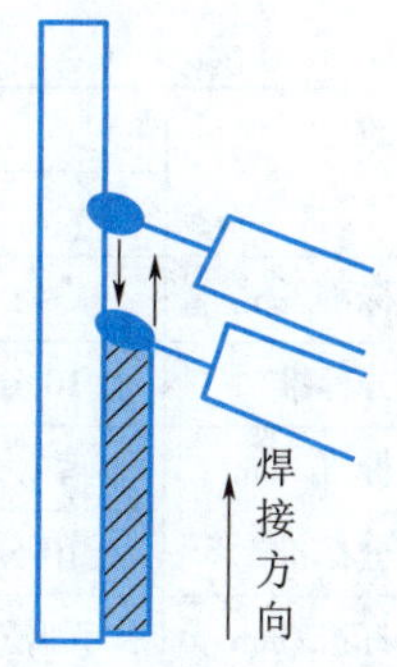

（b）立焊焊缝接头方法

图 2-8 CO_2 气体保护焊焊缝接头方法

6. 焊枪运动方向

CO_2 气体保护焊焊枪运动方向分为左向焊法和右向焊法两种，如图 2-9 所示。CO_2 气体保护焊一般采用左向焊法焊接。

（1）左向焊法操作时，焊枪自右向左移动，前倾角为小于 20°。电弧的吹力作用在熔池及其前沿，将熔池金属向前推延，由于电弧不直接作用在母材上，所以熔深较浅，焊道平坦变窄，飞溅较大，保护效果好。左向焊时，喷嘴不会挡住焊工视线，焊工能清楚地看见焊缝，故不容易焊偏，并且电弧对母材有预热作用，能得到较大的熔宽，焊缝成形质量也得到改善。所以，左向焊法应用比较普遍。

（2）右向焊法操作时，焊枪自左向右移动，电弧直接作用到母材上，熔池能得到良好的保护，由于加热集中，热量可以充分利用，故熔深较大，焊道窄而高，飞溅略小。但因焊丝直指熔池，电弧将熔池中的液态金属向后吹，容易造成余高和焊波过大，影响焊缝成形质量，并且，焊接时喷嘴挡住待焊的焊缝，不便于观察焊缝的间隙，容易焊偏。

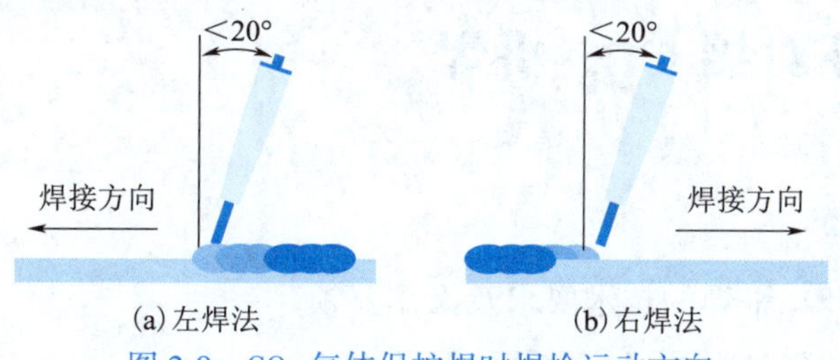

(a)左焊法　(b)右焊法

图 2-9 CO_2 气体保护焊时焊枪运动方向

任务评价

教师根据学生任务完成情况，指导学生完成基本操作练习任务评价表，见表 2-1。

表 2-1 基本操作练习任务评价表

检查项目		评分标准				测评数据	实得分数
		Ⅰ	Ⅱ	Ⅲ	Ⅳ		
焊缝余高	尺寸标准/mm	0~2	>2 且≤3	>3 且≤4	<0 或>4		
	得分标准	20 分	16 分	8 分	0 分		

续上表

检查项目		评分标准				测评数据	实得分数
		Ⅰ	Ⅱ	Ⅲ	Ⅳ		
焊缝余高差	尺寸标准/mm	≤1	>1 且≤2	>2 且≤3	>3		
	得分标准	10 分	8 分	4 分	0 分		
焊缝宽度差	尺寸标准/mm	≤1.5	>1.5 且≤2	>2 且≤3	>3		
	得分标准	10 分	8 分	4 分	0 分		
咬边	尺寸标准/mm	无咬边	深度≤0.5		深度>0.5		
	得分标准	10 分	每 2 mm 扣 1 分		0 分		
正面成形	标准	优	良	中	差		
	得分标准	20 分	16 分	8 分	0 分		
安装焊丝	得分标准	20 分	根据熟练程度给分				
文明生产	得分标准	10 分	遵守满分,违规 0 分				
总　　分		100 分				总成绩	

焊缝外观成形评判标准			
优	良	中	差
成形美观,焊缝均匀、细密,高低宽窄一致	成形较好,焊缝均匀、平整	成形尚可,焊缝平直	焊缝弯曲,高低、宽窄明显

任务二　板对接 CO_2 平焊

任务目标

(1)掌握板对接 CO_2 平焊的技术要求及操作要领。

(2)掌握 CO_2 气体保护焊的焊接参数的调节方法。

(3)制作出板对接 CO_2 平焊的合格工件。

任务分析

板对接 CO_2 平焊单面焊双面成形是其他位置焊接操作的基础。由于钢板下部悬空,造成熔池悬空,液态金属在重力和电弧吹力的作用下,极易产生下坠,再加上焊接参数或操作不当,打底焊容易在根部产生焊瘤、烧穿、未焊透等缺陷。因此,焊接过程中要根据装配间隙和熔池温度变化的情况,及时调整焊枪的角度、摆动幅度和焊接速度,控制熔池和熔孔的尺寸,保证正、反两面焊缝成形良好。按照图 2-10 的技术要求,学习板对接 CO_2 平焊的基本操作技能,完成工件实作任务。

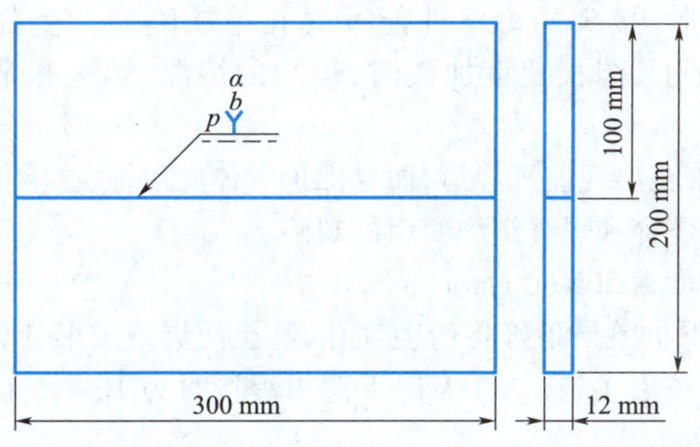

技术要求
焊接方法:135(半自动 CO_2 焊);
试件材质:Q235;
接头形式:板对接接头;
焊接位置:PA(平焊);
根部间隙 b:2.5~3.0 mm;
坡口角度 α:60°;
钝边 p:0.5~1 mm

图 2-10 板对接 CO_2 平焊图样

知识准备

在 CO_2 气体保护焊中,为了获得稳定的焊接过程,可根据工件要求采用短路过渡和细滴过渡两种熔滴过渡形式,其中短路过渡焊接应用最为广泛。

一、短路过渡焊接工艺

1. 短路过渡焊接的特点

短路过渡时,采用细焊丝、低电压和小电流。熔滴细小而过渡频率高,电弧非常稳定,飞溅小,焊缝成形美观,主要用于焊接薄板及全位置焊接。焊接薄板时,生产率高,变形小,焊接操作容易掌握,对焊工技术水平要求不高,因而短路过渡的 CO_2 气体保护焊易于在生产中得到推广应用。

2. 焊接工艺参数的选择

焊接工艺参数主要有焊丝直径、焊接电流、电弧电压、焊接速度、保护气体流量、焊丝伸出长度及电源极性等。

(1)焊丝直径。短路过渡焊接主要采用细焊丝,常用焊丝直径为 0.6~1.6 mm,随着焊丝直径的增大,飞溅颗粒和数量相应增大。直径大于 1.6 mm 的焊丝,如再采用短路过渡焊接,飞溅将相当严重,所以生产上很少应用。

焊丝的熔化速度随焊接电流的增加而增加,在相同电流下焊丝越细,其熔化速度越高。在细焊丝焊接时,若使用过大的电流,也就是使用很大的送丝速度,将引起熔池翻腾和焊缝成形恶化。因此各种直径焊丝的最大电流要有一定的限制。

(2)焊接电流。焊接电流是重要的工艺参数,是决定焊缝熔深的主要因素。电流大小主要决定于送丝速度。随着送丝速度的增加,焊接电流也增加,大致成正比关系。焊接电流的大小还与焊丝的伸出长度及焊丝直径等有关。短路过渡形式焊接时,由于使用的焊接电流较小,焊接飞溅较小,焊缝熔深较浅。

(3)电弧电压。电弧电压的选择与焊丝直径及焊接电流有关,它们之间存在着协调匹配的关系。根据焊接条件选定相应板厚的焊接电流,然后根据下列公式计算焊接电压:

当电流≤300 A 时:焊接电压 =(0.04×焊接电流+16±1.5)V;

当电流≥300 A 时:焊接电压 =(0.04×焊接电流+20±2)V。

(4)焊接速度。焊接速度对焊缝成形、接头的力学性能及气孔等缺陷的产生都有影响。在焊接电流和电弧电压一定的情况下,焊接速度加快时,焊缝的熔深、熔宽和余高均减小。

焊速过快时,会在焊趾部出现咬边,甚至出现驼峰焊道,而且保护气体向后拖,影响保护效果。相反,速度过慢时,焊道变宽,易产生烧穿和焊缝组织变粗的缺陷。

通常半自动焊时,熟练焊工的焊接速度为30~60 cm/min。

(5)保护气体流量。气体保护焊时,保护效果不好将产生气孔,甚至使焊缝成形变坏。在正常焊接情况下,保护气体流量与焊接电流有关,在200 A以下薄板焊接时为10~15 L/min,在200 A以上的厚板焊接时为15~25 L/min。

(6)焊丝伸出长度。短路过渡焊接时采用的焊丝都比较细,因此焊丝伸出长度对焊丝熔化速度的影响很大。在焊接电流相同时,随着伸出长度增加,焊丝熔化速度也增加。换句话说,当送丝速度不变时,伸出长度越大,则电流越小,将使熔滴与熔池温度降低,造成热量不足,而引起未焊透。直径越细、电阻率越大的焊丝这种影响越大。通常电流小于300 A时:$L=(10\sim15)$倍焊丝直径;电流大于300 A时:$L=(10\sim15)$倍焊丝直径+5 mm。

另外,伸出长度太大,电弧不稳,难以操作,同时飞溅较大,焊缝成形恶化,甚至破坏保护而产生气孔。相反,焊丝伸出长度过小时,会缩短喷嘴与工件间的距离,飞溅金属容易堵塞喷嘴。同时,还妨碍观察电弧,影响焊工操作。

(7)电源极性。CO_2气体保护焊一般都采用直流反极性。这时电弧稳定,飞溅小,焊缝成形好。并且焊缝熔深大,生产率高。而正极性时,在相同电流下,焊丝熔化速度大大提高,大约为反极性时的1.6倍,而熔深较浅,余高较大且飞溅很大。只有在堆焊及铸铁补焊时才采用正极性,以提高熔敷速度。

二、短路过渡时最佳焊接规范的调整

1. 短路过渡时最佳规范的主要特征

焊缝成形好。焊接过程稳定,飞溅小。焊接时听到"沙、沙"的声音。焊接时看到焊机的电流表、电压表稳定,摆动小。

2. 短路过渡时最佳焊接规范的调整步骤

(1)根据工件厚度、焊缝位置选择焊丝直径、气体流量、焊接电流。

(2)在试板上试焊,根据选择的焊接电流,细心调整焊接电压。

(3)根据试板上焊缝成形情况,适当调整焊接电流、焊接电压、气体流量,达到最佳焊接规范。

(4)在工件上正式焊接过程中,应注意焊接回路中接触电阻引起的电压降低,及时调整焊接电压,确保焊接过程稳定。

任务实施

一、焊前准备

同本项目任务一。

二、焊接参数

板对接 CO_2 平焊的焊接参数见表 2-2。

表 2-2 板对接 CO_2 平焊的焊接参数

焊接层次	焊丝直径/mm	焊接电流/A	焊接电压/V	气体流量/(L·min^{-1})	焊丝伸出长度/mm	电源极性
打底层	1.2	95~105	18~20	10~15	20~25	直流反接
填充层		220~240	20~23	15~20		
盖面层		230~240	20~22	15~20		

三、装配与焊接

1. 装配与定位焊

试板材料为 Q235 钢板，厚度为 12 mm，V 形坡口，坡口角度 60°，钝边 0.5~1.0 mm。装配时间隙为 2.5~3.0 mm，末端间隙大于始端间隙，在焊件坡口内定位焊，焊缝长度为 10~15 mm；预置反变形量为 2°~3°，如图 2-11 所示。

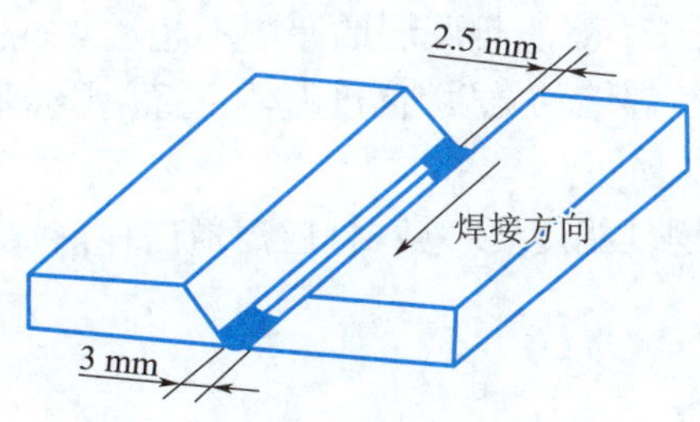

图 2-11 板对接平焊装配示意图

2. 打底焊

打底焊采用左向焊法，装配间隙小的一端置于操作者的右侧，在右端坡口内侧一面引弧（距离右端的定位焊缝约 10 mm）。然后沿着坡口两面做锯齿形小幅度的摆动，当坡口底端产生一直径为 2~3 mm 的熔孔时即可开始向焊接方向匀速焊接。焊接过程中要注意控制焊接速度及横向摆动的幅度，以保证熔孔的大小基本不变，从而得到反面成形良好的焊缝。打底焊表面要平整，厚度 3~4 mm，两侧熔合良好，焊道中部稍向下凹，如图 2-12 所示。

3. 填充焊

填充层焊接从焊件右端部引弧，然后开始向左焊接；焊枪的摆动幅度要略微加大一些，并在两侧稍作停留，以保证熔池与两侧母材的良好熔合；保证填充层焊后焊缝表面高度低于焊件表面高度 1.5~2 mm，如图 2-13 所示，以确保盖面焊接的质量。

4. 盖面焊

盖面焊接从焊件右端部引弧，然后开始向左焊接，此时摆动幅度要加大，并在两侧稍作停留，所产生的熔池边缘应越过坡口上棱边两侧各向外 0.5~1.6 mm，以便得到成形良好的焊缝。收弧时要先压低电弧再缓慢抬起后停止焊接，以确保弧坑被填满。

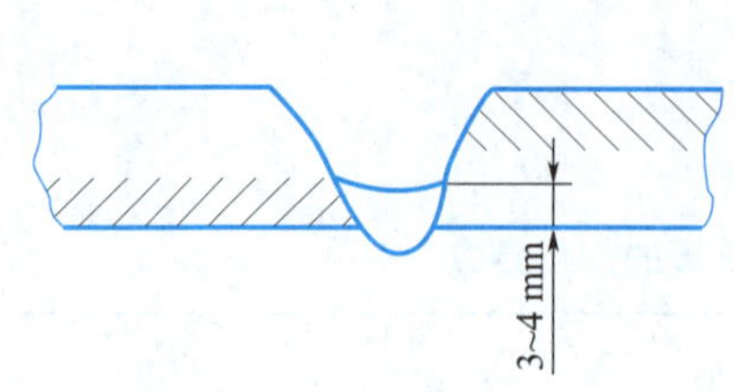

图 2-12　打底焊道示意图

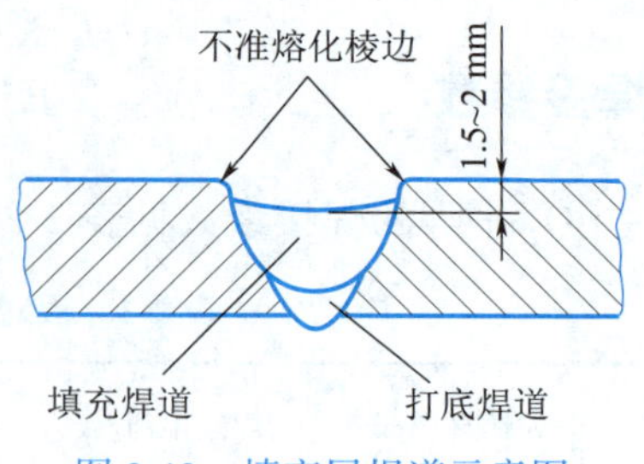

图 2-13　填充层焊道示意图

5. 清理现场

练习结束后，必须整理工具设备，关闭电源，清理打扫场地，做到“工完场清”；并由值日生或指导教师检查，作好记录。

操作要点

(1)焊接前，应按 CO_2 气瓶倒置去除水分和杂气的提纯方法提纯保护气，避免因保护气不纯而导致气孔，同时应在喷嘴内外表面涂抹硅油。

(2)打底焊时，要控制好喷嘴的高度和倾角，电弧始终在坡口内做小幅横向摆动，并在坡口两侧稍作停顿，控制熔孔的直径比间隙大 0.5~1 mm，且尽可能使熔孔处于焊缝中心，与坡口两侧保持对称，维持熔孔直径不变。打底层的厚度不超过 4 mm 为宜。

(3)填充层焊接时，要保持焊缝的宽度、高度基本一致，焊缝平整，焊缝表面低于钢板表面 1.5~2 mm，以确保盖面焊接的质量。

(4)焊接过程中，焊枪的摆动幅度要一致，且后焊道压住前焊道 1/2，尤其应注意接头处的操作，保证焊缝成形美观.

任务评价

教师根据学生任务完成情况，指导学生完成板对接焊任务评价表，见表 2-3。

表 2-3　板对接焊任务评价表

检查项目		评分标准				测评数据	实得分数
		Ⅰ	Ⅱ	Ⅲ	Ⅳ		
焊缝余高	尺寸标准/mm	0~2	>2 且≤3	>3 且≤4	<0 或>4		
	得分标准	10 分	8 分	4 分	0 分		
焊缝余高差	尺寸标准/mm	≤1	>1 且≤2	>2 且≤3	>3		
	得分标准	10 分	8 分	4 分	0 分		
焊缝宽度	尺寸标准/mm	16~18	>18 且≤20	>20 且≤22	<16 或>22		
	得分标准	10 分	8 分	4 分	0 分		
焊缝宽度差	尺寸标准/mm	≤1.5	>1.5 且≤2	>2 且≤3	>3		
	得分标准	10 分	8 分	4 分	0 分		
咬边	尺寸标准/mm	无咬边	深度≤0.5		深度>0.5		
	得分标准	10 分	每 2 mm 扣 1 分		0 分		

续上表

检查项目		评分标准				测评数据	实得分数
		Ⅰ	Ⅱ	Ⅲ	Ⅳ		
背面凹	尺寸标准/mm	0	>0 且≤1	>1 且≤2	>2 或<0		
	得分标准	10 分	8 分	4 分	0 分		
背面凸	尺寸标准/mm	0~1	>1 且≤2	>2 且≤3	>3 或<0		
	得分标准	10 分	8 分	4 分	0 分		
角变形	角度/mm	0~1	>1 且≤2	>2 且≤3	>3		
	得分标准	10 分	8 分	4 分	0 分		
正面成形	标准	优	良	中	差		
	得分标准	10 分	8 分	4 分	0 分		
背面成形	标准	优	良	中	差		
	得分标准	10 分	8 分	4 分	0 分		
总　　分		100 分				总成绩	

焊缝外观(正、背)成形评判标准			
优	良	中	差
成形美观,焊缝均匀、细密,高低宽窄一致	成形较好,焊缝均匀、平整	成形尚可,焊缝平直	焊缝弯曲,高低、宽窄明显

任务三 板对接 CO_2 立焊

任务目标

(1)掌握板对接 CO_2 立焊的技术要求及操作要领。

(2)制作出板对接 CO_2 立焊的合格工件。

任务分析

板对接 CO_2 立焊单面焊双面成形时,由于重力的作用,焊丝熔滴和熔池中的液态金属易下淌,使焊缝正面和背面出现焊瘤,造成焊缝成形困难。焊接时,要采用较小的焊接电流和短路过渡形式,焊接速度稍快,焊枪的摆动频率稍快,尽量缩短熔池存在的时间,使焊缝薄而均匀。按照图 2-14 的技术要求,学习板对接 CO_2 立焊的基本操作技能,完成工件实作任务。

知识准备

一、细滴过渡焊接工艺

细滴过渡 CO_2 焊的特点是电弧电压比较高,焊接电流比较大。此时电弧是持续的,不发生短路熄弧的现象。焊丝的熔化金属以细滴形式进行过渡,所以电弧穿透力强,母材熔深大,适合于进行中等厚度及大厚度工件的焊接。

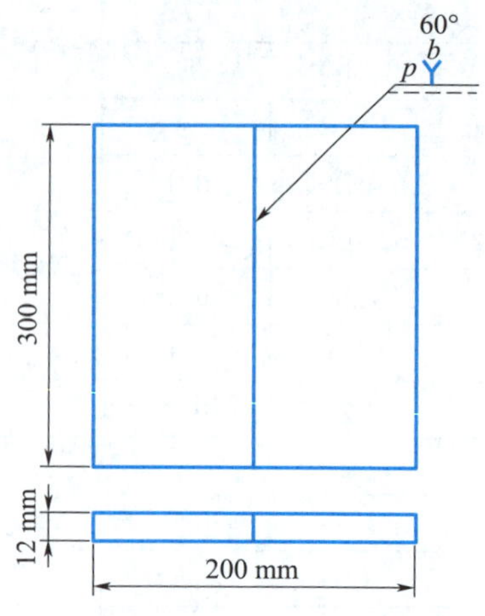

技术要求

焊接方法:135(半自动 CO_2 焊);

试件材质:Q235;

接头形式:板对接接头;

焊接位置:PF(向上立焊);

根部间隙:b=2.5~3.5 mm;

钝边:p=0.5~1 mm

图 2-14　板对接向上立焊图样

1. 电弧电压与焊接电流

焊接电流可根据焊丝直径来选择。对应于不同的焊丝直径,实现细滴过渡的焊接电流下限是不同的。表 2-4 列出了滴状过渡的电流下限及电压范围。这里也存在着焊接电流与电弧电压的匹配关系,在一定焊丝直径下,选用较大的焊接电流,就要匹配较高的电弧电压。因为随着焊接电流增大,电弧对熔池金属的冲刷作用增加,势必会恶化焊缝的成形。只有相应地提高电弧电压,才能减弱这种冲刷作用。

表 2-4　滴状过渡的电流下限及电压范围

焊丝直径/mm	电流下限/A	电弧电压/V
1.2	300	34~45
1.6	400	
2.0	500	
3.0	650	
4.0	750	

2. 焊接速度

细滴过渡 CO_2 焊的焊接速度较高。与同样直径焊丝的埋弧焊相比,焊接速度高 0.5~1 倍。常用的焊速为 40~60 m/h。

3. 保护气流量

应选用较大的气体流量来保证焊接区的保护效果。保护气流量通常比短路过渡的 CO_2 焊提高 1~2 倍。常用的气流量范围为 25~50 L/min。

二、CO_2 立焊的操作方法

立焊有向上立焊和向下立焊两种焊接法,一般板厚在 6 mm 以下的薄板用向下立焊,厚板用向上立焊。向下立焊时焊缝外观好,但不易焊透,应尽量避免摆动。如果焊接电流过大、电弧电压过高或焊接速度过慢,可能发生铁液下流的缺陷。尤其注意的是向下立焊时电弧要压低,利用短弧焊接。

焊接厚板多采用向上立焊,熔深大,虽然单道焊时成形不好,焊缝窄而高,但采用横向摆动时,却可以获得良好的焊缝成形,不同焊脚尺寸向上立焊的焊丝摆动方法如图 2-15 所示,单道焊的焊脚尺寸最大为 12 mm。图 2-15 中圆点"·"表示焊丝摆动到此位置应稍作停留(0.5~1.0 s)。向上立焊开坡口无垫板的对接焊缝,摆动速度要比平焊位置时快 2~2.5 倍。

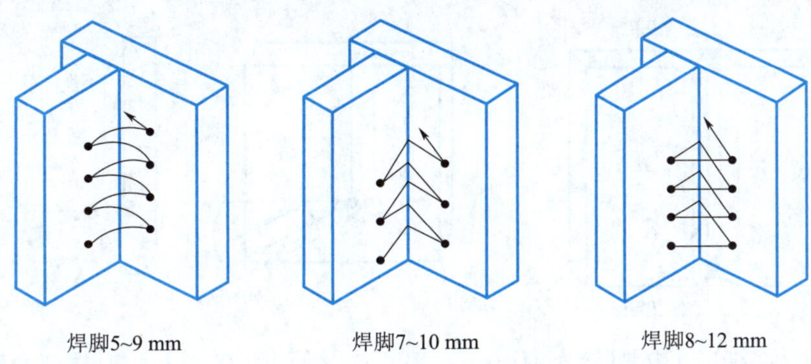

图 2-15 向上立焊的焊丝摆动方式

任务实施

一、焊前准备

同本项目任务一。

二、焊接参数

板对接 CO_2 向上立焊焊接参数见表 2-5。

表 2-5 板对接 CO_2 向上立焊焊接参数

焊接层次	焊丝直径/mm	焊接电流/A	焊接电压/V	气体流量/(L·min^{-1})	焊丝伸出长度/mm	电源极性
打底层	1.2	90~110	18~20	10~15	15~20	直流反接
填充层		130~150	20~22	15~20		
盖面层		130~150	20~22	15~20		

三、装配与焊接

1. 装配与定位焊

试板材料为 Q235 钢板,厚度为 12 mm,V 形坡口,坡口角度 60°,钝边 0.5~1.0 mm。装配时间隙为 2.5~3.5 mm,末端间隙大于始端间隙,在焊件坡口内定位焊,定位焊的焊缝长度为 10~15 mm,预置反变形量为 2°~ 3°,如图 2-16 所示。

2. 打底焊

采用向上立焊法,焊枪与板件的角度为70°~90°(向下倾斜),如图2-17所示。焊枪横向摆动采用小间距锯齿形运条或间距稍大的上凸的月牙形运条。下凹的月牙形运条使焊道表面下坠,是不正确的。焊枪摆动的手法如图2-18所示。焊接过程中要特别注意熔池和熔孔的变化,熔孔不能太大,左右摆动的电弧将坡口两侧根部击穿,每边熔化0.5~1 mm即可,保持熔孔的尺寸大小一致,且向上移动间距均匀,如图2-19所示。

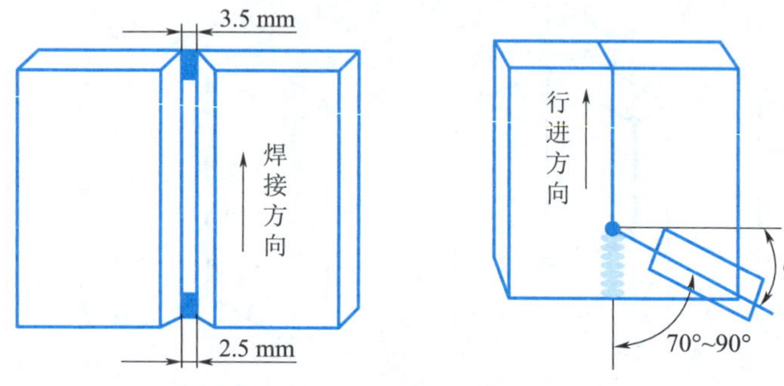

图2-16 板对接CO_2向上立焊装配示意图　　图2-17 板对接CO_2向上立焊焊枪的角度

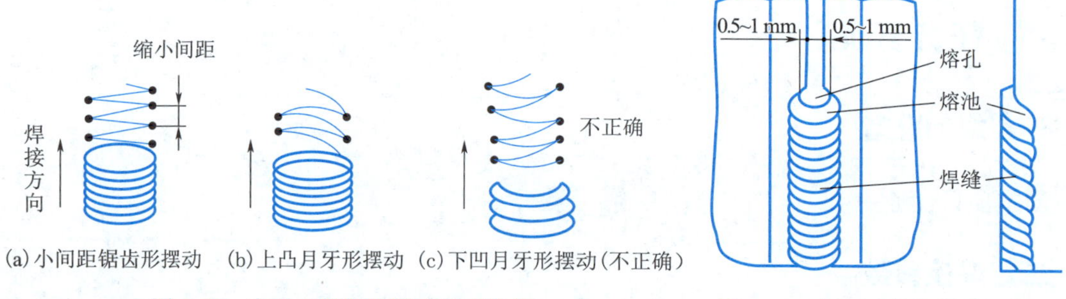

图2-18 向上立焊焊枪摆动的手法图　　图2-19 向上立焊的熔孔和熔池

3. 填充焊

焊前先清除、打磨掉底层焊道和坡口表面的飞溅和熔渣,并用砂轮机将局部凸起的焊道磨平。焊枪摆动的幅度比打底焊时稍大,电弧在坡口两侧稍作停顿,以保证两侧熔合良好。盖面前的焊道比试板表面低1.5 ~ 2 mm,不允许熔化坡口棱边。

4. 盖面焊

焊前清理干净飞溅和熔渣。焊枪摆动的幅度比填充焊时大,熔池两侧超过坡口边缘0.5~1.5 mm,采用匀速锯齿形摆动方式向上运动。

5. 清理现场

练习结束后,必须整理工具设备,关闭电源,清理打扫场地,做到"工完场清";并由值日生或指导教师检查,做好记录。

操作要点

(1)选择适合自己的空间固定位置。由于气体保护焊焊枪较重,所以焊枪的握持要选择一种较为省力的方式,以减少焊接过程中手的疲劳程度,有利于控制焊接质量。

(2)板对接向上立焊时,焊枪的位置十分重要,要使焊丝朝着前进方向,保持90°±10°的角度;电流比平焊时稍小,焊枪摆动的频率稍快,摆动的幅度要保持一致,采用锯齿间距较小的方式进行焊接。

(3)打底焊时,密切观察和控制熔孔的尺寸,要注意保持一致;不能采用下凹的月牙形摆动,否则焊道凸起严重,导致焊道下坠。焊接时,最好用双手握枪,以保证焊接的稳定。

任务评价

教师根据学生任务完成情况,指导学生完成板对接 CO_2 向上立焊任务评价表,见表2-6。

表2-6　板对接向上立焊任务评价表

检查项目		评分标准				测评数据	实得分数
		Ⅰ	Ⅱ	Ⅲ	Ⅳ		
焊缝余高	尺寸标准/mm	0~2	>2且≤3	>3且≤4	<0或>4		
	得分标准	10分	8分	4分	0分		
焊缝余高差	尺寸标准/mm	≤1	>1且≤2	>2且≤3	>3		
	得分标准	10分	8分	4分	0分		
焊缝宽度	尺寸标准/mm	16~18	>18且≤20	>20且≤22	<16或>22		
	得分标准	10分	8分	4分	0分		
焊缝宽度差	尺寸标准/mm	≤1.5	>1.5且≤2	>2且≤3	>3		
	得分标准	10分	8分	4分	0分		
咬边	尺寸标准/mm	无咬边	深度≤0.5		深度>0.5		
	得分标准	10分	每2 mm扣1分		0分		
背面凹	尺寸标准/mm	0	>0且≤1	>1且≤2	>2或<0		
	得分标准	10分	8分	4分	0分		
背面凸	尺寸标准/mm	0~1	>1且≤2	>2且≤3	>3或<0		
	得分标准	10分	8分	4分	0分		
角变形	角度/mm	0~1	>1且≤2	>2且≤3	>3		
	得分标准	10分	8分	4分	0分		
正面成形	标准	优	良	中	差		
	得分标准	10分	8分	4分	0分		
背面成形	标准	优	良	中	差		
	得分标准	10分	8分	4分	0分		
总　分		100分				总成绩	

焊缝外观(正、背)成形评判标准

优	良	中	差
成形美观,焊缝均匀、细密,高低宽窄一致	成形较好,焊缝均匀、平整	成形尚可,焊缝平直	焊缝弯曲,高低、宽窄明显

任务四 板对接 CO_2 横焊

任务目标

(1)掌握板对接 CO_2 横焊的技术要求及操作要领。

(2)制作出板对接 CO_2 横焊的合格工件。

任务分析

板对接横焊一般采用直线运枪左焊法(采用摆动运枪焊接难度较大)。由于是多层多道焊接,温度较高,熔池体积较大,凝固速度较慢,容易出现液态金属下坠,尤其是打底焊,焊缝背面成形会发生下偏移。故焊接时应保持较小的熔池和较小的熔孔尺寸,适当提高焊接速度,采用较小的焊接电流和短弧焊接。按照图 2-20 的技术要求,学习板对接 CO_2 横焊的基本操作技能,完成工件实作任务。

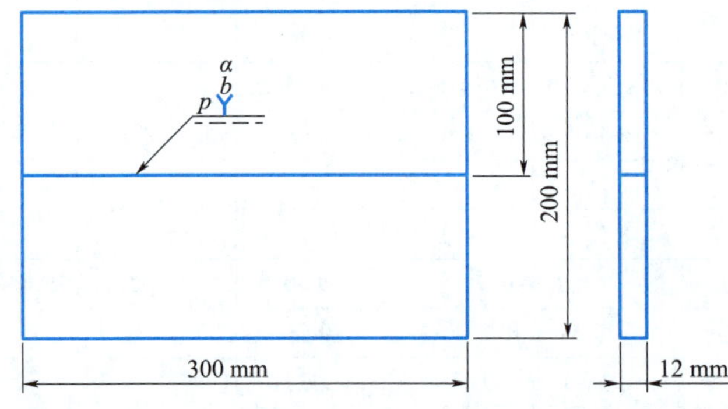

技术要求

焊接方法:135(半自动 CO_2 焊);

试件材质:Q235;

接头形式:板对接接头;

焊接位置:PF(横焊);

根部间隙 b:3. 2~4. 0 mm;

坡口角度 α:60°

钝边 p:0. 5~1 mm

图 2-20 板对接横焊图样

知识准备

按照正确的焊接工艺焊接时,一般能得到高质量的焊缝。因为 CO_2 气体保护焊没有焊剂和焊条药皮,只有起屏蔽作用的气体和弱氧化性的保护气氛,所以不易产生夹渣。用 CO_2 或氧化性混合气体保护时,为了排除氧的影响,必须使用脱氧焊丝。通常推荐的保护气体与适合的焊丝配合使用可以得到质量较好的焊缝。然而,当使用熔化极气体保护焊时,如果焊接参数、焊接材料或焊接工艺不合适,就可能出现焊接缺陷。CO_2 气体保护焊所特有的一些缺陷种类、形成的产生原因及防止措施见表 2-7。

表 2-7 CO_2 气体保护焊焊接缺陷产生的原因与防止办法

缺 陷	产 生 原 因	防 止 措 施
气孔	焊丝或工件有油锈和水	仔细除油和水
	气体纯度不良	更换气体或采取脱水措施
	气体减压阀冻结而不能供气	应串接预热器

续上表

缺陷	产生原因	防止措施
气孔	喷嘴被焊接飞溅堵塞	仔细清除附着在喷嘴内壁的飞溅物
	输气管路堵塞	检查气路有无堵塞和弯折处
	有风	采用挡风措施或更换工作地
裂纹	焊丝或工件表面不清洁(有油、锈、漆等)	焊前仔细清理
	焊缝中含 C、S 量高而 Mn 量低	检查工件和焊丝的化学成分,更换合格材料
	多层焊第一层焊缝过薄	增加焊道厚度
	熔深过大	调整焊接规范,控制熔深
蛇形焊道	焊丝干伸长过大	保持合适长度
	焊丝的校正机构调整不良	再调整
	导电嘴磨损严重	更换新导电嘴
飞溅	电感量过大或过小	仔细调整
	电压太高	根据焊接电流调节电压
	导电嘴磨损严重	更换新导电嘴
	送丝不均匀	检查压丝轮和送丝软管
	焊丝与工件清理不良	仔细清理
电弧不稳	导电嘴内孔过大	使用与焊丝直径相适合的导电嘴
	导电嘴磨损过大	换新导电嘴
	焊丝缠绕	仔细解开
	送丝轮的沟槽磨耗太大引起送丝不良	更换送丝轮
	送丝轮压紧力不合适	再调整
	焊机输出电压不稳定	检查整流元件和焊接电缆接头,有问题及时处理
	送丝软管阻力大	校正弯曲处或清理弹簧软管
咬边	焊接速度太高	减慢焊接速度
	电弧电压太高	降低电压
	电流过大	降低送丝速度
	停留时间不足	增加在熔池边缘的停留时间
	焊枪角度不正确	改变焊枪角度,使电弧力推动金属流动
夹渣	采用多道焊短路电弧(熔焊渣型夹杂物)	在焊接后续焊道之前,清除掉焊缝边上的渣壳
	高的行走速度(氧化膜型夹杂物)	减小行走速度;采用含脱氧剂较高的焊丝;提高电弧电压
未熔合	焊缝区表面有氧化膜或锈皮	在焊接之前,清理全部坡口面和焊缝区表面上的轧制氧化皮或杂质
	热输入不足	提高送丝速度和电弧电压;减小焊接速度
	焊接熔池太大	减小电弧摆动以减小焊接熔池
	焊接技术不合适	采用摆动技术时应在靠近坡口面的熔池边缘停留,焊丝应指向熔池的前沿
	接头设计不合理	坡口角度应足够大,以便减少焊丝伸出长度(增大电流),使电弧直接加热熔池底部;坡口设计为 J 形或 U 形

续上表

缺 陷	产 生 原 因	防 止 措 施
未焊透	坡口加工不合适	接头设计必须合适,适当加大坡口角度。使焊枪能够直接作用到熔池底部,同时要保持喷到工件的距离合适,减小钝边高度;设置或增大对接接头中的底层间隙
	焊接技术不合适	使焊丝保持适当的行走角度,以达到最大的熔深;使电弧处在熔池的前沿
	热输入不合适	提高送丝速度以获得较大的焊接电流,保持喷嘴与工件的距离合适
熔透过大	热输入过大	减小送丝速度和电弧电压;提高焊接速度
	坡口加工不合适	减小过大的底层间隙;增大钝边高度
飞溅	电感量过大或过小	仔细调节电弧力旋钮
	电弧电压过低或过高	根据焊接电流仔细调节电压;采用一元化调节焊机
	导电嘴磨损严重	更换新导电嘴
	送丝不均匀	检查压丝轮和送丝软管(修理或更换)
	焊丝与工件清理不良	焊前仔细清理焊丝及坡口处
	焊机动特性不合适	对于整流式焊机应调节直流电感;对于逆变式焊机须调节控制回路的电子电抗器

任务实施

一、焊前准备

同本项目任务一。

二、焊接参数

CO_2 焊板对接横焊的焊接参数见表 2-8。

表 2-8 板对接横焊焊接参数

焊接层次	焊丝直径/mm	焊接电流/A	焊接电压/V	气体流量/($L \cdot min^{-1}$)	焊丝伸出长度/mm	电源极性
打底层	1.2	90~110	18~20	10~15	10~15	直流反接
填充层		110~120	20~22	15~20	15~20	
盖面层		130~150	22~24	15~20	15~20	

三、装配与焊接

1. 装配与定位焊

试板材料为 Q235 钢板,厚度为 12 mm,V 形坡口,坡口角度 60°,钝边 0.5~1.0 mm。装配时间隙为 2.5~3.5 mm,末端间隙大于始端间隙,在焊件坡口内定位焊,定位焊的焊缝长度约 10~15 mm,预置反变形量为 5°~ 6°。横焊焊道分布采用三层六道焊缝,按照 1~6 的顺序焊接,焊道分布如图 2-21 所示。

2. 打底焊

打底焊时焊缝为单层一道焊缝,采用单面焊双面成形技术,左焊法,焊枪的角度如图 2-22 所示,焊枪以小幅度锯齿形摆动,保持熔孔边缘超过坡口下棱边 0.5~1 mm,熔孔大小如图 2-23 所示。清理打磨打底焊道时,不能破坏装配间隙和坡口面。

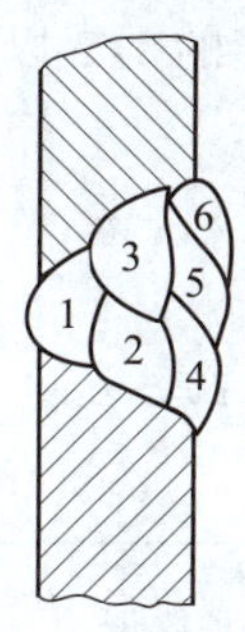

图 2-21 横焊焊道分布

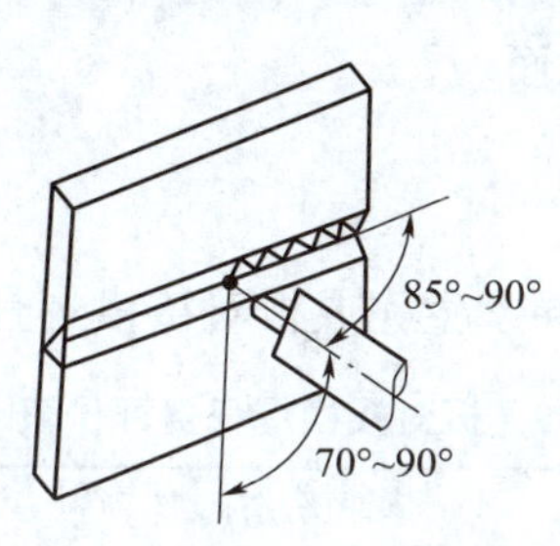

图 2-22 横焊焊枪的角度

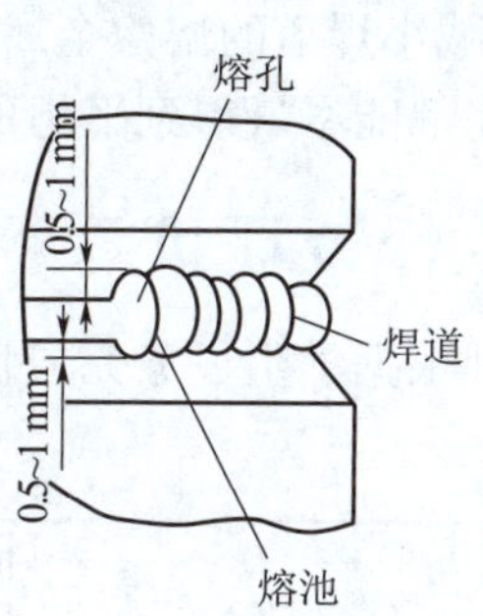

图 2-23 横焊打底焊时的熔孔

3. 填充焊

填充层采用单层二道焊缝,由下向上焊,焊枪的角度如图 2-24 所示。调整焊枪俯仰角,焊丝对准打底焊道与下板坡口面之间的夹角;焊前清理干净飞溅和熔渣。

焊第一道填充焊道时,焊枪呈 0°~10°俯角,电弧以打底焊道下边缘为中心横向摆动,保证与下侧坡口的熔合良好。焊第二道填充焊道时,焊枪呈 0°~10°仰角,电弧以打底焊道上边缘为中心,在第一道填充焊和上侧坡口面之间摆动,保证熔合良好。

4. 盖面焊

盖面焊采用三道焊缝焊接,盖面焊与填充层焊接类似,由下向上一道一道采用直线方式焊接,焊枪的角度如图 2-25 所示。焊接第一条焊道时,焊丝适当偏向填充焊道下侧边缘,熔池边缘熔化坡口棱边 1.5~2 mm,焊枪摆动要均匀平稳,焊道一定要平直。焊接第二条焊道时,电弧深入到前一条焊道的上边缘,保持覆盖前一条焊道 1/2~2/3。焊接第三条焊道时,应注意坡口上棱边的熔化情况,控制熔化上坡口边缘 1.5~2 mm,并防止咬边及未熔合等缺陷的出现。焊后将焊件表面的熔渣和飞溅物用钢丝刷等工具清理干净。

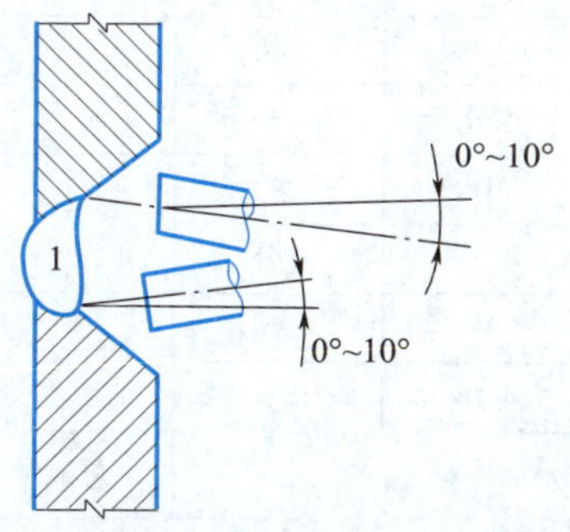

图 2-24 填充层焊接时焊枪的角度

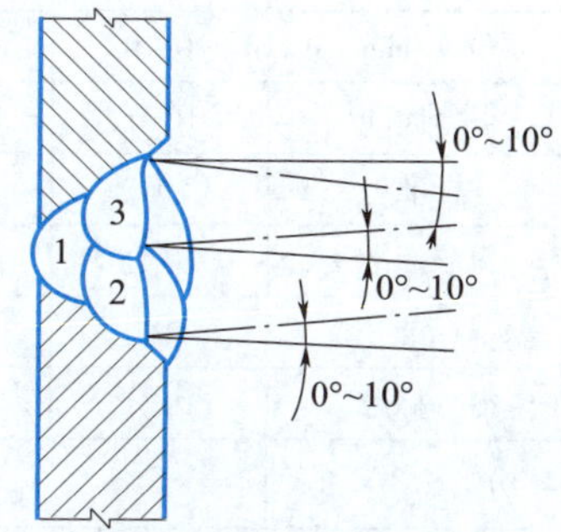

图 2-25 盖面焊接时焊枪的角度

5. 清理现场

练习结束后,必须整理工具设备,关闭电源,清理打扫场地,做到“工完场清”,并由值日生或指导教师检查，作好记录。

操作要点

厚板对接横焊时，均需采用多层焊，焊枪的角度和焊道的排布情况与焊条电弧焊时相同。第一层焊道应尽量焊成等焊脚焊道，单层多道焊时，应从下往上排列焊道。随着焊缝层数的增加，逐步减小焊道的熔敷金属量，并增加焊道数。后道焊缝应盖住前道焊缝的 1/2 以上，从而每层焊完都能尽量得到平坦的焊缝表面。

任务评价

教师根据学生任务完成情况，指导学生完成板对接横焊任务评价表，见表 2-9。

表 2-9　板对接横焊任务评价表

检查项目		评分标准				测评数据	实得分数
		Ⅰ	Ⅱ	Ⅲ	Ⅳ		
焊缝余高	尺寸标准/mm	0~2	>2 且≤3	>3 且≤4	<0 或>4		
	得分标准	10 分	8 分	4 分	0 分		
焊缝余高差	尺寸标准/mm	≤1	>1 且≤2	>2 且≤3	>3		
	得分标准	10 分	8 分	4 分	0 分		
焊缝宽度	尺寸标准/mm	16~18	>18 且≤20	>20 且≤22	<16 或>22		
	得分标准	10 分	8 分	4 分	0 分		
焊缝宽度差	尺寸标准/mm	≤1.5	>1.5 且≤2	>2 且≤3	>3		
	得分标准	10 分	8 分	4 分	0 分		
咬边	尺寸标准/mm	无咬边	深度≤0.5		深度>0.5		
	得分标准	10 分	每 2 mm 扣 1 分		0 分		
背面凹	尺寸标准/mm	0	>0 且≤1	>1 且≤2	>2 或<0		
	得分标准	10 分	8 分	4 分	0 分		
背面凸	尺寸标准/mm	0~1	>1 且≤2	>2 且≤3	>3 或<0		
	得分标准	10 分	8 分	4 分	0 分		
角变形	角度/mm	0~1	>1 且≤2	>2 且≤3	>3		
	得分标准	10 分	8 分	4 分	0 分		
正面成形	标准	优	良	中	差		
	得分标准	10 分	8 分	4 分	0 分		
背面成形	标准	优	良	中	差		
	得分标准	10 分	8 分	4 分	0 分		
总　　分		100 分				总成绩	

焊缝外观(正、背)成形评判标准

优	良	中	差
成形美观，焊缝均匀、细密，高低宽窄一致	成形较好，焊缝均匀、平整	成形尚可，焊缝平直	焊缝弯曲，高低、宽窄明显

任务五　板对接 CO_2 仰焊

任务目标

(1)掌握板对接 CO_2 仰焊的技术要求及操作要领。

(2)制作出板对接 CO_2 仰焊的合格工件。

任务分析

仰焊单面焊双面成形是所有焊接位置中最难操作的一种。仰焊时,熔池倒悬在坡口内,液态金属受重力的作用极易下坠,从而易形成焊瘤,而在焊缝背面产生下凹等缺陷。在焊接过程中,熔池温度越高,焊接电弧越长,上述现象越严重;且易烫伤人,给焊工操作带来困难;飞溅物还易使焊枪喷嘴堵塞。操作时,焊工的位置应选好,以减少飞溅物的影响和便于操作。按照图 2-26 的技术要求,学习板对接 CO_2 仰焊的基本操作技能,完成工件实作任务。

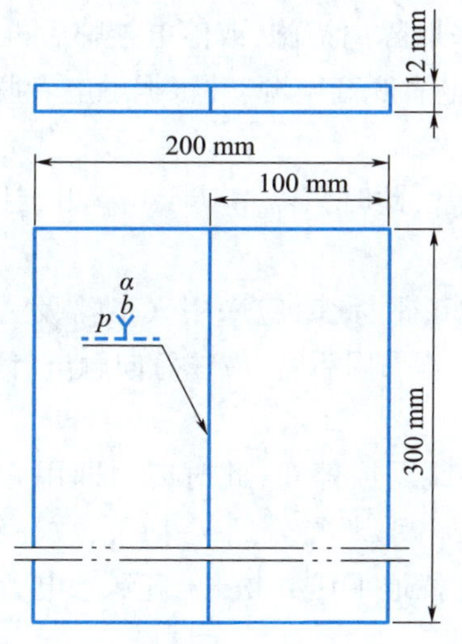

技术要求

焊接方法:135(半自动 CO_2 焊);

试件材质:Q235;

接头形式:板对接接头;

焊接位置:PF(仰焊);

根部间隙:$b=2.0\sim3.0$ mm;

坡口角度:$\alpha=60°$;

钝边:$p=0.5\sim1$ mm

图 2-26　板对接仰焊图样

知识准备

CO_2 气体保护焊焊接过程中的主要危险是:触电、电弧辐射、由飞溅引起的烧伤、火灾或爆炸,以及焊接时产生的有害气体和烟尘等。

1. 触电和辐射的危害及防护

1)触电的危险

CO_2 气体保护焊焊机的一次电压是 220 V 或 380 V 交流电。整流电源大都采用三相 380 V 交流供电,当配电盘上的电源开关合上后,如果焊机漏电或焊工与裸露的一次电压线接触时,触电的危险性都比较大。

熔化极 CO_2 气体保护焊电源接通一次回路后，输出端空载电压都较低，一般不超过 70 V，而且不焊接时，自动焊机的焊枪和半自动焊机的焊枪上都不带电，因此触电危险性较小。只要焊机导电外壳上接有保护地线和零线，电源输入端有保护罩，一般都不会发生触电事故。需要注意的是：在装焊丝时，或引弧前送焊丝时，最好用遥控器上的点动送丝开关送丝，这时焊机二次回路不通电，没有触电危险；若用焊枪上的控制开关送丝，则既有触电危险，又浪费了 CO_2 保护气体。

2）预防触电的措施和急救

预防触电的基本原理是不要同时接触有电压的电器设备的两极。具体注意事项如下：

（1）操作前必须穿戴合格防护用具。所有劳保用品都必须干燥，绝缘鞋需耐压 2 kV。

（2）接电源的接线柱必须有保护罩，电源外壳导电部分必须接地。电焊机应放在干燥处，并经常检查绝缘情况，防止因过载烧坏绝缘使焊机漏电。

（3）夏天因出汗工作服潮湿时，或在容器内操作容易出汗时，因工作服绝缘性差，人体电阻小，触电危险性较大，操作时需要特别注意。人体最好不要与带电的工件接触，并站在绝缘胶板或木板上操作。

（4）在容器内操作时，严禁用 13 V 以上灯具照明。

（5）在高空作业或靠近电源线工作时，要采取隔离措施，或停电挂牌后再操作。

一旦发生触电事故，应在最短时间内使触电者脱离电源，并根据触电者脱离电源后的具体情况，对症施治。

（1）若触电者脱离电源后心跳和呼吸都正常，此时只需将其衣扣解开，让其在通风处静卧一段时间即可恢复正常。

（2）若触电者脱离电源后呼吸较弱但心跳正常，此时应采用人工呼吸法进行抢救。常用的人工呼吸法有扩胸法和嘴对嘴人工呼吸法。若采用后者，应注意向触电者嘴内吹气时，需先将其鼻孔捏住，否则无效。

（3）若触电者脱离电源后，呼吸正常，但心跳弱或停止，此时应立即用心脏挤压法进行抢救。首先将触电者平卧在地，抢救者跪在地上，右手半握拳，手心向下，放在触电者心脏上方，左手压在右手上，以每分钟 50~60 次的频率交替地下压并松开，直到触电者心脏恢复跳动时为止。

（4）若触电者脱离电源后，呼吸和心跳都已停止，则应立即交替采用人工呼吸法和心脏挤压法进行抢救。

以上抢救方法只是应急措施，主要是争取时间，使触电者获救的希望更大。因此，在进行抢救的同时，应通知医疗单位，争取让专业人员尽快抢救。

3）弧光辐射的危害

焊接时产生的弧光辐射，包括红外线、可见光和紫外线，它们是物体在高温下产生的，属于热线谱。电弧温度越高，光辐射越强。防止弧光辐射的措施有以下几个方面：

（1）选用合适的护目玻璃。不同焊接电流和不同类型气体保护焊情况下，护目玻璃色号的选用见表 2-10。

表 2-10 护目玻璃色号的选用

焊接电流/A	护目玻璃色号	
	CO_2 气体保护焊	MIG、MAG、TIG
50~100	8~9	9~10
100~300	10~12	11~13
>300	13~14	14

(2)穿戴好有效的防护用具,不能将皮肤裸露在外。

(3)客观条件允许时,在焊接区周围用遮光布帘或屏风挡起来。

(4)焊接工地附近若有白色墙壁或玻璃等有反射作用的物体时,最好将它们屏蔽起来,防止反射光伤人。

2. 焊接烟尘的危害及防护

1)有害气体

气体保护焊时,常见的有害气体有 O_3(臭氧)、CO、CO_2、NO、NO_2 等。

进行 CO_2 气体保护焊时,操作环境中 CO_2 最高体积分数可达 1.0%。一般 CO_2 的体积分数在 0.27%~0.45%之间,只要不直接吸入浓烟,不会严重危害到人体健康。只要 CO_2 气体的体积分数都在允许范围之内,对人体健康影响不大。在电弧高温区域,CO_2 分解出 CO。CO 毒性很大,当工作环境中 CO 的体积分数大于 0.01%时有碍人体健康,当体积分数大于 0.1%时,连续呼吸几个小时就有生命危险。防止有害气体对人体产生危害的主要措施是加强通风。

2)焊接烟尘的危害及防护措施

焊接烟尘的成分复杂,焊接钢材时主要成分是 Fe、Si、Mn。长期吸入焊接烟尘,严重者可能导致焊工产生肺尘埃沉着病、锰中毒或金属热等症状。CO_2 气体保护焊时,烟尘浓度超过国家允许浓度 6 mg/m^3,尤其是药芯焊丝 CO_2 气体保护焊时,更应注意采取通风措施,减少环境污染。CO_2 气体保护焊焊接烟尘的主要防护措施如下:

(1)加强个人防护。烟尘浓度较高时,最好戴防尘口罩。

(2)采取有效的通风排烟措施。可采用工位排烟、局部通风、全厂房通风换气或空气净化等方式排烟。为保证焊接环境中有害物质在允许浓度范围内,必须通风,而且要保证风量合适。

(3)采用焊接密闭罩。对电弧区进行密闭,可将电弧辐射、烟尘及有害气体控制在密封罩内并采取相应措施排除。这是避免危害环境的最重要、最有效的方法。

(4)发展烟尘离子荷电就地净化技术。采用这项技术时,可在 CO_2 气体保护焊焊枪喷嘴上安装一个离子环,在与工件间加上 700 kV/m 的高压静电场,将产生高浓度的离子雾覆盖在熔池上,可抑制烟尘扩散,并使它们落在工件上,就地净化环境。离子环质量仅 50~100 g,体积很小。离子雾不仅能抑制烟尘,还能降低 O_3、NO、NO_2 的浓度。

(5)提高自动化程度。采用自动化程度高的 CO_2 气体保护焊方法,如采用自动 CO_2 焊代替半自动 CO_2 焊,或采用焊接机器人进行 CO_2 气体保护焊操作,都是很安全有效的焊接方法。

3. 气瓶与用气安全

在一般情况下,CO_2 气体保护焊都采用气瓶(钢瓶)供气,必须遵守气瓶安全监察规程的有关规定。

1）气瓶必须经过检验

气瓶颈部的检验钢印表明该气瓶在允许年限以内，并带有气瓶制造厂打的钢印标记。气瓶的漆色必须与充装的气体相一致。

2）运输气瓶应遵守的规定

（1）旋紧瓶帽，轻装、轻卸，严禁抛、滑或碰撞气瓶。

（2）气瓶在车上要固定牢靠。汽车装运气瓶时应横放，头部朝向同一个方向，装车高度不允许超过车厢高度，最好采用集装框架立放的方式。

（3）夏季要有遮阳措施，防止暴晒。

（4）易燃品、油脂或带有油污的物品，不得与氧气瓶同车运输。

3）气瓶在使用时应遵守的规定

（1）禁止敲击和碰撞。

（2）瓶阀冻结时，不得用火烘烤。

（3）气瓶不准靠近热源。氢气瓶和氧气瓶与明火的距离一般不小于 10 m。

（4）不准用电磁起重机搬运气瓶。

（5）夏季要防止日光暴晒。

（6）瓶内气体不能用尽，剩余气压应在 0.5~1 MPa 范围内。

4）火灾与预防

进行气体保护焊特别是 CO_2 气体保护焊时，飞溅比较严重，发生烧伤和火灾的可能性比较大。为防止火灾应注意以下几点：

（1）操作前应清理现场，将易燃易爆物清除干净，如果无法搬走，则应用不易燃烧的物品（如钢板、石棉或橡胶石棉板等）盖住。

（2）焊接过程中要调整好焊接参数，尽量采用飞溅较小的焊接参数进行焊接。

（3）工作结束或下班前要认真检查工作场地，防止飞溅使易燃物处于引燃状态，下班无人在场时引起火灾。

（4）工作场地应备有消防水栓、干砂和灭火器，一旦发生火灾立即进行灭火。乙炔燃烧时可用二氧化碳灭火器、干粉灭火器灭火，不得使用四氯化碳灭火器灭火；一般可燃物着火时，可用泡沫灭火器、清水或干砂灭火；油类着火时可用泡沫灭火器、二氧化碳灭火器或干粉灭火器灭火。

（5）电焊机或电器设备着火时，应先切断电源，然后再灭火。未切断电源前禁止用水或泡沫灭火器灭火，只能用“1211”灭火器、干粉灭火器或干砂灭火。

任务实施

一、焊前准备

同本项目任务一。

二、焊接参数

板对接 CO_2 仰焊的焊接参数见表 2-11。

表 2-11 板对接仰焊焊接参数

焊接层次	焊丝直径/mm	焊接电流/A	焊接电压/V	气体流量/($L \cdot min^{-1}$)	焊丝伸出长度/mm	电源极性
打底层	1.2	90~110	18~20	15~20	10~15	直流反接
填充层		130~150	20~22			
盖面层		120~140				

三、装配与焊接

1. 装配与定位焊

试板材料为 Q235 钢板,厚度为 12 mm,V 形坡口,坡口角度 60°,钝边 0.5~1.0 mm。装配时间隙为 2.0~3.0 mm,末端间隙大于始端间隙,如图 2-27 所示。在焊件坡口内定位焊,定位焊的焊缝长度约 10~15 mm;预置反变形量为 2°~ 3°。仰焊焊道分布采用三层三道焊缝。

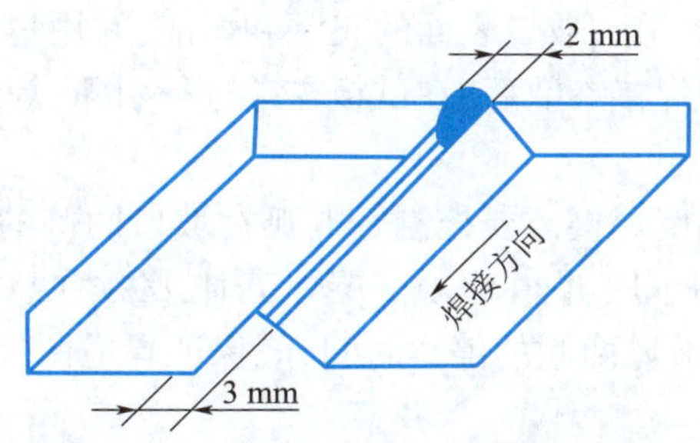

图 2-27 板对接仰焊装配示意图

2. 打底焊

打底焊采用单面焊双面成形,右焊法,枪的角度与对中位置如图 2-28 所示。

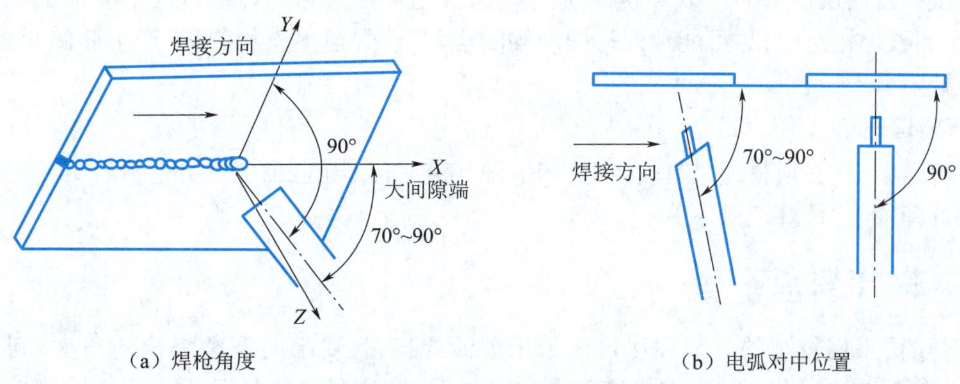

图 2-28 焊枪角度与电弧对中位置

焊枪做小幅度锯齿形摆动。焊接过程中不能让电弧脱离熔池,以利用电弧吹力托住熔池金属,防止液态金属下淌。必须注意控制熔孔的大小,既要保证根部焊透,又要防止焊道背面下凹、正面下坠。打底焊的熔池情况如图 2-29 所示。

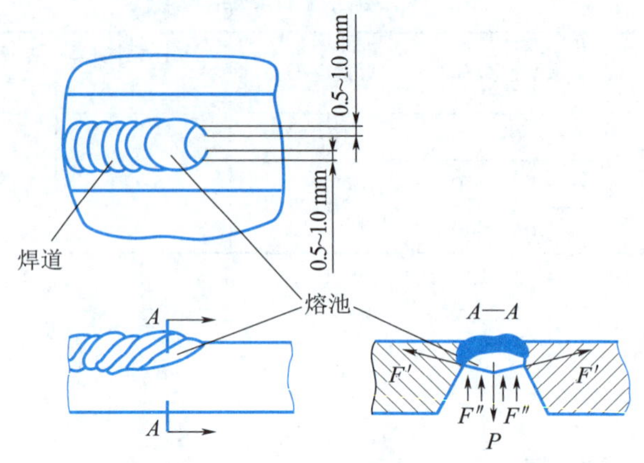

P—熔池金属重力；F'—表面张力；F"—电弧吹力。

图 2-29 仰焊打底焊时的熔池

3. 填充焊

焊前先清除、打磨打底焊道和坡口表面的飞溅和熔渣，并用角向砂轮机将局部凸起的焊道磨平。调试好填充层焊道的焊接参数后，在试板左端进行引弧，焊枪以稍大的横向摆动幅度开始向右焊接。

枪以稍大的横向摆动幅度焊接。要控制好电弧在坡口两侧的停顿时间，既要保证焊道两侧熔合良好，又要防止焊道中间下坠。焊填充层焊道时，必须注意以下事项：

(1)必须掌握好电弧在坡口两侧的停留时间，既保证焊道两侧熔合好不产生咬边，又不使焊道中间下坠。

(2)掌握好填充层焊道的厚度，保持填充层焊道表面距试板下表面 1.5~2.0 mm，不能熔化坡口的棱边。

4. 盖面焊接

调试好盖面层焊道的焊接参数后，从左向右焊盖面层焊道。焊接过程中应根据填充焊缝的高度，调整焊接速度，尽可能地保持摆动幅度均匀，使焊道平直均匀，不产生两侧咬边、中间下坠等缺陷。

5. 清理现场

练习结束后，必须整理工具设备，关闭电源，清理打扫场地，做到“工完场清”；并由值日生或指导教师检查，作好记录。

操作要点

施焊时，采用较小的电流和尽可能采用短弧焊接，且要随时调整焊枪的角度，利用电弧吹力“顶住”液态金属；同时，焊接速度要快，以缩短熔池存在的时间，防止出现焊瘤。

任务评价

教师根据学生任务完成情况，指导学生完成板对接仰焊任务评价表，见表 2-12。

表 2-12 板对接仰焊任务评价表

检查项目		评分标准				测评数据	实得分数
		Ⅰ	Ⅱ	Ⅲ	Ⅳ		
焊缝余高	尺寸标准/mm	0~2	>2 且≤3	>3 且≤4	<0 或>4		
	得分标准	10 分	8 分	4 分	0 分		
焊缝余高差	尺寸标准/mm	≤1	>1 且≤2	>2 且≤3	>3		
	得分标准	10 分	8 分	4 分	0 分		
焊缝宽度	尺寸标准/mm	16~18	>18 且≤20	>20 且≤22	<16 或>22		
	得分标准	10 分	8 分	4 分	0 分		
焊缝宽度差	尺寸标准/mm	≤1.5	>1.5 且≤2	>2 且≤3	>3		
	得分标准	10 分	8 分	4 分	0 分		
咬边	尺寸标准/mm	无咬边	深度≤0.5		深度>0.5		
	得分标准	10 分	每 2 mm 扣 1 分		0 分		
背面凹	尺寸标准/mm	0	>0 且≤1	>1 且≤2	>2 或<0		
	得分标准	10 分	8 分	4 分	0 分		
背面凸	尺寸标准/mm	0~1	>1 且≤2	>2 且≤3	>3 或<0		
	得分标准	10 分	8 分	4 分	0 分		
角变形	角度/mm	0~1	>1 且≤2	>2 且≤3	>3		
	得分标准	10 分	8 分	4 分	0 分		
正面成形	标准	优	良	中	差		
	得分标准	10 分	8 分	4 分	0 分		
背面成形	标准	优	良	中	差		
	得分标准	10 分	8 分	4 分	0 分		
总　分		100 分				总成绩	

焊缝外观(正、背)成形评判标准			
优	良	中	差
成形美观,焊缝均匀、细密,高低宽窄一致	成形较好,焊缝均匀、平整	成形尚可,焊缝平直	焊缝弯曲,高低、宽窄明显

任务六 T形接头 CO_2 平角焊

任务目标

(1)掌握板T形接头 CO_2 平角焊的技术要求及操作要领。

(2)制作出T形接头 CO_2 平角焊的合格工件。

任务分析

将板状焊件以T形接头形式在平焊位置采用 CO_2 焊方法进行的焊接称为T形接头半自动 CO_2 气体保护焊。T形接头的试板有单层焊与多层焊两类,进行 CO_2 气体保护平角焊时,若操作不当极易产生咬边、未焊透、焊脚下坠等缺陷。因此,施焊时除了正确选择焊接参数外,还要根据焊件厚度和焊脚尺寸来控制焊丝角度。按照图2-30所示的技术要求,学习T形接头 CO_2 平角焊的基本操作技能,完成工件实作任务。

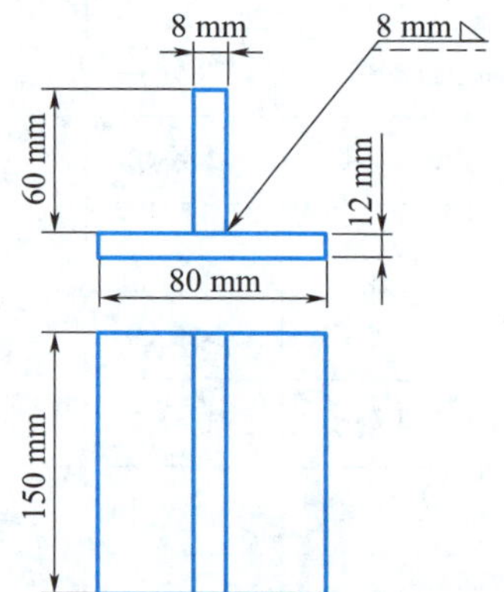

技术要求

焊接方法:135(半自动 CO_2 焊);

试件材质:Q235;

接头形式:T形接头;

焊接位置:PB(平角焊)。

图2-30 T形接头平角焊图样

知识准备

T形接头 CO_2 焊接技术

CO_2 气体保护平角焊时,角焊缝的焊接操作可分为平角等边角焊缝、平角不等边角焊缝和多层多道焊缝三种类型。焊接位置有平角焊和船形焊两种。另外,根据两块焊件厚度,有等厚板焊接和不等厚板焊接等情况。

1. T形接头 CO_2 焊平角等边角焊缝焊接方法

平角等边角焊时焊枪角度如图2-31所示,平角等边角焊时焊枪对中位置如图2-32所示。

焊枪角度对焊接质量有很大影响,如果高低角太小,容易造成上部咬边下部翻边。如果高低角太大,容易造成焊缝单边。如果前后角太大,容易造成上部咬边。如果前后角太小,则看不到熔池和焊丝伸出长度。

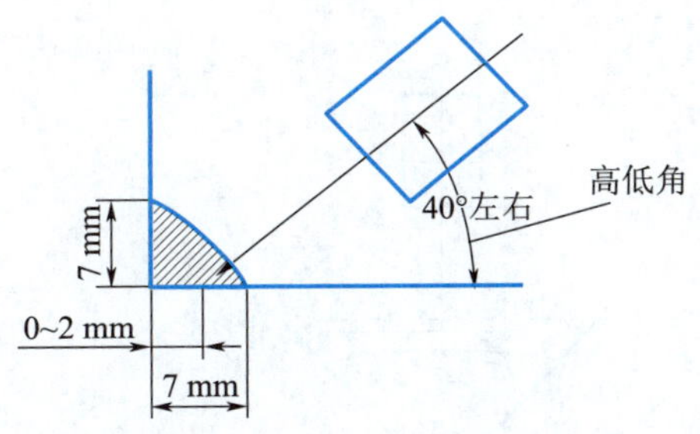

图 2-31 平角等边角焊时焊枪角度

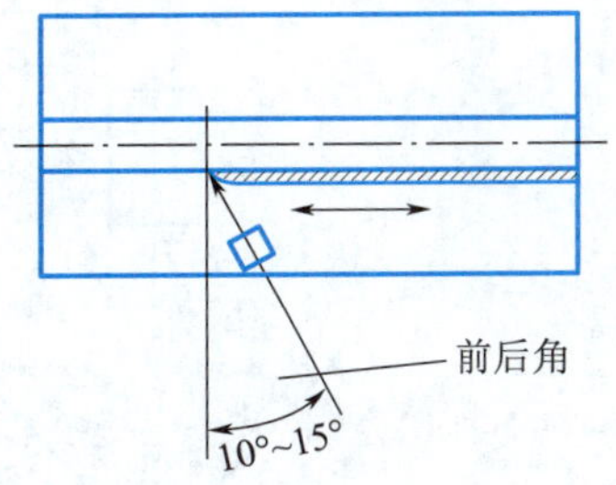

图 2-32 平角等边角焊时焊枪对中位置

2. T 形接头 CO_2 焊平角不等边角焊缝焊接方法

焊接这种角焊缝时，焊枪的前后角同等边的角焊缝，而高低角根据焊脚长的要求适当加大，一般 60°～70°为宜，如图 2-33 所示。焊丝到根部的距离与等边角焊缝相同。

3. T 形接头 CO_2 焊平角多层多道角焊缝

焊脚长 10×10 以上的等边或不等边平角焊缝均应用多层多道焊的形式进行焊接。12×12 角焊缝一般焊 3 道。焊枪角度如图 2-34 所示，第一道以 7×7 角焊缝打底为宜。

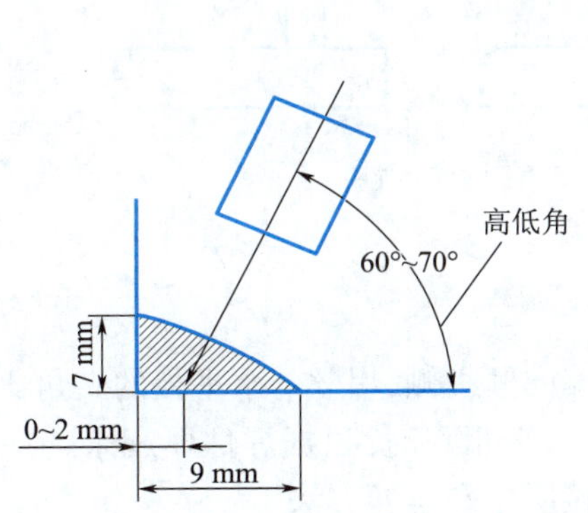

图 2-33 平角不等边焊接时焊枪角度

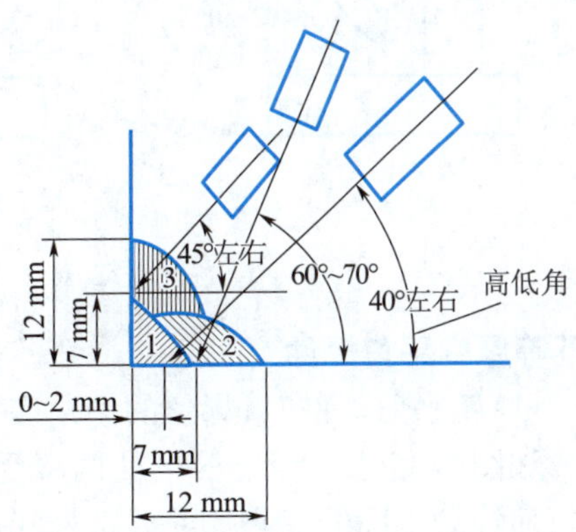

图 2-34 平角多层多道焊时焊枪角度

4. T 形接头船形焊接操作方法

T 形接头船形焊是将平角焊的焊件翻转 45°，使焊枪处于垂直位置的焊接状态，通常称为船形焊，焊脚长小于 10 mm 的角焊缝可一次焊成，焊枪不需摆动。焊脚长较大的角焊缝焊枪需左右摆动。具体方法如图 2-35 所示。

船形焊时，操作方便，有利于大电流焊接，且能一次焊成较大截面的焊缝，能大大提高生产率，并获得平整、美观的焊缝。所以，如条件允许，应尽可能采用船形焊焊接。

5. 等厚度平角焊件

一般焊丝与水平板的夹角为 40°～50°，如图 2-36(a) 焊丝指向夹角处，当焊脚尺寸小于 5 mm 时，焊丝对准两板夹角处，当焊脚尺寸大于 5 mm 时，要使焊丝在距夹角线 1～2 mm 处进行焊接，否则易使立板产生咬边和平板焊缝下坠。如果需要较大的焊脚，可以进行多层焊，并应注意每次熔敷不要太多，以防止熔化金属堆积，形成未熔合现象。焊接过程中控制焊枪前倾角为 10°～25°。

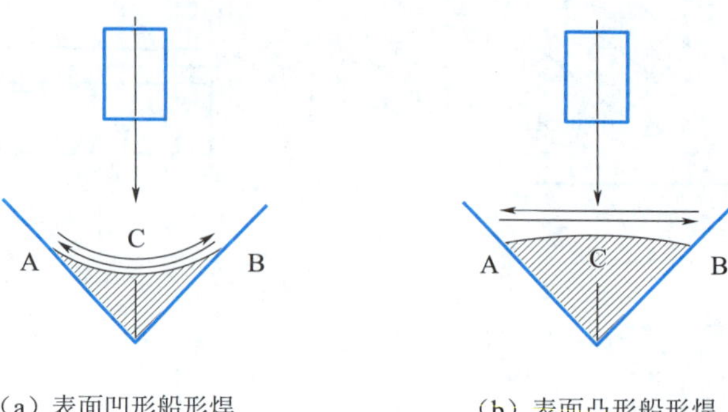

（a）表面凹形船形焊　　（b）表面凸形船形焊

图 2-35　船形焊时焊缝表面形态

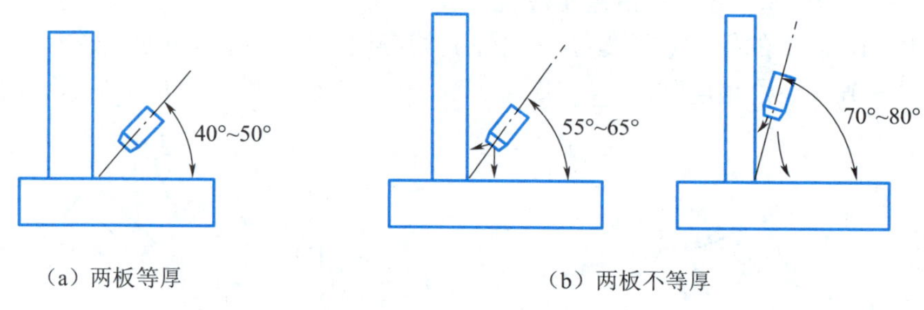

（a）两板等厚　　（b）两板不等厚

图 2-36　平角焊时焊丝角度

6. 不等厚度平角焊件

焊不等厚度平角焊件时，焊丝的倾角应使电弧偏向厚板侧，焊丝与水平板的夹角比等厚度焊件大些，如图 2-36（b）所示，尽量使两板受热均衡。平角焊时，根据焊件厚度来选择相应的焊脚尺寸，而针对不同的焊脚尺寸要选择相应的焊接层次和运丝方法。

一般焊脚尺寸小于 8 mm 可采用单层焊，采用直线运丝法或斜圆圈形摆动法，并以左焊法进行焊接。焊脚尺寸大于 8 mm 时应采用多层焊或多层多道焊。多层焊的第一层操作与单层焊类似，焊丝距焊件夹角线 1~2 mm，采用左焊法，运用直线运丝法得到 6 mm 的焊脚尺寸。第二层盖面焊缝，焊接电流调小些，运用斜圆圈形摆动进行焊接。

任务实施

一、焊前准备

同本项目任务一。

二、焊接参数

T 形接头 CO_2 焊平角焊的焊接参数见表 2-13。

表 2-13 T 形接头 CO_2 焊平角焊的焊接参数

焊接层次	运丝方法	焊接电流 /A	电弧电压 /V	焊脚尺寸 /mm	焊接速度 /(cm·s^{-1})	焊丝直径 /mm	气体流量 /(L·min^{-1})
第一层	直线形	160~180	22~24	5	0.5~0.8	1.2	10~12
盖面焊	斜圆圈形	160~180	21~23	8	0.5~0.6		

三、装配与焊接

1. 装配与定位焊

装配焊件前对坡口周围 20 mm 范围内进行清理。装配过程中,应保证立板与水平板垂直,并在焊件两端对称进行定位焊,定位焊缝长度为 10~15 mm,T 形接头平角焊的定位焊如图 2-37 所示。T 形接头焊件的焊脚尺寸为 8 mm,可采用两层两道焊,如图 2-38 所示。

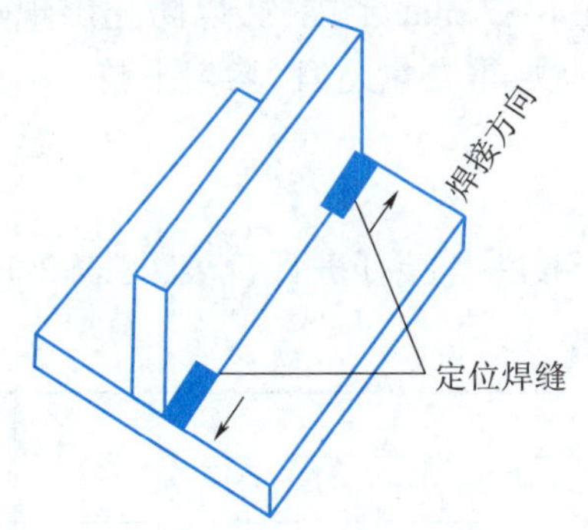

图 2-37 T 形接头平角焊的定位焊

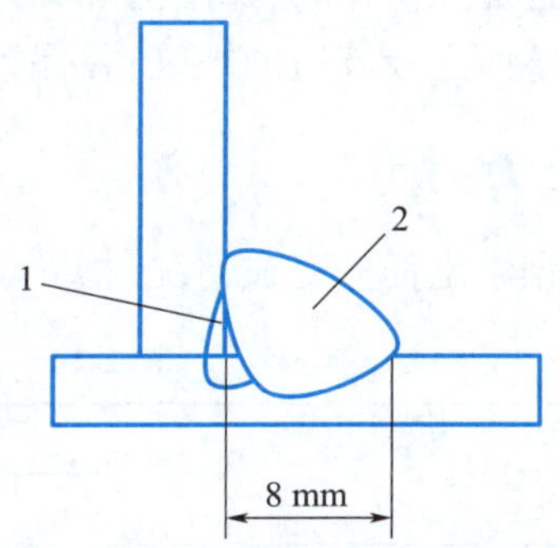

图 2-38 T 形接头平角焊的焊道分布

2. 打底焊

打底焊是第一层焊道,焊接时采用左焊法,焊丝与水平板夹角为 45°,焊枪倾角为 10°~15°。操作时,将焊枪置于距起焊端 20 mm 处引弧,引燃电弧后,抬高电弧拉向焊件端头,压低电弧并控制喷嘴高度,焊丝距焊件夹角线约 1 mm 处,运用直线形运丝法进行匀速焊接,焊接过程中要始终控制焊脚尺寸在 5 mm 左右,并保证焊道与焊件良好熔合。焊至终焊端填满弧坑,稍停片刻缓慢地抬起焊枪完成收弧。

3. 盖面焊

焊丝与水平板夹角和焊枪倾角与第一层焊道焊接时相同,采用斜圆圈形摆动,并以左焊法焊接,如图 2-39 所示。操作时,焊丝从 a 到 b 速度要慢,保证水平板有一定熔深;在 b 到 c 处稍快,防止熔滴下淌并在 c 处要稍作停顿,给予足够的熔滴以避免咬边;从 c 到 d 稍慢,使根部和水平板有一定熔深;d 到 e 稍快并在 e 处稍加停留,如此反复地完成盖面层的焊接,同时要控制焊缝宽窄一致,达到所要求的焊脚尺寸。

无论是多层多道焊还是单层单道焊,在操作中必须使每层的焊脚在该层中从头至尾保持一致,保证均匀美观。

4. 清理现场

练习结束后,必须整理工具设备,关闭电源,清理打扫场地,做到“工完场清”;并由值日生或指导教师检查,做好记录。

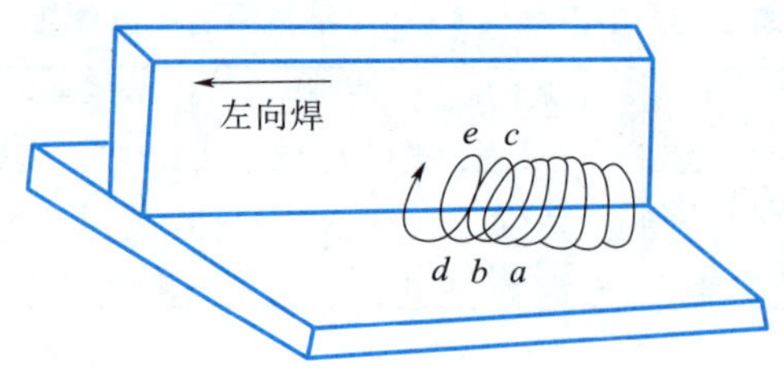

图 2-39　T 形接头平角焊时斜圆圈形运条法

操作要点

T 形接头 CO_2 焊打底焊时要注意焊枪的对中位置，焊脚尺寸较大时，要使焊丝在距夹角线 1～2 mm 处进行焊接。

多层多道焊在操作时，每层的焊脚尺寸应限制在 6～7 mm 范围内，以防止出现焊脚过大、熔敷金属下坠而立板咬边的缺陷；并保持头尾宽窄一致，重叠量适宜，均匀平整。

任务评价

教师根据学生任务完成情况，指导学生完成 T 形接头焊接任务评价表，见表 2-14。

表 2-14　T 形接头焊接任务评价表

检查项目		评分标准				测评数据	实得分数
		Ⅰ	Ⅱ	Ⅲ	Ⅳ		
焊脚尺寸	标准/mm	8～9	9～10	10～11	>11 或<8		
	分数	10	8	4	0		
焊缝凹凸度	标准/mm	≤1	>1 且≤2	>2 且≤3	>3		
	分数	10	8	4	0		
垂直度	标准/mm	0	≤1	>1 且≤2	>2		
	分数	10	8	4	0		
气孔	标准	无			有		
	分数	10			0		
咬边	标准/mm	无	深≤0.5 长≤10	深≤0.5 长≤10	深>0.5 长>20		
	分数	10	8	4	0		
焊瘤	标准	无			有		
	分数	10			0		
裂纹	标准	无			有		
	分数	10			0		
弧坑	标准	填满			未填满		
	分数	10			0		

续上表

检查项目		评分标准				测评数据	实得分数
		Ⅰ	Ⅱ	Ⅲ	Ⅳ		
未熔合	标准/mm	无	深≤1 长≤10	深≤1 长≤12	深>1 长>12		
	分数	10	8	4	0		
表面成形	标准	优	良	中	差		
	分数	10	8	4	0		
总　分		100分				总成绩	

焊缝外观(正、背)成形评判标准

优	良	中	差
成形美观,焊缝均匀、细密,高低宽窄一致	成形较好,焊缝均匀、平整	成形尚可,焊缝平直	焊缝弯曲,高低、宽窄明显

项目三
手工钨极氩弧焊

任务一　基本操作练习

任务目标

(1)了解氩弧焊的基本知识。
(2)掌握氩弧焊设备的安装调试。
(3)掌握手工钨极氩弧焊的基本操作方法。

任务分析

(1)掌握手工钨极氩弧焊引弧、收弧、送丝等操作方法。
(2)练习手工钨极氩弧焊的基本操作方法,焊出合格的焊缝。

知识准备

一、手工钨极氩弧焊概述

1. 氩弧焊的原理

钨极氩弧焊是使用氩气作为保护气体的一种气体保护电弧焊方法,利用钨电极和工件间产生的电弧热熔化母材和填充焊丝(可以不用焊丝)的一种焊接方法,又称为 GTAW(gas tungsten arc welding)焊或 TIG 焊接(tungsten inert gas),标注代号是 141。

TIG 焊一般采用氩气作保护气体,所以又被称为钨极氩弧焊,如图 3-1 所示。

TIG 焊分为手工和自动两种。焊接时,用难熔金属钨或钨合金制成的电极基本上不熔化,故容易维持电弧长度的恒定。填充焊丝在电弧前方填加,当焊接薄工件时,一般不需开坡口和填充焊丝,还可采用脉冲电流以防止烧穿工件。焊接厚大工件时,也可以将焊丝预热后,再填加到熔池中去,以提高熔敷速度。

在焊接厚板、高热导率或高熔点金属等时,也可采用氦气或氦-氩混合气作保护气体。在焊接不锈钢、镍基合金和镍铜合金时可采用氢-氩混合气作保护气体。

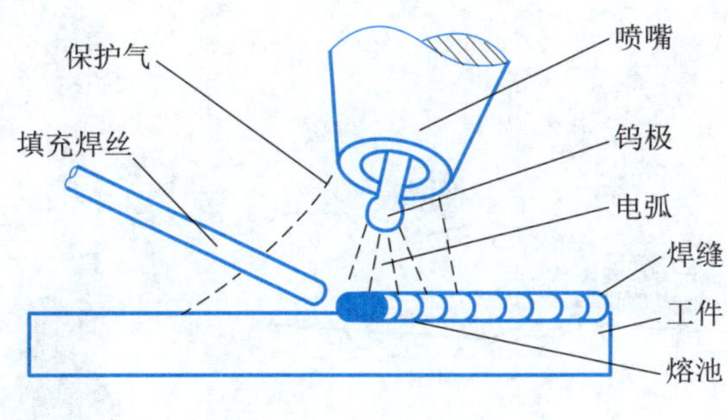

图 3-1 TIG 焊示意图

2. 氩弧焊设备

手工 TIG 焊机主要由焊接电源、焊枪、供气和冷却系统以及控制系统等部分组成,如图 3-2 所示。

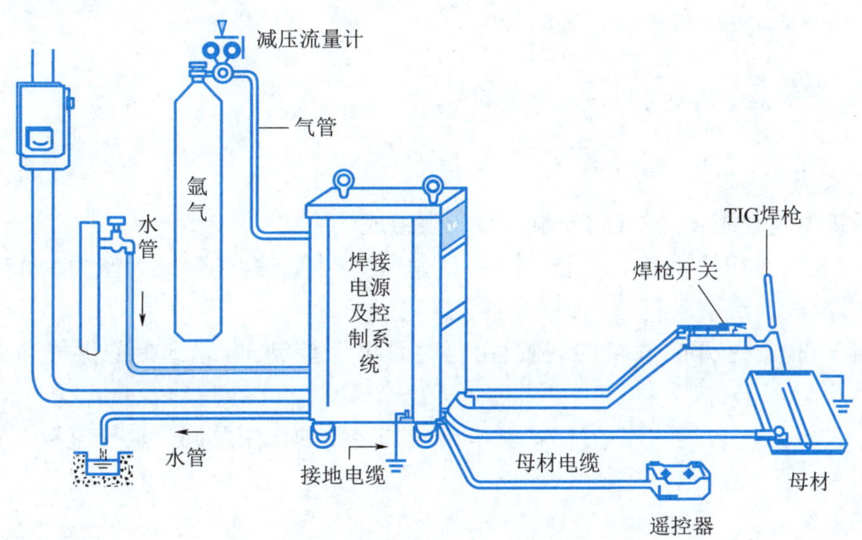

图 3-2 手工钨极氩弧焊设备组成示意图

1) 焊接电源

TIG 焊机可以采用直流、交流或交、直流两用电源。无论是直流电源还是交流电源都应具有陡降外特性或垂直下降外特性,以保证在弧长发生变化时,减小焊接电流的波动。交流焊机电源常用动圈漏磁式变压器;直流电源可用磁饱和电抗器式硅整流电源或晶闸管式整流电源,也可用弧焊逆变器。

2) 焊枪

TIG 焊焊枪的作用是夹持电极、导电及输送保护气体。目前国内使用的焊枪大体上有两种:一种是气冷式焊枪,用于小电流(最大电流不超过 100 A)焊接;另一种是水冷式焊枪,供焊接电流大于 100 A 时使用,其结构见图 3-3 所示。气冷式焊枪利用保护气流冷却导电部件,不带水冷系统,结构简单,使用轻巧灵活。水冷式焊枪结构比较复杂,重量稍重,使用时两种焊枪皆应注意避免超载工作,以延长焊枪寿命。

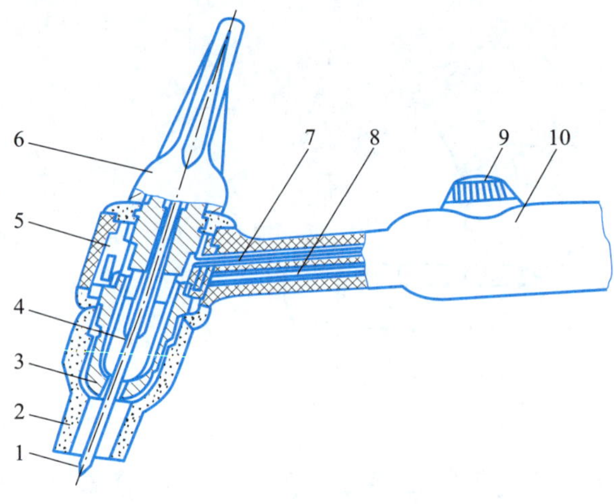

1—钨电极；2—陶瓷喷嘴；3—导气套管；4—电极夹头；
5—枪体；6—电极帽；7—进气管；8—冷却水管；
9—控制开关；10—焊枪手柄。

图 3-3　水冷式 TIG 焊焊枪结构

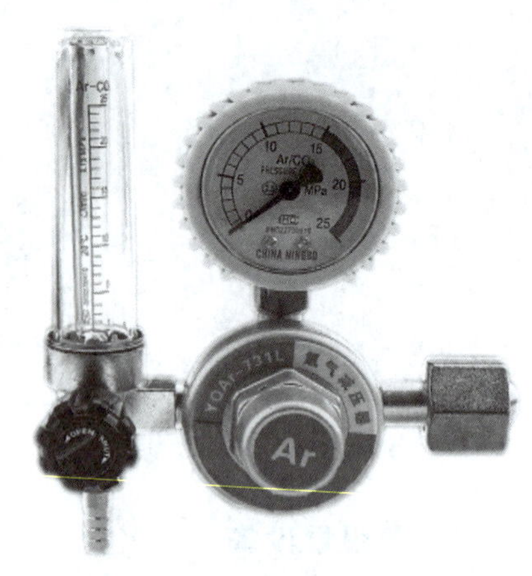

图 3-4　氩气减压表

3）供气系统

供气系统由氩气瓶、电磁气阀及氩气减压表组成。

（1）氩气瓶。外表涂灰色，并用绿漆标以“氩气”字样。氩气瓶最大压力为 15 MPa，容积为 40 L。

（2）电磁气阀。是开闭气路的装置，由延时继电器控制，可起到提前供气和滞后停气的作用。

（3）氩气减压表（含气体流量计）。具有降压和稳压的作用及调节氩气流量。氩气减压表的外形如图 3-4 所示。

4）冷却系统

用来冷却焊接电缆、焊枪和钨极。如果焊接电流小于 150 A 可以不用水冷却。使用的焊接电流超过 150 A 时，必须通水冷却，并以水压开关控制。

5）控制系统

控制系统是通过控制线路，对供电、供气与稳弧等各个阶段的动作进行控制。

3. 氩弧焊的特点

TIG 焊与其他焊接方法相比有如下主要特点：

（1）可焊金属多。氩气能有效隔绝焊接区域周围的空气，它本身又不溶于金属，不和金属反应；TIG 焊过程中电弧还有自动清除工件表面氧化膜的作用。因此，可成功地焊接其他焊接方法不易焊接的易氧化、氮化，化学性质活泼的非铁金属、不锈钢和各种合金。

（2）适应能力强。钨极电弧稳定，即使在很小的焊接电流下也能稳定燃烧；不会产生飞溅，焊缝成形美观。热源和焊丝可分别控制，因而热输入量容易调节，特别适合于薄件、超薄件的焊接。可进行各种位置的焊接，易于实现机械化和自动化焊接。

（3）焊接生产率低。钨极承载电流能力较差，过大的电流会引起钨极熔化和蒸发，其颗粒可能进入熔池,造成夹钨。因而 TIG 焊使用的电流小,焊缝熔深浅,熔敷速度小,生产率低。

(4)生产成本较高。由于惰性气体较贵,与其他焊接方法相比,TIG 焊生产成本高,故主要用于要求较高的产品的焊接。

4. 氩弧焊应用

TIG 焊几乎可用于所有钢材、非铁金属及其合金的焊接,特别适合于化学性质活泼的金属及其合金,常用于不锈钢,高温合金,铝、镁、钛及其合金以及难熔的活泼金属(如锆、钽、钼、铌等)和异种金属的焊接。

TIG 焊容易控制焊缝成形及实现单面焊双面成形,主要用于薄件焊接或厚件的打底焊。脉冲 TIG 焊特别适宜于焊接薄板和全位置管道对接焊。但是,由于钨极的载流能力有限,电弧功率受到限制,致使焊缝熔深浅,焊接速度低。TIG 焊一般只用于焊接厚度在 6 mm 以下的工件。

二、手工钨极氩弧焊焊接材料

钨极氩弧焊的焊接材料主要有钨极、氩气和焊丝。

1. 钨极

氩弧焊时钨极作为电极起传导电流、引燃电弧和维持电弧正常燃烧的作用。目前所用的钨极材料主要有以下几种。

(1)纯钨极。其型号是 WP,纯度 99.5%以上。纯钨极要求焊机空载电压较高,使用交流电时,承载电流能力较差,故目前很少采用。为了便于识别常将其涂成绿色。

(2)钍钨极。其型号是 WTh10、WTh20、WTh30,是在纯钨中加入 1% ~ 3% 的氧化钍(ThO_2)而成。钍钨极电子发射率提高,增大了许用电流范围,降低了空载电压,改善引弧和稳弧性能,但是具有微量放射性。为了便于识别常将其涂成红色。

(3)铈钨极。其型号是 WCe20,是在纯钨中加入 2% 的氧化铈(CeO_2)而成。铈钨极比钍钨极更容易引弧,使用寿命长,放射性极低,是目前推荐使用的电极材料。为了便于识别常将其涂成灰色。

2. 氩气

采用氩气作为保护气焊接时,具有以下特点:

(1)氩气易引弧,电弧稳定;

(2)氩气的密度大,已形成良好的保护罩,获得较好的保护效果;

(3)氩气的原子质量大,具有很好的阴极清理效果;

(4)氩气相对便宜,广泛应用于工业生产中。

3. 焊丝

氩弧焊用焊丝主要分钢焊丝和有色金属焊丝两大类。焊丝可按 GB/T 8110—2008《气体保护电弧焊用碳钢、低合金钢焊丝》和 YB/T 5092—2016《焊接用不锈钢丝》选用。焊接有色金属一般采用与母材相当的焊丝。常用的氩弧焊丝直径分为:ϕ0.8 mm、ϕ1.0 mm、ϕ1.2 mm、ϕ1.5 mm、ϕ1.6 mm、ϕ2.0 mm、ϕ2.4 mm、ϕ2.5 mm、ϕ3.2 mm 等 9 种规格,可根据不同的板厚选择适合的焊丝。

任务实施

一、焊前准备

(1)焊机型号:WSE-315 型手工钨极氩弧焊。

(2)焊接材料:Q235 钢板,规格:6 mm;焊丝型号 ER50-6,规格 ϕ2. 0 mm;铈钨极(Wc20),规格:ϕ2. 4 mm;氩气(纯度 99. 99%)。

(3)辅助工具:焊帽、角向砂轮、手锤、钢丝刷等。

(4)钨极在焊接前端头需磨成 30°尖锥状,为防止尖端烧损,可把尖端磨成一个小平台,小平台直径为 0. 5~1 mm 的为宜,尽量使磨削纹路与母线平行,钨极端部形状如图 3-5 所示。

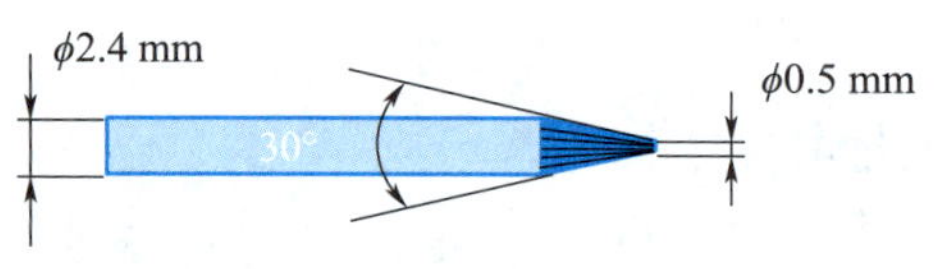

图 3-5 钨极端部形状

二、手工钨极氩弧焊基本操作

1. 引弧

引弧前应提前 5~10 s 送气。引弧有两种方法:非接触引弧(高频振荡引弧或高压脉冲引弧)和接触引弧,最好是采用非接触引弧。

通常手工钨极氩弧焊机本身具有引弧装置(高压脉冲发生器或高频振荡器),钨极与焊件并不接触,保持一定距离,就能在施焊点上直接引燃电弧。采用非接触引弧时,应先使钨极端头与工件之间保持较短距离,然后接通引弧器电路,在高频电流或高压脉冲电流的作用下引燃电弧。这种引弧方法可靠性高,且由于钨极不与工件接触,因而钨极不会因短路而烧损,同时还可防止焊缝因电极材料落入熔池而形成夹钨等缺陷。

如没有引弧装置操作时,可使用纯铜板或石墨板作引弧板,在其上引弧,使钨极端头受热到一定温度(约 1 s),立即移到焊接部位引弧焊接。这种接触引弧会产生很大的短路电流,因而很容易烧损钨极端头。

2. 持枪姿势和焊枪、焊件与焊丝的相对位置

焊接时戴头盔式面罩,左手拿焊丝,右手握焊枪。可采取蹲式焊接或站式焊接,视焊接的位置高低而定。

焊枪与工件角度的选择也应以获得好的保护效果,便于填充焊丝为准。平焊时焊枪及填充焊丝与工件的相对位置如图 3-6 所示。填充焊丝在熔池前均匀地向熔池送入,切不可扰乱氩气气流。焊丝的端部应始终置于氩气保护区内,以免氧化。

3. 右焊法和左焊法

右焊法适用于厚件的焊接,焊枪从左向右移动,电弧指向已焊部分,有利于氩气保护焊缝表面不受高温氧化。

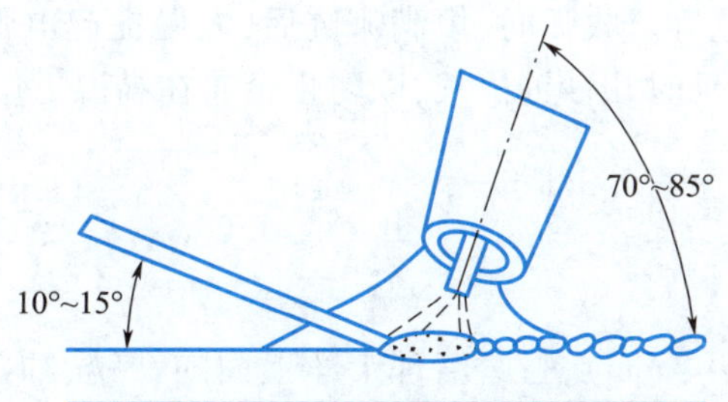

图 3-6　平焊时焊枪及填充焊丝与工件的相对位置示意图

左焊法适用于薄件的焊接，焊枪从右向左移动，电弧指向未焊部分有预热作用，容易观察和控制熔池温度，焊缝形成好，操作容易掌握。平焊、横焊或仰焊时，多采用左焊法。

4. 焊丝送进方法

手工氩弧焊时焊丝加入熔池的操作方法通常有两种。

第一种送丝方法，焊接时以左手的拇指、食指捏住，并用中指和虎口配合托住焊丝便于操作的部位，如图 3-7(a)所示。需要送丝时，将弯曲捏住焊丝的拇指和食指伸直，如图 3-7(b)所示，即可将焊丝稳稳地送入焊接区。然后借助中指和虎口托住焊丝，迅速弯曲拇指、食指，向上倒换捏住焊丝，如此反复地填充焊丝。

（a）送丝前手型　　（b）送丝后手型

图 3-7　焊丝送进方法

第二种送丝方法，点滴送丝法。左手方式夹持焊丝方式如图 3-8 所示，用左手拇指、食指、中指配合动作送丝，无名指和小手指夹住焊丝控制方向，靠手臂和手腕的上、下反复动作，将焊丝端部的熔滴送入熔池，全位置焊时多用此方法。

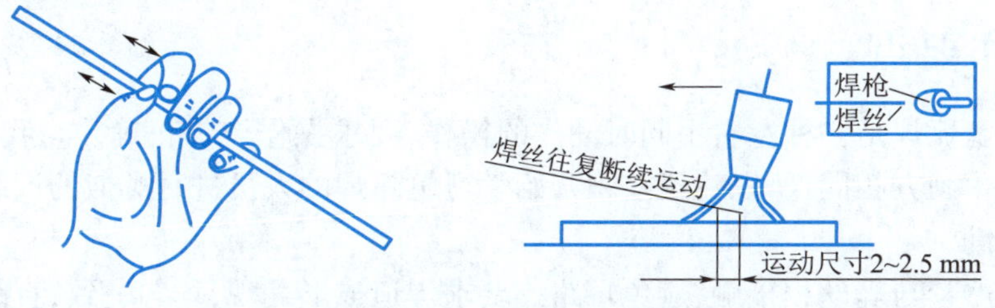

图 3-8　点滴送丝操作技术

5. 收弧

一般氩弧焊机都配有电流自动衰减装置，收弧时，通过焊枪手柄上的按钮断续送电来填满弧坑。若无电流衰减装置时，可采用手工操作收弧，其要领是逐渐减少焊件热量，如改变焊枪角度、稍拉长电弧、断续送电等。收弧时，填满弧坑后，慢慢提起电弧直至熄弧，不要突然拉断电弧。熄弧后，氩气会自动延时几秒钟停气，以防止金属在高温下产生氧化。

三、平敷焊练习

1. 运枪练习

取钢板一块(厚度为 2~4 mm)，打磨清理干净上面的铁锈、油污，直至露出金属光泽。在试板上进行运枪练习，不加焊丝，只熔化母材。

注意：焊枪作“之”字形摆动，且匀速、平稳，不能出现剧烈的急行、急停，以免影响氩气的保护效果。摆动幅度应一致，形成的焊缝宽窄应一致，波纹均匀致密，不能出现弯曲焊缝。

2. 平敷焊

(1)确定焊接参数。选用钨极直径为 2.4 mm；焊丝直径为 2.4 mm；焊接电流为 80~100 A；氩气流量为 7~9 L/min；喷嘴直径为 10 mm；喷嘴至焊件的距离不大于 12 mm。

(2)操作方法。平敷焊时，采用左向焊法进行焊接。在焊接过程中，焊枪应保持均匀的直线运动。焊丝的送入方法是使焊丝做往复运动，先将填充的焊丝末端送入电弧区的熔池边缘，待焊丝被熔化后，便将填充的焊丝移出熔池，然后再将焊丝重复送入熔池，如此反复。但是往复送丝的过程中，不能使填充的焊丝离开氩气保护区，以免高温填充焊丝的末端被氧化，使焊接质量下降。

电弧引燃后，不要急于送入填充焊丝，要稍停留一定时间，使母材金属形成熔池后，再填充焊丝，以保证熔敷金属和母材金属很好地熔合。

在焊接过程中，要注意观察熔池的大小，焊接速度和填充焊丝应根据具体情况密切配合，应尽量减少接头。要计划好焊丝长度，尽量不要在焊接过程中更换焊丝，以减少停弧次数。若中途停顿后，再继续焊接时，要用电弧把原熔池的焊道金属重新熔化、形成新的熔池后再加焊丝，并与前一焊道重叠 5 mm 左右；在重叠处应少加焊丝，使接头处圆滑过渡。

当第一条焊道焊至焊件端部后，再焊第二条焊道。焊道与焊道的间距为 30 mm 左右，每块焊件可焊三条焊道。

3. 清理现场

练习结束后，必须整理工具设备，关闭电源，清理打扫场地，做到“工完场清”，并由值日生或指导教师检查，作好记录。

操作要点

手工钨极氩弧焊是一种左右手同时动作的操作，要求操作姿势正确。与我们平时生活中的左手画圆右手画方相同，所以建议在刚开始学习氩弧焊的人员进行类似的训练，对学习氩弧焊有一定的帮助。

钨极端部严禁与焊丝相接触，避免短路。要求焊道成形美观，均匀一致，直线度好，鱼鳞波纹清晰，熔池不能被氧化。

任务评价

教师根据学生任务完成情况，指导学生完成 TIG 焊操作任务评价表，见表 3-1。

表 3-1 TIG 焊基本操作任务评价表

检查项目		评分标准				测评数据	实得分数
		I	Ⅱ	Ⅲ	Ⅳ		
焊缝余高	尺寸标准/mm	0~2	>2 且≤3	>3 且<4	>4 或<0		
	得分标准	10 分	8 分	4 分	0 分		
焊缝宽度差	尺寸标准/mm	1≤	>1 且≤2	>2 且≤3	>3		
	得分标准	10 分	8 分	4 分	0 分		
咬边	尺寸标准/mm	无咬边	深度≤0.5		深度>0.5		
	得分标准	10 分	每 2 mm 扣 1 分		0 分		
正面成形	标准	优	良	中	差		
	得分标准	50 分	8 分	4 分	0 分		
文明生产	标准	遵守	违者不得分				
	得分标准	20 分	0 分				
总　分		100 分				总成绩	

焊缝外观(正、背)成形评判标准			
优	良	中	差
成形美观,焊缝均匀、细密,高低宽窄一致	成形较好,焊缝均匀、平整	成形尚可,焊缝平直	焊缝弯曲,高低、宽窄明显

任务二 板对接 TIG 平焊

任务目标

(1)掌握板对接 TIG 平焊的技术要求及操作要领。

(2)制作出板对接 TIG 平焊的合格工件。

(3)掌握 TIG 焊接基本工艺。

任务分析

板对接平焊实作是其他位置焊接的基础,而手工钨极氩弧焊的操作与焊条电弧焊有较大的区别。氩弧焊对油污、铁锈较为敏感,所以试板应清理干净。氩弧焊的热量集中,熔深较大,试件应留适当的钝边,同时,打底焊操作时速度要快,背面成形应该很薄,否则经过多层焊后背面焊缝会下坠而造成背面焊缝过高。操作时对左手、右手的协调配合要求较高。

按照图 3-9 的技术要求,学习板对接 TIG 平焊的基本操作技能,完成工件实作任务。

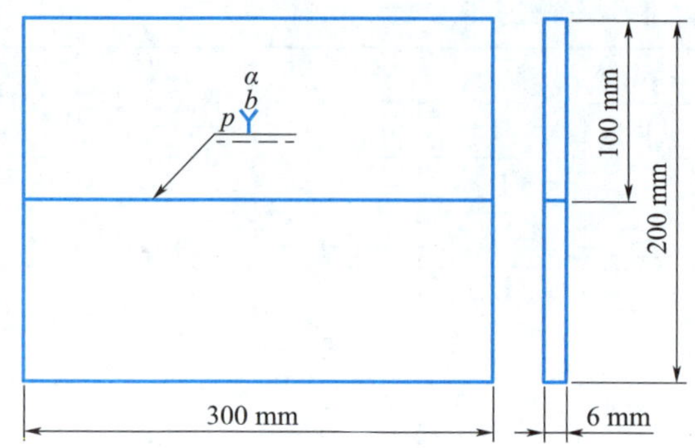

技术要求

焊接方法:141(手工钨极氩弧焊);
试件材质:Q235;
焊接位置:PA;
根部间隙 b:2.5~3.5 mm;
V 形坡口角度 α:60°;
钝边 p:0.5~1 mm

图 3-9　板对接 TIG 平焊图样

知识准备

钨极氩弧焊焊接工艺参数

1. 焊接电源的种类和极性

TIG 焊时,焊接电弧正、负极的导电和产热机构与电极材料的热物理性能有密切关系,从而对焊接工艺有显著影响。钨极氩弧焊可以采用交流或直流两种焊接电源,采用哪种电源与所焊金属或合金种类有关,采用直流电源时还要考虑极性的选择。

(1)直流正极性法。直流正极性法焊接时,工件接电源正极,钨极接电源负极。

直流正极性法有如下特点:

①熔池深而窄,焊接生产率高,工件的收缩应力和变形都小。

②钨极许用电流大,寿命长。

③电弧引燃容易,燃烧稳定。

总之,直流正极性法优点较多,所以除铝、镁及其合金的焊接以外,TIG 焊一般都采用直流正极性法焊接。

(2)直流反极性法。直流反极性法焊接时工件接电源负极,钨极接正极。

直流反极性法有如下特点:

①采用直流反接时,焊件是阴极,质量较大的氩正离子流向焊件,撞击金属熔池表面,可将铝、镁等金属表面致密难熔的氧化膜击碎,这种现象称为“阴极破碎”作用。

②但是直流反接时,钨极因接正极温度较高,容易过热或烧损。

因此,直流反极性法理论上可以焊接铝、镁及其合金,但由于钨极烧损严重很少采用,而应尽可能使用交流电进行焊接。

(3)交流 TIG 焊。交流 TIG 焊时,电流极性每半个周期交换一次,因而兼备了直流正极性法和直流反极性法两者的优点。当工件在交流负极性半周里,工件金属表面氧化膜会因“阴极破碎”作用而被清除;在交流正极性半周里,钨极又可以得到一定程度的冷却,可减轻钨极烧损,且此时发射电子容易,有利于电弧的稳定燃烧。交流 TIG 焊时,焊缝形状也介于直流正极性与直流反极性之间。实践证明,用交流 TIG 焊焊接铝、镁及其合金能获得满意的焊接质量。

2. 电极直径和端部形状

钨极直径的选择,取决于工件厚度、焊接电流的大小、电流种类和极性。原则上应尽可能选择小的电极直径来承担所需要的焊接电流。此外,钨极的许用电流还与钨极的伸出长度及冷却程度有关,如果伸出长度较大或冷却条件不良,则许用电流将下降。一般钨极的伸出长度为 5~10 mm。

钨极直径大小和端部的形状影响电弧的稳定性和焊缝成形,因此 TIG 焊应根据焊接电流大小来确定钨极的形状。在焊接薄板或焊接电流较小时,为便于引弧和稳弧可用小直径钨极并磨成约 60°的尖锥角。电流较大时,电极锥角小将导致弧柱的扩散,焊缝成形呈厚度小而宽度大的现象。电流越大,上述变化越明显。因此,大电流焊接时,应将电极磨成钝角或平顶锥形。这样,可使弧柱扩散减小,对工件加热集中。

3. 电弧电压

电弧电压主要由弧长决定。电弧长度增加,容易产生未焊透的缺陷,并使保护效果变差,因此应在电弧不短路的情况下,尽量控制电弧长度,一般弧长近似等于钨极直径。

4. 焊接速度

焊接速度通常是由焊工根据熔池的大小、形状和焊件熔合情况随时调节。过快的焊接速度会使气体保护氛围破坏,焊缝容易产生未焊透和气孔;焊接速度太慢时,焊缝容易烧穿和咬边。

5. 氩气流量与喷嘴直径

喷嘴直径的大小,直接影响保护区的范围,一般根据钨极直径来选择。按生产经验:2 倍的钨极直径再加上 4 mm 即为选择的喷嘴直径。流量合适时,熔池平稳,表面明亮无渣,无氧化痕迹,焊缝成形美观;流量不合适,熔池表面有渣,焊缝表面发黑或有氧化皮。氩气的合适流量为 0. 8~1. 2 倍的喷嘴直径。

不锈钢、钛合金及铝合金 TIG 焊接时,保护效果可以通过实验法和颜色鉴别法判定。

实验法是按选定的焊接工艺,在试板上引弧焊接,保持焊枪不动,电弧燃烧 5~10 s 后熄弧。检查熔化焊点及其周围有无明显的白色圆圈,白色圆圈越大,保护效果越好。

颜色鉴别法是在试板上焊接,焊后通过观察焊缝表面的氧化颜色进行判定。不锈钢:表面呈银白色和黄色最好,蓝色次之,灰色不良,黑色最差。钛及钛合金:银白、淡黄色最好,深黄色次之,深蓝色最差。铝及铝合金:焊缝两侧出现一条亮白色条纹,则保护效果最好。母材不同,焊接氧化后的颜色也不同。

6. 喷嘴与焊件间的距离

喷嘴与焊件间的距离以 8~14 mm 为宜。距离过大,气体保护效果差;若距离过小,虽对气体保护有利,但能观察的范围和保护区域变小。

7. 钨极伸出长度

为了防止电弧热烧坏喷嘴,钨极端部应突出喷嘴以外,其伸出长度一般为 3~4 mm(具体情况视焊接需要而定)。伸出长度过小,焊工不便于观察熔化状况,对操作不利;伸出长度过大,气体保护效果会受到一定的影响。

任务实施

一、焊前准备

同本项目任务一。

二、焊接参数

板对接 TIG 平焊的焊接参数见表 3-2。

表 3-2　板对接 TIG 平焊的焊接参数

焊接层次	焊丝直径/mm	焊接电流/A	焊接电压/V	气体流量/(L·min^{-1})	钨极直径/mm	电源极性
打底层	2.4	85~90	12~14	8~10	2.4	直流正接
填充层		90~100				
盖面层		80~95		10~14		

三、装配与焊接

1. 装配与定位焊

装配前必须对焊件进行除污、除锈、除油处理，在焊接区附近 30 mm 范围内，去除油污、锈蚀，露出金属光泽。根据不同的母材，选择不同的处理方法，保证母材的纯洁，不得污染，并按照要求修整坡口钝边。

钝边为 0~0.5 mm；装配间隙为 2.5~3 mm；预置反变形量为 3°~5°；错边量应不大于 0.6 mm，如图 3-10 所示。采用与焊接焊件时相同牌号的焊丝进行定位焊，并定位焊于焊件反面两端，定位焊焊缝长度为 10~15 mm（确保定位焊缝的强度）；焊后对装配位置和定位焊质量进行检查。

2. 打底焊

打底焊采用左焊法，焊丝、焊枪与焊件之间的角度如图 3-11 所示。

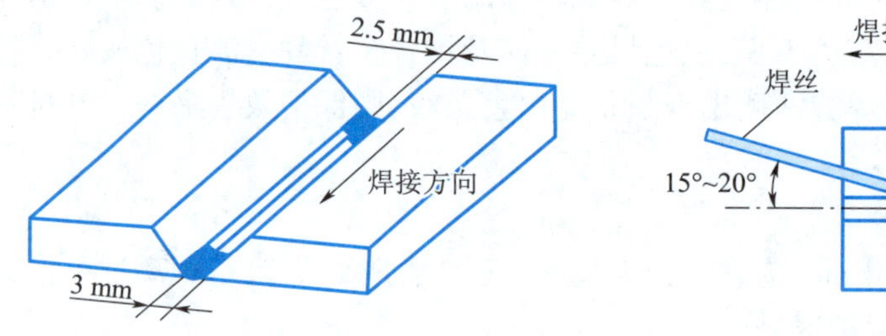

图 3-10　板对接 TIG 平焊装配图

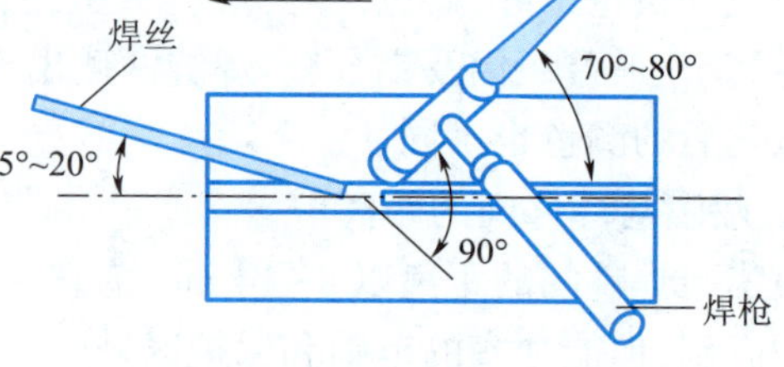

图 3-11　打底焊时焊枪与焊丝角度

引弧后预热引弧处，当定位焊缝左端形成熔池、并出现熔孔后开始填丝，填丝方法可选用连续送丝法或断续送丝法，同时，焊枪向前作微微摆动。焊接过程中，若焊件熔孔变小时，则应停止填丝，将电弧压低 1~2 mm，直接进行击穿；当熔孔增大时，应快速向熔池填加焊丝，然后向前移动焊枪。

当更换焊丝需要接头时，如焊机有电流衰减功能，应按下电流衰减开关，左手迅速更换焊丝，将焊丝端头置于熔池边缘之后，启动正常焊接电流，继续进行焊接。

如焊机无电流衰减功能，则需要接头熄弧时，焊枪仍须对准熔池进行保护，待其完全冷却后方可移开焊枪。接头前应先检查接头熄弧处弧坑的质量，当保护较好、无氧化物等缺陷时，可直接接头。当有缺陷时,须将缺陷修磨掉,并使其前端成斜面。在弧坑右侧 15~20 mm 处引弧,并慢慢向左移动,待弧坑处开始熔化、并形成熔池和熔孔后,继续填丝焊接。

当焊至焊件末端时,必须填满弧坑。断弧后,氩气须延时 10 s 左右关闭,以防熔池金属在高温下氧化。

3. 填充焊

填充焊时,焊枪采用锯齿形运动方式,其幅度应稍大,并在坡口两侧稍作停留,以保证坡口两侧熔合好,焊道均匀。填充焊道应低于母材 0.5~1 mm,且不能熔化坡口两侧棱边。

4. 盖面焊

盖面焊应适当加大焊接电流,操作时,焊丝与焊件间的角度尽量减小,焊枪做小锯齿形横向摆动,保证熔池两侧超过坡口棱边 0.5~1 mm,并按焊缝余高决定填丝速度与焊接速度。

5. 清理现场

练习结束后,必须整理工具设备,关闭电源,清理打扫场地,做到"工完场清";并由值日生或指导教师检查,作好记录。

操作要点

(1)钨极氩弧焊对焊件和填充金属表面的污染相当敏感,因此焊前须清除焊件表面的油脂,涂层,加工用的润滑剂及氧化膜。

(2)氩气流量对焊接保护效果影响较大。氩气流量过小,容易产生气孔、焊缝被氧化等缺陷;若氩气流量过大,则会产生紊流,使空气卷入焊接区,降低保护效果。在生产实践中,孔径在 12~20 mm 的喷嘴,最佳氩气流量范围为 8~16 L/min。

(3)打底焊时,应尽量采用短弧焊接,填丝量要少,焊枪尽可能不摆动。

(4)如果定位焊缝有缺陷,必须将缺陷磨掉,不允许用重熔的办法来处理定位焊缝上的缺陷。

任务评价

教师根据学生任务完成情况,指导学生完成板对接 TIG 平焊操作任务评价表,见表 3-3。

表 3-3 板对接 TIG 平焊操作任务评价表

检查项目		评分标准				测评数据	实得分数
		Ⅰ	Ⅱ	Ⅲ	Ⅳ		
焊缝余高	尺寸标准/mm	0~2	>2 且≤3	>3 且<4	>4 或<0		
	得分标准	10 分	8 分	4 分	0 分		
焊缝余高差	尺寸标准/mm	≤1	>1 且≤2	>2 且≤3	>3		
	得分标准	10 分	8 分	4 分	0 分		
焊缝宽度	尺寸标准/mm	8~9	>9 且≤10	>10 且≤11	<8 或>11		
	得分标准	10 分	8 分	4 分	0 分		
焊缝宽度差	尺寸标准/mm	1≤	>1 且≤2	>2 且≤3	>3		
	得分标准	10 分	8 分	4 分	0 分		

续上表

检查项目		评分标准				测评数据	实得分数
		Ⅰ	Ⅱ	Ⅲ	Ⅳ		
咬边	尺寸标准/mm	无咬边	深度≤0.5		深度>0.5		
	得分标准	10 分	每 2 mm 扣 1 分		0 分		
背面凹	尺寸标准/mm	0	>0 且≤1	>1 且≤2	>2 或<0		
	得分标准	10 分	8 分	4 分	0 分		
背面凸	尺寸标准/mm	0~1	>1 且≤2	>2 且≤3	>3 或<0		
	得分标准	10 分	8 分	4 分	0 分		
角变形	角度/mm	0~1	>1 且≤2	>2 且≤3	>3		
	得分标准	10 分	8 分	4 分	0 分		
正面成形	标准	优	良	中	差		
	得分标准	10 分	8 分	4 分	0 分		
背面成形	标准	优	良	中	差		
	得分标准	10 分	8 分	4 分	0 分		
总　　分		100 分				总成绩	

焊缝外观(正、背)成形评判标准

优	良	中	差
成形美观,焊缝均匀、细密,高低宽窄一致	成形较好,焊缝均匀、平整	成形尚可,焊缝平直	焊缝弯曲,高低、宽窄明显

任务三　管对接水平固定 TIG 焊

任务目标

(1)掌握管对接水平固定 TIG 焊的技术要求及操作要领。

(2)掌握管对接水平固定 TIG 焊的焊接参数的调节方法。

(3)制作出管对接水平固定 TIG 焊的合格工件。

任务分析

管子水平固定在合适的高度位置,不能转动。焊接位置由仰焊到立焊再到平焊不断发生位置变化,焊枪角度和焊枪横向的摆动速度、幅度及在坡口两侧的停留时间均应随焊接位置的变化而变化。这就要求随着管子曲率的变化不断调整焊枪的角度和指向圆周的位置,并控制熔孔的尺寸,实现单面焊双面成形。同时,焊接速度要控制好,避免出现焊瘤、咬边等缺陷。按照图 3-12 的技术要求,学习管对接水平固定 TIG 焊的基本操作技能,完成工件实作任务。

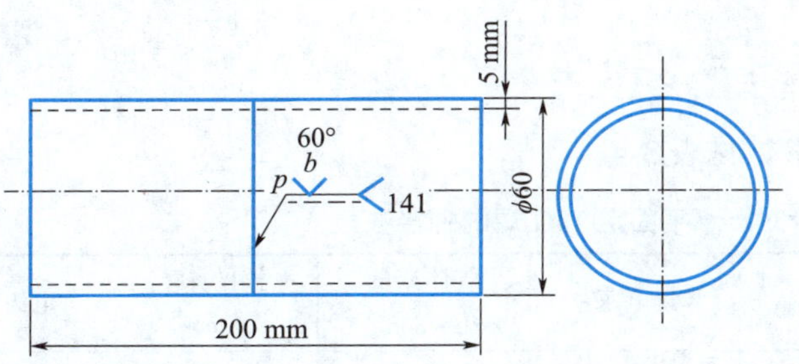

技术要求

焊接方法:141(手工钨极氩弧焊)

试件材质:20 g 钢管;

焊接位置:PH(管水平固定);

根部间隙 b:2.5~3.0 mm;

V 形坡口角度 α:60°;

钝边 p:0.5~1 mm

图 3-12　管对接水平固定 TIG 焊图样

知识准备

TIG 焊接时的安全防护措施

1. 氩弧焊影响人体的有害因素

(1)放射性。钍钨极中的钍是放射性元素,但钨极氩弧焊时钍钨极的放射剂量很小,在允许范围之内,危害不大。如果放射性气体或微粒进入人体作为内放射源,则会严重影响身体健康。

(2)高频电磁场。采用高频引弧时,产生的高频电磁场强度在 60~100 V/m 之间,超过参考卫生标准(20 V/m)数倍,但由于时间很短,对人体影响不大。如果频繁起弧,或者把高频振荡器作为稳弧装置在焊接过程中持续使用,则高频电磁场可成为有害因素之一。

(3)产生臭氧和氮氧化物等有害气体。氩弧焊时,弧柱温度高,紫外线辐射强度远大于一般焊条电弧焊,因此在焊接过程中会产生大量的臭氧和氮氧化物,尤其臭氧的浓度远远超出参考卫生标准。如不采取有效通风措施,这些气体对人体健康影响很大,是氩弧焊最主要的有害因素。

2. 安全防护措施

(1)通风措施。氩弧焊工作现场要有良好的通风装置,以排出有害气体及烟尘。除厂房通风外,可在焊接工作量大、焊机集中的地方安装几台轴流风机向外排风,或采用局部通风的措施将电弧周围的有害气体抽走。

(2)防护射线措施。尽可能采用放射剂量极低的铈钨极。钍钨极和铈钨极加工时,应采用密封式或抽风式砂轮磨削,操作者应配戴口罩、手套等个人防护用品,加工后要洗净手脸。钍钨极和铈钨极应放在铝盒内保存。

(3)防护高频的措施。为了防备和削弱高频电磁场的影响,采取的措施有:工件良好接地,焊枪电缆和地线要用金属编织线屏蔽;适当降低频率;使用高频振荡器作为稳弧装置、应减小高频电流作用时间。

(4)其他个人防护措施。氩弧焊时,由于臭氧和紫外线作用强烈,穿戴非棉布工作服(如耐酸呢、柞绸等)。在容器内焊接又不能采用局部通风的情况下,可以采用送风式头盔、送风口罩或防毒口罩等个人防护措施。

任务实施

一、焊前准备

同本项目任务一。

二、焊接参数

管对接水平固定 TIG 焊的焊接参数见表 3-4。

表 3-4 管对接水平固定 TIG 焊的焊接参数

焊接层次	焊丝直径/mm	焊接电流/A	焊接电压/V	气体流量/(L·min^{-1})	钨极直径/mm	电源极性
打底层	2.4	90~100	12~14	8~10	2.4	直流正接
盖面层		85~95				

三、装配与焊接

1. 装配与定位焊

为保证焊接质量，装配定位很重要。为了既保证焊透又不能烧穿，必须留有合适的对接间隙和合理的钝边。20 g 钢管 ϕ60×5×100，坡口 30°，装配前首先检查钢管圆度，并修整。钨极氩弧焊对铁锈油污非常敏感，氩气没有脱氧和去氢的能力，当坡口周围存在污物时，极易产生气孔等缺陷，为保证焊接质量，必须在坡口两侧正反面 30mm 内除锈、除油打磨干净，露出金属光泽，避免产生气孔、裂纹等缺陷。并修磨钝边。

根据试件板厚和焊丝直径大小，确定钝边 p=0~0.5 mm，间隙 b=2.5~3 mm（始端 6 点位置为 2.5 mm，终端 12 点位置为 3 mm），错边量≤0.5 mm。由于管径较小，固定一点即可。点固焊时，用对口钳或小槽钢对口，在试件两端坡口内侧点固，焊点长度 10 mm 左右，高度 2~3 mm，定位焊位置如图 3-13 所示。

2. 打底焊

打底焊接时，以时钟钟面的 6 点钟到 12 点钟位置，将焊件分为左、右两个半圆，即左半圆为 6 点钟→7 点钟→8 点钟→9 点钟→10 点钟→11 点钟→12 点钟；右半圆为 6 点钟→5 点钟 4 点钟→3 点钟→2 点钟→1 点钟→12 点钟。左、右两个半圆，先从哪个半圆开始焊接都可以。先焊接的半圆为前半圆，后焊接的为后半圆，左半圆的引弧点为 6~7 点钟位置；右半圆的引弧点为 5~6 点钟位置。两个半圆在 6 点钟和 12 点钟相交处，必须搭接 15~25 mm，打底焊时不同位置焊枪和焊丝角度如图 3-14 所示。

先焊接右半圆，戴好头盔面罩，左手握焊丝，右手握焊枪，分开两腿弯腰低头，喷嘴接触试件 6 点半位置坡口处，按动引弧按钮引燃电弧，不松手，利用电弧光亮找到点焊位置，松开引弧按钮，电流开始上升，调整喷嘴高度，此时，焊枪工作角为 90°，前进角 80°~90°，电弧长度 2~3 mm，加热坡口一侧，待坡口棱边熔化并形成熔池，填加一滴焊丝，移动电弧到坡口另一侧，待棱边熔化并形成熔池，再填加一滴焊丝，两侧搭桥后锯齿形向上摆动电弧，将坡口棱边熔化 0.5~1 mm，焊丝与电弧交替一滴一滴填加到熔池，电弧在坡口两侧适当停顿，使熔滴与坡口良好熔合。

注意填加焊丝一定要准确填入根部熔池，否则，背面凹陷，甚至产生未熔合，焊丝进退要利落，退出不离氩气保范围，利用电弧外围热量预热焊丝，避免焊丝与钨极接触，出现夹钨缺陷。随着焊缝位置的变化逐渐直腰，并相应调整焊枪角、焊丝角度，超过 12 点钟位置时，焊枪角度应与焊接方向成 75°~85°，即改变电弧指向，以控制铁水下流。到达 12 点半位置开始收弧，右手按动引弧按钮,电流开始衰减,等熔池完全冷却后再移开焊枪。如果焊机无电弧衰减功能,操作则应回拉电弧,并逐渐提高喷嘴高度,缩小熔池。

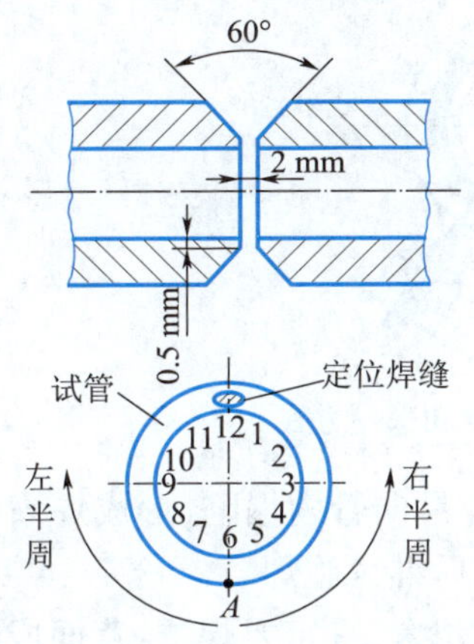

图 3-13　试件定位焊位置及焊接方向示意图（管对接水平固定焊）

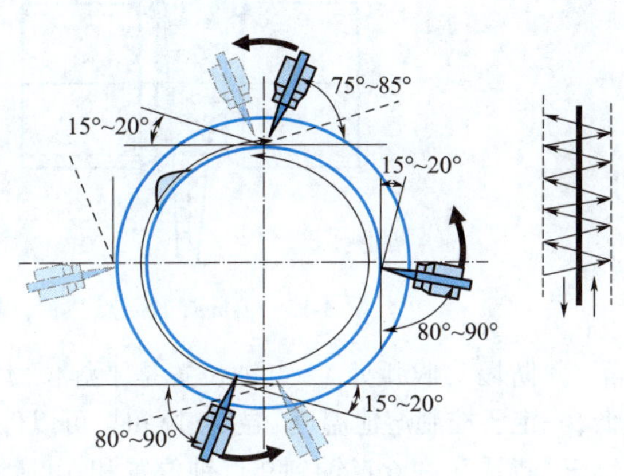

图 3-14　打底焊时不同位置焊枪和焊丝的角度

焊接左半圈时,管子位置不动,应用钢丝刷清理仰位起头处,右手持焊丝,左手握焊枪,在6点钟位置处引燃电弧,焊丝进入氩气保护范围。缓慢移动电弧到坡口根部,熔化坡口棱边0.5~1 mm,并在根部形成熔池,将焊丝送进根部熔池,电弧小锯齿摆动向7点钟移动,与右半圈相同。当焊接到距离固定点1~2 mm时(一个熔孔长度)附近,电弧大步向前移动一个来回,对固定点预热,然后再回到正常焊接的部位,此时不需填加焊丝,待形成新的熔池后再填送焊丝,与固定点熔合,后填加少量焊丝,到达固定点高端时电弧可加快步伐,不加焊丝,至固定点低端熔化根部后,再填加焊丝,正常焊接。封口时的方法与之相同,超过接头5~10 mm开始收弧。同时注意逐渐调整焊枪焊丝角度,直起身体。特别注意,整个焊接过程保证钨极端部形状,随时修磨钨极。

3. 盖面焊接

用钢丝刷清理打底层氧化皮,与打底层焊接方法基本相同。焊接起头与底层接头稍微错开5~10 mm,电弧横向摆动幅度稍大,熔掉棱边0.5~1 mm为好,前移步伐不宜太大,填丝方法为两点式,填丝频率稍快,使焊缝饱满,避免咬边,电弧在坡口两侧应适当停顿,保证良好熔合。焊后处理对焊缝表面的熔渣做适当清理,盖面焊时起点位置,焊枪摆动幅度和送丝方式如图3-15所示。

4. 清理现场

练习结束后,必须整理工具设备,关闭电源,清理打扫场地,做到“工完场清”;并由值日生或指导教师检查,作好记录。

操作要点

管对接水平固定TIG焊打底焊操作是技术关键。

第一“防坠”,起焊处6点钟位置是仰焊位,熔池金属容易下坠形成焊瘤,背面凹陷,甚至产生未熔合,焊接时小电流,短电弧,快速焊加快熔池冷却和凝固,确保背面成形。

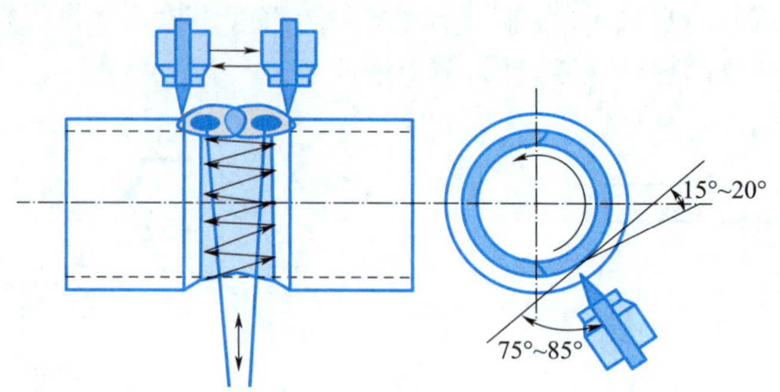

图 3-15　盖面焊时起点位置，焊枪摆动幅度和送丝方式

第二“防塌”，收弧处 12 点钟位置是平焊位，熔池金属容易向管内塌陷，形成焊瘤，导致余高降低，一定要控制熔池温度，温度过高时，可以停一段时间后继续施焊。

第三“焊透”，在 6 点钟到 9 点钟位置和 6 点钟到 3 点钟位置，一定要焊透，背面成形均匀，要及时调整焊枪和送丝角度，避免内部凹陷

任务评价

教师根据学生任务完成情况，指导学生完成管对接水平固定 TIG 焊操作任务评价表，见表 3-5。

表 3-5　管对接水平固定 TIG 焊操作任务评价表

<table>
<tr><th colspan="2" rowspan="2">检查项目</th><th colspan="4">评 分 标 准</th><th rowspan="2">测评数据</th><th rowspan="2">实得分数</th></tr>
<tr><th>Ⅰ</th><th>Ⅱ</th><th>Ⅲ</th><th>Ⅳ</th></tr>
<tr><td rowspan="2">焊缝余高</td><td>尺寸标准/mm</td><td>0~2</td><td>>2 且≤3</td><td>>3 且≤4</td><td><0 或>4</td><td rowspan="2"></td><td rowspan="2"></td></tr>
<tr><td>得分标准</td><td>10 分</td><td>8 分</td><td>4 分</td><td>0 分</td></tr>
<tr><td rowspan="2">焊缝余高差</td><td>尺寸标准/mm</td><td>≤1</td><td>>1 且≤2</td><td>>2 且≤3</td><td>>3</td><td rowspan="2"></td><td rowspan="2"></td></tr>
<tr><td>得分标准</td><td>10 分</td><td>8 分</td><td>4 分</td><td>0 分</td></tr>
<tr><td rowspan="2">焊缝宽度</td><td>尺寸标准/mm</td><td>16~18</td><td>>18 且≤20</td><td>>20 且≤22</td><td><16 或>22</td><td rowspan="2"></td><td rowspan="2"></td></tr>
<tr><td>得分标准</td><td>10 分</td><td>8 分</td><td>4 分</td><td>0 分</td></tr>
<tr><td rowspan="2">焊缝宽度差</td><td>尺寸标准/mm</td><td>≤1.5</td><td>>1.5 且≤2</td><td>>2 且≤3</td><td>>3</td><td rowspan="2"></td><td rowspan="2"></td></tr>
<tr><td>得分标准</td><td>10 分</td><td>8 分</td><td>4 分</td><td>0 分</td></tr>
<tr><td rowspan="2">咬边</td><td>尺寸标准/mm</td><td>无咬边</td><td colspan="2">深度≤0.5</td><td>深度>0.5</td><td rowspan="2"></td><td rowspan="2"></td></tr>
<tr><td>得分标准</td><td>10 分</td><td colspan="2">每 2 mm 扣 1 分</td><td>0 分</td></tr>
<tr><td rowspan="2">背面凹</td><td>尺寸标准/mm</td><td>0</td><td>>0 且≤1</td><td>>1 且≤2</td><td>>2 或<0</td><td rowspan="2"></td><td rowspan="2"></td></tr>
<tr><td>得分标准</td><td>10 分</td><td>8 分</td><td>4 分</td><td>0 分</td></tr>
<tr><td rowspan="2">背面凸</td><td>尺寸标准/mm</td><td>0~1</td><td>>1 且≤2</td><td>>2 且≤3</td><td>>3,<0</td><td rowspan="2"></td><td rowspan="2"></td></tr>
<tr><td>得分标准</td><td>10 分</td><td>8 分</td><td>4 分</td><td>0 分</td></tr>
<tr><td rowspan="2">角变形</td><td>角度/mm</td><td>0~1</td><td>>1 且≤2</td><td>>2 且≤3</td><td>>3</td><td rowspan="2"></td><td rowspan="2"></td></tr>
<tr><td>得分标准</td><td>10 分</td><td>8 分</td><td>4 分</td><td>0 分</td></tr>
</table>

续上表

<table>
<tr><td colspan="2" rowspan="2">检查项目</td><td colspan="4">评 分 标 准</td><td rowspan="2">测评数据</td><td rowspan="2">实得分数</td></tr>
<tr><td>Ⅰ</td><td>Ⅱ</td><td>Ⅲ</td><td>Ⅳ</td></tr>
<tr><td rowspan="2">正面成形</td><td>标准</td><td>优</td><td>良</td><td>中</td><td>差</td><td rowspan="2"></td><td rowspan="2"></td></tr>
<tr><td>得分标准</td><td>10 分</td><td>8 分</td><td>4 分</td><td>0 分</td></tr>
<tr><td rowspan="2">背面成形</td><td>标准</td><td>优</td><td>良</td><td>中</td><td>差</td><td rowspan="2"></td><td rowspan="2"></td></tr>
<tr><td>得分标准</td><td>10 分</td><td>8 分</td><td>4 分</td><td>0 分</td></tr>
<tr><td colspan="2">总　分</td><td colspan="4">100 分</td><td>总成绩</td><td></td></tr>
</table>

<table>
<tr><td colspan="4">焊缝外观(正、背)成形评判标准</td></tr>
<tr><td>优</td><td>良</td><td>中</td><td>差</td></tr>
<tr><td>成形美观,焊缝均匀、细密,高低宽窄一致</td><td>成形较好,焊缝均匀、平整</td><td>成形尚可,焊缝平直</td><td>焊缝弯曲,高低、宽窄明显</td></tr>
</table>

项目四
埋　弧　焊

任务一　板对接埋弧焊

任务目标

(1)了解埋弧焊的基本知识。
(2)掌握板对接埋弧焊技术要求。
(3)掌握板对接埋弧焊的基本操作方法。

任务分析

板对接焊缝的焊接工艺方法有两种基本类型,即单面焊和双面焊。它们又可分为有坡口和无坡口(I形坡口)。同时,根据钢板厚薄不同,又可分成单层焊和多层焊;根据防止熔池金属泄漏的不同情况,又有衬垫法或无衬垫法。按照图4-1的技术要求,分别学习板对接埋弧焊单面焊和双面焊的基本操作技能,完成工件实作任务。

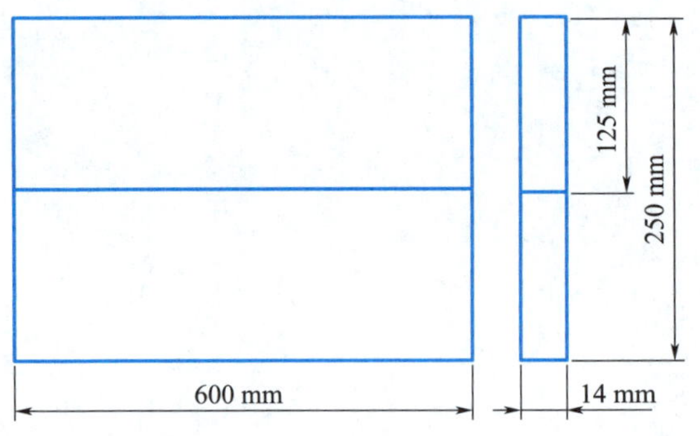

技术要求
焊接方法:12(埋弧焊);
试件材质:Q235;
接头形式:板对接接头;
焊接位置:PA(平焊)。
V形坡口单面焊
根部间隙:2.0~3.0 mm;
坡口角度:70°;
钝边:1~3 mm。
I形坡口双面焊
根部间隙:3.0~4.0 mm

图4-1　板对接埋弧焊图样

知识准备

一、埋弧焊概述

1. 埋弧焊的工作原理

埋弧焊是以电弧作为热源加热、熔化焊丝和母材的焊接方法。焊丝与焊件之间燃烧的电弧使埋在颗粒状焊剂下面的电弧热将焊丝端部及电弧直接作用的母材和焊剂熔化并使部分蒸发,金属和焊剂所蒸发的气体在电弧周围形成一个封闭空腔,电弧在这个空腔中燃烧,埋弧焊焊接过程如图 4-2 所示。埋弧焊的英文缩写 SAW,单丝埋弧焊的数字代号 121。

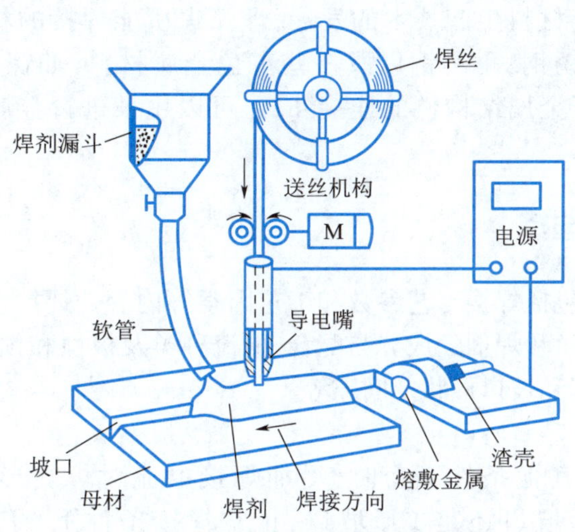

图 4-2　埋弧焊焊接过程

2. 埋弧焊特点

1)埋弧焊的主要优点

(1)焊接生产率高。埋弧焊所用焊接电流大,相应电流密度也大。同时,焊剂和熔渣具有隔热作用,电弧的熔透能力和焊丝的熔敷速度都大大提高。因此使埋弧焊的焊接速度大大提高(最高可达 60~150 m/h,而焊条电弧焊则不超过 6~8 m/h),故埋弧焊与焊条电弧焊相比有更高的生产率。

(2)焊缝质量好。这首先是因为埋弧焊时电弧及熔池均处在焊剂与熔渣的保护之中,保护效果比焊条电弧焊好。其次,焊剂的存在也使熔池金属凝固速度减缓,液态金属与熔化的焊剂之间有较多的时间进行冶金反应,减少了焊缝中产生气孔、裂纹等缺陷的可能性。自动焊时,焊接工艺参数通过自动调节保持稳定,对焊工操作技术要求不高,焊缝成形好,成分稳定,力学性能好,焊缝质量高。

(3)劳动条件好。埋弧焊弧光不外露,没有弧光辐射,机械化的焊接方法减轻了手工操作强度。

2)埋弧焊的主要缺点

(1)埋弧焊采用颗粒状焊剂进行保护,一般只适用于平焊和角焊位置的焊接,其他位置的焊接,则需采用特殊装置来保证焊剂覆盖焊缝区。

(2)焊接时不能直接观察电弧与坡口的相对位置,需要采用焊缝自动跟踪装置来保证焊炬对准焊缝不焊偏。

(3)由于埋弧焊电弧的电场强度较高,电流小于 100 A 时电弧稳定性不好,故不适合焊接太薄的工件。另外,埋弧焊由于受焊车的限制,机动灵活性较差,一般只适合焊接长直焊缝或大圆弧焊缝;对于弯曲、不规则的焊缝或短焊缝的焊接则比较困难。

3. 埋弧焊应用范围

埋弧焊是焊接生产中应用较普遍的工艺方法。由于焊接熔深大、生产效率高、机械化程度高,因而适用于中厚板长焊缝的焊接。在造船、锅炉与压力容器、化工、桥梁、起重机械、铁路 车辆、工程机械、冶金机械以及海洋结构、核电设备等制造中有广泛的应用随着焊接冶金技术和焊接材料生产技术的发展,埋弧焊所能焊接的材料已从碳素结构钢发展到低合金结构钢、不锈钢、耐热钢以及一些有色金属材料,如镍基合金、铜合金的焊接等。埋弧焊除了应用于金属结构件的连接外,还可以用来进行金属表面耐磨或耐腐蚀合金层的堆焊。

二、焊接参数及选择

埋弧焊的焊接参数包括焊接工艺参数和工艺因素等内容。焊接参数主要包括焊接电流、电弧电压、焊接速度、焊丝和焊剂的成分与配合、电流种类及极性和预热温度等。工艺因素主要有焊丝倾角、工件斜度和坡口形状及间隙等。

1. 焊接工艺参数

(1)焊接电流。当其他条件不变时,增加焊接电流对焊缝形状和尺寸的影响如图 4-3 所示。无论是 Y 形坡口还是 I 形坡口,正常焊接条件下,熔深与焊接电流变化成正比。

随着焊接电流的增加,熔池熔化金属量不断增加,熔深增加较慢,余高增加,焊缝成形变差,所以埋弧焊时增加焊接电流的同时要增加电弧电压,以保证焊缝成形。

(2)电弧电压。电弧电压和电弧长度成正比,在相同的电弧电压和焊接电流时,如果选用的焊剂不同,电弧空间电场强度不同,则电弧长度不同。如果其他条件不变,改变电弧电压对焊缝形状的影响如图 4-4 所示。电弧电压低,熔深大,焊缝宽度窄,易产热裂纹;电弧电压高时,焊缝宽度增加,焊道下凹,脱渣困难,气孔和咬边倾向增加。埋弧焊时电弧电压是依据焊接电流调整的,即一定焊接电流要保持一定的弧长才可能保证焊接电弧的稳定燃烧,所以电弧电压的变化范围是有限的。

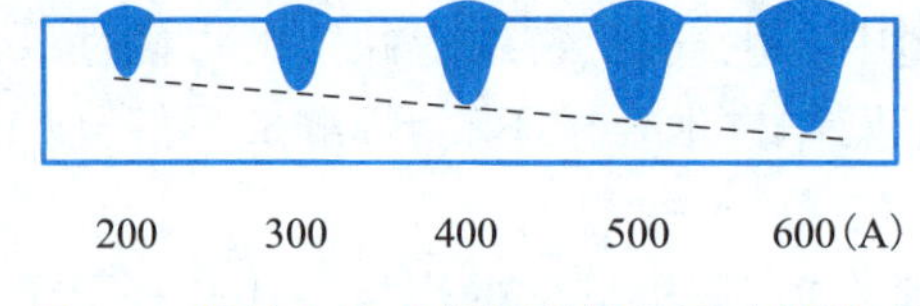

图 4-3 焊接电流对焊缝形状和尺寸的影响

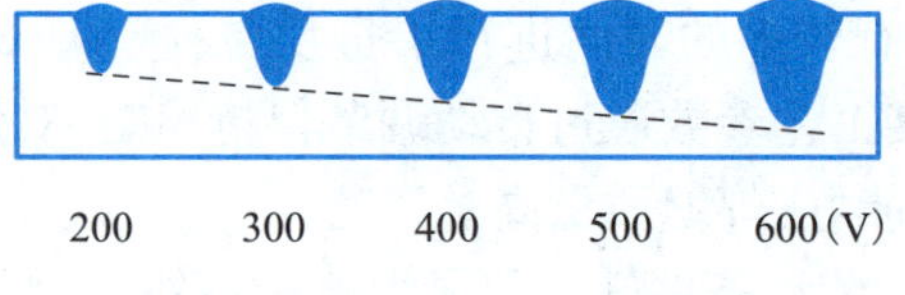

图 4-4 电弧电压对焊缝成形的影响

(3)焊接速度。焊接速度对熔宽和熔深有明显的影响。焊接速度过高,会造成咬边、未焊透、焊缝粗糙不平等缺陷。适当降低焊接速度,熔池体积增大,存在时间变长,有利于气体浮出熔池,减小气孔生成的倾向。但焊接速度过低,会形成易裂的蘑菇形焊缝或产生烧穿、夹渣、焊缝不规则等缺陷。

(4)焊丝直径。焊丝直径主要影响熔深,直径较细,焊丝的电流密度较大,电弧的吹力大,熔深大,易于引弧。焊丝越粗,允许采用的焊接电流就越大,生产率也越高。焊丝直径的选择应取决于焊件厚度和焊接电流值。焊丝直径对于焊缝成形的影响,如图 4-5 所示。焊丝越细,焊缝熔深越大,同时熔宽越小。

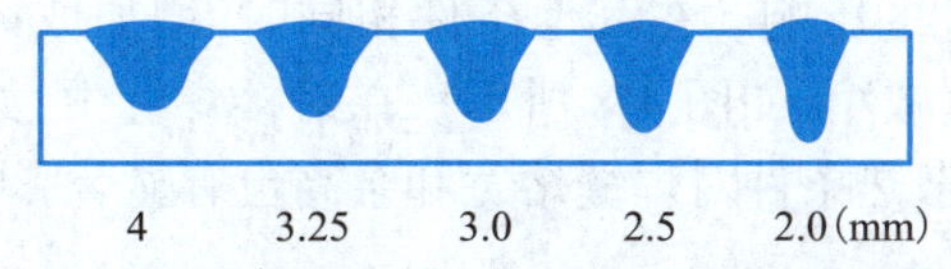

图 4-5 焊丝直径对焊缝成形的影响

(5)焊丝伸出长度。一般由导电嘴下端到焊件表面的距离定为焊丝伸出长度。伸出长度决定导电嘴的高度,也决定焊剂层的厚度,最短伸出长度以不产生明弧为准,但也不能过长,过长会使焊丝受电阻热的预热作用增强,造成焊缝成形不良,同时也影响焊缝的平直性。若伸出长度太短时,易烧坏导电嘴。焊丝应与导电嘴接触良好,否则会影响焊接过程的稳定,严重时会使导电嘴熔化。导电嘴是由紫铜或黄铜加工而成的。导电嘴熔化使铜过渡到焊缝中去。铜与铁在液态下不能相互混合,形成大块的铜夹渣,而且铜还会引起焊接热裂纹,危害性很大。所以,一旦发现导电嘴熔化,应立即停止焊接。

2. 工艺条件

(1)焊丝倾角。焊丝的倾斜方向分为前倾和后倾两种,如图 4-6 所示,倾斜的方向和大小不同,电弧对熔池的作用力和热的作用就不同,对焊缝成形的影响也不同。图 4-6(a) 为焊丝前倾,图 4-6(b)为焊丝后倾,焊丝在一定倾角内后倾时,电弧力向后排出熔池金属的作用减弱,熔池底部液体金属增厚,故熔深减小。而电弧对熔池前方的母材预热作用加强,故熔宽增大。图 4-6(c)是后倾角对熔深、熔宽的影响,实际工作中焊丝前倾只在某些特殊情况下使用。

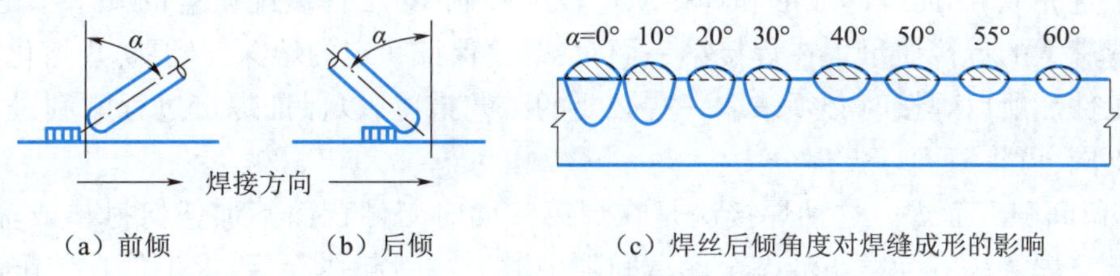

(a) 前倾　(b) 后倾　(c) 焊丝后倾角度对焊缝成形的影响

图 4-6 焊丝倾角对焊缝成形的影响

(2)工件斜度。工件倾斜焊接时有上坡焊和下坡焊两种情况,它们对焊缝成形的影响明显不同,如图 4-7 所示。上坡焊时随着坡度增大,则焊缝余高增大,甚至两侧可能出现咬边,成形明显恶化,下坡焊的效果与上坡焊相反。实际工作中应避免采用上坡焊。

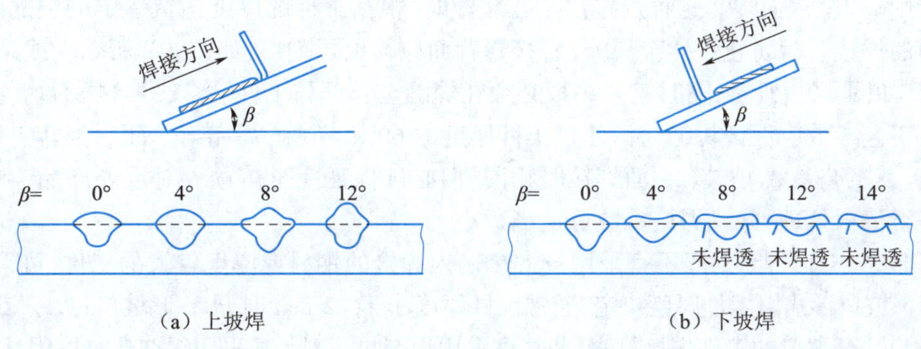

(a) 上坡焊　(b) 下坡焊

图 4-7 工件倾角对焊缝成形的影响

(3)对接坡口形状、间隙的影响。在其他条件相同时,增加坡口深度和宽度,焊缝熔深增加,熔宽略有减小,余高显著减小,如图 4-8 所示。在对接焊缝中,如果改变间隙大小,也可以调整焊缝形状,同时板厚及散热条件对焊缝熔宽和余高也有显著影响。

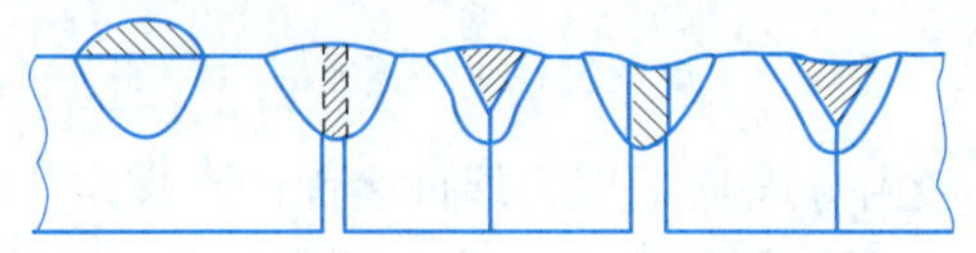

图 4-8 坡口形状对焊缝成形的影响

(4)焊剂堆高的影响。埋弧焊焊剂堆高一般在 25 ~ 40 mm 应保证在丝极周围埋住电弧。当使用黏结焊剂或烧结焊剂时,由于密度小,焊剂堆高比熔炼焊剂高出 20% ~ 50%。焊剂堆高越大,焊缝余高越大,熔深越浅。

三、板对接接头的埋弧焊技术

对接接头埋弧焊时,可根据工件厚度和结构分别采用单面焊或双面焊方法。

1. 对接接头双面埋弧焊

工件厚度超过 12 ~ 14 mm 的对接接头,通常采用双面焊。接头形式根据板厚、钢种、接头性能要求的不同,可采用 I 形、Y 形、X 形坡口形式。

这种方法须由工件的两面分别施焊,焊完一面后翻转工件再焊另一面。由于焊接过程全部在平焊位置完成,因而焊缝成形和焊接质量较易控制,对工件装配质量的要求不是太高,一般都能获得满意的焊接质量。在焊接第一面时,既要保证一定的熔深,又要防止熔化金属的流溢或烧穿工件。所以焊接时必须采取一些必要的工艺措施,以保证焊接过程顺利进行。按采取的措施不同,可将双面埋弧焊分为:

(1)不留间隙双面焊。这种焊接法是在焊第一面时工件背面不加任何衬垫或辅助装置,因此也叫悬空焊接法。为防止液态金属从间隙中流失或引起烧穿,要求工件在装配时不留间隙或只留很小的间隙(一般不超过 1 mm)。第一面焊接时所用的焊接参数不能太大,只需使焊缝的熔深达到或略小于工件厚度的一半即可。而焊接反面时由于已有了第一面的焊缝作依托,且为了保证工件焊透,便可用较大的焊接参数焊接,要求焊缝的熔深应达到工件厚度的 60% ~ 70%。这种焊接法一般不用于厚度太大的工件焊接。

(2)预留间隙双面焊。这种焊接法是在装配时,根据工件的厚度预留一定的装配间隙,进行第一面的焊接。为防止熔化金属流溢,接缝背面应衬以焊剂垫,如图 4-9 所示。或采用临时工艺垫板,如图 4-10 所示,临时工艺垫板必须在焊缝全长都与工件贴合,并且压力均匀。第一面的焊接工艺参数应保证焊缝熔深超过工件厚度的 60% ~ 70%,焊完第一面后翻转工件,进行反面焊接,其工艺参数可与第一面焊接时相同,但必须保证完全熔透。对重要产品,在反面焊接前需进行清根处理,此时焊接参数可适当减小。

(3)开坡口双面焊。对于不宜采用较大热输入焊接的钢材或厚度较大的工件,可采用开坡口双面焊。坡口形式由工件厚度决定,通常工件厚度小于 22 mm 时开 Y 形坡口;大于 22 mm 时开 X 形坡口。开坡口的工件焊接打底层时,可采用焊剂垫。当无法采用焊剂垫时可用悬空焊,此时坡口应加工平整,同时保证坡口装配间隙不大于 1 mm,以防止熔化金属流溢。

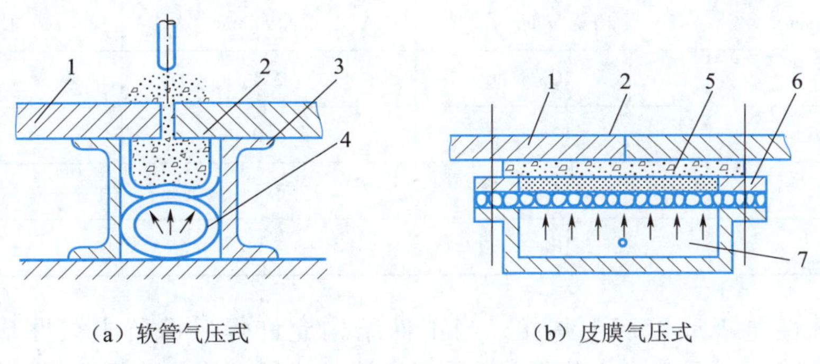

（a）软管气压式

（b）皮膜气压式

1—工件；2—焊剂；3—帆布；4—充气软管；5—橡胶膜；6—压板；7—气室。

图 4-9 板对接埋弧焊时焊剂垫示意图

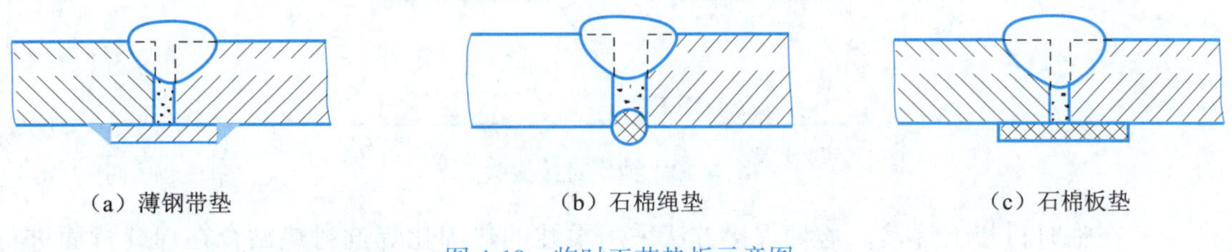

（a）薄钢带垫

（b）石棉绳垫

（c）石棉板垫

图 4-10 临时工艺垫板示意图

2. 对接接头单面埋弧焊

对接接头单面埋弧焊可采用以下几种方法：在焊剂垫上焊接，在焊剂铜垫板上焊接，在永久性垫板或锁底接头上焊接，以及在临时衬垫上焊接和悬空焊接等。

(1)在焊剂垫上焊接。用这种方法焊接时，焊缝成形的质量主要取决于焊剂垫托力的大小和均匀与否，以及装配间隙的均匀与否。用这种方法焊接时，使用的焊剂垫结构与前述图 4-9 相同，所用的焊剂垫应尽可能选用细颗粒焊剂。

(2)在焊剂铜垫板上焊接。这种方法采用带沟槽的铜垫板，沟槽中铺撒焊剂，铜垫板截面形状如图 4-11 所示，截面尺寸见表 4-1，焊接时，这部分焊剂起焊剂垫的作用，同时又保护铜垫板免受电弧直接作用。沟槽可使焊缝缝背面成形作用。这种工艺对工件装配质量、垫板上焊剂托力均匀与否不敏感。

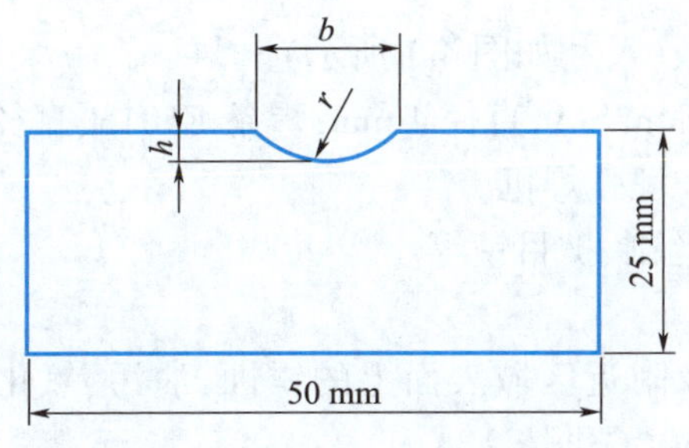

图 4-11 铜衬垫的截面形状

表 4-1　铜衬垫截面尺寸

焊件厚度/mm	槽宽 b/mm	槽深 h/mm	槽曲率半径 r/mm
4~6	10	2.5	7.0
6~8	12	3.0	7.5
8~10	14	3.5	9.5
12~14	18	4.0	12

(3)在永久性垫板或锁底上焊接。当工件结构允许焊后保留永久性垫板时,厚度在 10 mm 以下的工件可采用永久性垫板单面焊的方法。垫板必须紧贴待焊工件表面,垫板与工件表面的间隙不得超过 1 mm。厚度大于 10 mm 的工件,可采用锁底接头焊接的方法,如图 4-12 所示。

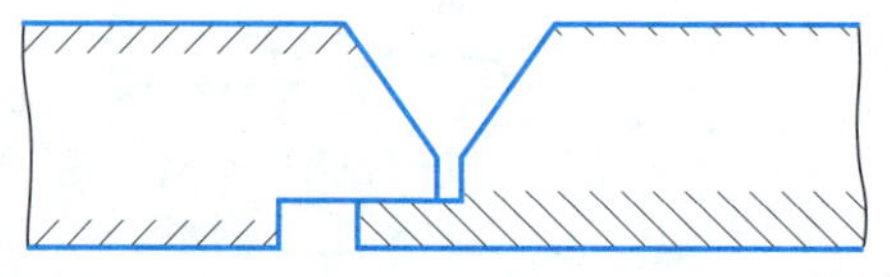

图 4-12　锁底对接接头

(4)在临时衬垫上焊接。这种焊接方法采用柔性的热固化焊剂衬垫贴合在焊缝背面进行焊接。衬垫材料需要专门制造或由焊接材料制造部门供应,另外还有采用陶瓷材料制造的衬垫进行单面焊的方法。

(5)悬空焊。当工件装配质量良好并且没有间隙的情况下,可以采用不加垫板的悬空焊。用这种方法进行单面焊时,工件不能完全熔透。一般的熔深不超过 2/3 板厚,否则容易烧穿,这种方法只用于不要求完全焊透的接头。

任务实施

练习 1　板对接接头双面埋弧焊

一、焊前准备

1. 焊接设备及材料

(1)工件材料:Q235 钢板(尺寸如图 4-1 所示)。

(2)焊接材料:焊丝 H08Mn2SiA、直径 4 mm;焊条 E5015、直径 4.0 mm;焊剂 HJ431。

(3)焊接设备:MZ2-1000 埋弧焊机。

(4)辅助工具:钳子、钢丝刷、护目镜等。

2. 焊前处理

工件装配前,需将坡口及附近区域表面上的锈蚀、油污、氧化物、水分等清理干净。焊剂 HJ431 在使用前须经 300~350 ℃烘焙 2 h。

3. 焊接参数

板对接接头双面埋弧焊的焊接参数见表 4-2。

表 4-2 板对接接头双面埋弧焊的焊接参数

焊道分布	焊接层次	焊丝直径/mm	焊接电流/A	焊接电压/V	焊接速度/($m \cdot h^{-1}$)
（焊道示意图：2 在上，1 在下）	1	4	600~650	34~38	30~36
	2	4	650~700	34~38	30~36

二、装配与焊接

1. 装配与定位焊

埋弧焊要求接头间隙均匀,工件装配间隙为 3~4 mm,错边量不大于 1.4 mm,反变形量为 3°。直缝接头两端需加引弧板和引出板,以减少引弧和引出时产生缺陷。定位焊使用 E5015 焊条,其位置一般应在第一道焊缝的背面,长度一般不大于 30 mm,定位焊缝应平整,且不允许有裂纹、夹渣等缺陷。

2. 背面焊缝焊接

(1)安放焊剂垫。将装配好的焊件水平放置在焊剂垫上,应保证焊件正面贴紧焊剂,防止焊件因变形而与焊剂脱离后产生焊接缺陷,并确保焊件坡口与焊接台车导轨平行。焊剂垫所使用的焊剂为 HJ431。

(2)焊丝对中。使焊丝伸出端处于焊件坡口的中心线上。松开焊接小车离合器,往返拉动焊接小车,使焊丝始终处于整条焊缝坡口的中心线上,若有偏离,应调整焊机机头或焊件的位置。

(3)引弧。将小车推至引弧板端,锁紧小车行走离合器,接通焊接设备电源,按动控制盘上的"送丝"按钮,使焊丝与引弧板可靠接触。给送焊剂,让焊剂覆盖住焊丝伸出部分的起焊部位。在空载状态下调节焊接参数,并达到要求值。按下起动开关,引燃电弧。

(4)焊接。引弧后,便开始焊接。要求背面焊缝的熔深应达板厚 40%~50%,否则应加大焊缝间隙或增大焊接电流,适当减小焊接速度,直至满足条件。

焊接过程中应注意观察焊接电流表与电压表的读数是否与选定参数相符,如不符,应及时调整到规定值。同时要注意焊剂的覆盖情况,要求焊剂在焊接过程中必须覆盖均匀,不应过厚,也不应过薄而露出弧光。小车走速应均匀,注意防止电缆缠绕而阻碍小车的行走。

(5)收弧。焊接过程进行到熔池全部到达引出板后,分两步收弧。第一步,先关闭焊剂漏斗,再按下一半"停止"按钮,使焊丝停止送进,小车停止前进,但电弧仍在燃烧,以使焊丝继续熔化来填满弧坑;第二步,估计弧坑将要填满时,全部按下"停止"按钮,电弧完全熄灭,结束焊接。

(6)清渣。松开小车离合器,将小车推离焊件,回收焊剂,清除渣壳,并检查焊缝外观质量,要求背面焊缝的熔深应达板厚 40%~50%,否则应重新调整焊接参数,加大焊缝间隙或增大焊接电流,适当减小焊接速度,直至满足条件。

3. 正面焊缝焊接

背面焊缝完成后,将焊件翻转 180°,进行正面焊缝的焊接。焊接正面焊道时,因为已有背面焊道托住熔池,故不必用焊剂垫,可直接进行悬空焊接,其焊接步骤与背面焊道焊接完全相同。为了防止未焊透或夹渣,要求焊接正面焊道的熔深达到板厚的 60%~70%。为此可通过加大焊接电流或减小焊接速度来实现。

4. 清理现场

练习结束后,必须关闭焊剂漏斗的闸门,将焊接小车沿轨道推至适当位置。整理工具设备,关闭电源,清理打扫场地,做到“工完场清”,并由值日生或指导教师检查,作好记录。

练习 2　板对接接头单面埋弧焊

板对接接头埋弧焊时,板厚度超过 14 mm 的焊件也可以采用开坡口单面多层焊接。

一、焊前准备

1. 焊接设备及材料

同本项目板对接接头双面焊练习。

2. 焊前处理

同本项目板对接接头双面焊练习。

3. 焊接参数

板对接接头单面埋弧焊的焊接参数见表 4-3。

表 4-3　板对接接头单面埋弧焊的焊接参数

焊道分布	焊接层次	焊丝直径/mm	焊接电流/A	焊接电压/V	焊接速度/($m \cdot h^{-1}$)
	1	4	550~650	34~38	25~30
	2	4	650~700	34~38	25~30

二、装配与焊接

1. 装配与定位焊

工件开 Y 形坡口,坡口角度 70°,单面焊接,装配间隙为 2~3 mm,错边量不大于 1.4 mm,钝边为 3 mm,反变形量为 5°。直缝接头两端尚需加引弧板和引出板,引弧板和引出板长度为 80~100 mm,坡口角度与主焊缝角度一致。定位焊使用的 E5015 焊条,其位置一般应在第一道焊缝的背面,长度一般不大于 30 mm,定位焊缝应平整,且不允许有裂纹、夹渣等缺陷。引弧板、引出板及定位焊位置如图 4-13 所示。

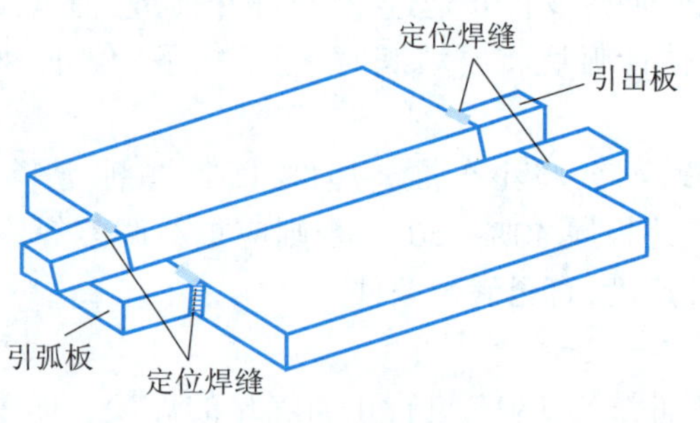

图 4-13　引弧板、引出板和定位焊位置

2. 焊缝焊接

打底焊在焊剂垫上焊接，打底层和盖面层焊接均采用单层单道焊接。每焊完一层，重复下面操作步骤一次。

(1)焊丝对中。调节焊接小车的轨道中心线，使其与焊件中心线平行，保证焊丝始终处于整条焊缝的中心线上。

(2)引弧。将焊接小车推至引弧板端，锁住焊接小车离合器；按动送丝开关，使焊丝与焊件可靠接触；打开焊剂漏斗阀门给送焊剂，待焊剂将焊丝伸出部分完全覆盖后，按启动按钮引弧。

(3)焊接。焊接参数见表 4-3。在焊接过程中不宜太厚，否则会影响熔池中气体的排除；也不宜过薄而露出弧光，必须覆盖均匀。

(4)收弧。当熔池全部达到引出板后，开始收弧。先关焊剂漏斗，然后按下一半停止按钮，焊丝停送，焊接小车停止前进，电弧仍然继续燃烧，以使焊丝继续熔化填满弧坑，并以按下“停止”按钮一半的时间长短来控制弧坑填满程度。紧接着按下“停止”按钮的后一半，这次一直按到底，直到电弧熄灭，焊接结束。

3. 清理现场

练习结束后，必须关闭焊剂漏斗的闸门，将焊接小车沿轨道推至适当位置。整理工具设备，关闭电源，清理打扫场地，做到“工完场清”，并由值日生或指导教师检查，做好记录。

操作要点

(1)板对接接头双面焊操作要点：要求背面焊道的熔深要达到试板厚度的 40%~50%，正面焊道的熔深达到板厚的 60%~70%，可以通过增加电流或减小焊接速度来实现。

(2)板对接接头单面焊操作要点：打底层焊接时要在焊剂垫上完成，焊缝质量要求较高时，要求对焊件背面清根封底焊接。

任务评价

教师根据学生任务完成情况，指导学生完成板对接埋弧焊任务评价表，见表 4-4。

表 4-4 板对接埋弧焊任务评价表

检查项目		评分标准				测评数据	实得分数
		Ⅰ	Ⅱ	Ⅲ	Ⅳ		
焊缝余高	尺寸标准/mm	0~4	>4 且≤5	>5 且<6	>6 或<0		
	得分标准	20 分	8 分	4 分	0 分		
咬边	尺寸标准/mm	无咬边	深度≤0.5		深度>0.5		
	得分标准	10 分	每 2 mm 扣 1 分		0 分		
角变形	角度/mm	0~1	>1 且≤2	>2 且≤3	>3		
	得分标准	10 分	8 分	4 分	0 分		
正面成形	标准	优	良	中	差		
	得分标准	20 分	16 分	8 分	0 分		

续上表

检查项目		评分标准				测评数据	实得分数
		Ⅰ	Ⅱ	Ⅲ	Ⅳ		
背面成形	标准	优	良	中	差		
	得分标准	20分	16分	8分	0分		
文明生产	标准	遵守	违者不得分				
	得分标准	20分	0分				
总　　分		100分				总成绩	

焊缝外观(正、背)成形评判标准			
优	良	中	差
成形美观,焊缝均匀、细密,高低宽窄一致	成形较好,焊缝均匀、平整	成形尚可,焊缝平直	焊缝弯曲,高低、宽窄明显

任务二　对接接头环焊缝埋弧焊

任务目标

(1)了解埋弧焊的材料及选用。

(2)掌握环焊缝埋弧焊的技术要求。

(3)掌握环焊缝埋弧焊的基本操作方法。

任务分析

圆柱形筒体筒节的对接焊缝称为环缝。环缝焊接与直缝焊接最大的不同点是:焊接时必须将焊件置于滚轮架上,由滚轮架带动焊件旋转,而焊机固定在操作机上不动,仅有焊丝向下输送的动作。因此焊件旋转的线速度就是焊接速度。如果焊接筒体的内环缝,则需将焊机置于操作机上,然后操作机伸入筒体内部进行焊接。按照图4-14的技术要求,分别学习管对接环焊缝埋弧焊的基本操作技能,完成工件实作任务。

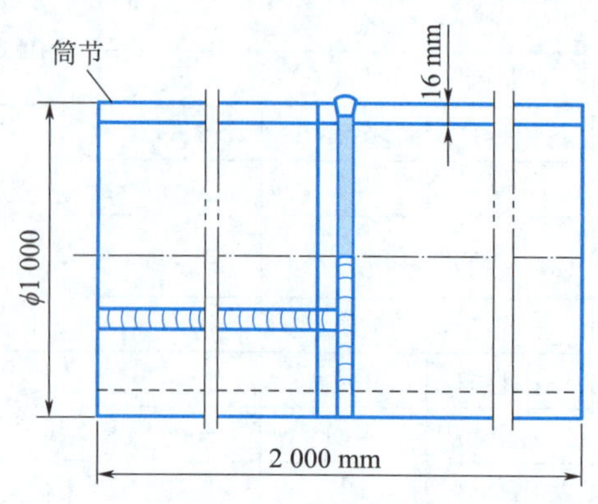

技术要求

焊接方法:12(埋弧焊);

试件材质:Q235;

接头形式:对接接头;

焊接位置:PA(平焊);

坡口形式:I形坡口;

根部间隙:≤1 mm

图4-14　环焊缝埋弧焊图样

知识准备

一、埋弧焊的焊接材料及选用

埋弧焊的焊接材料包括焊丝和焊剂,它们相当于电焊条的焊芯和药皮。埋弧焊时焊丝和焊剂直接参与焊接过程中的冶金反应,因而它们的化学成分和物理特性都会影响焊接工艺过程,并通过焊接过程对焊缝金属的化学成分、组织和性能产生影响。正确选择焊剂和焊丝并合理地配合使用,是埋弧焊技术的一项重要内容。

1. 焊丝

焊丝在埋弧焊中是作为填充金属的,也是焊缝金属的组成部分,所以对焊缝质量有直接影响。埋弧焊使用的焊丝有实心焊丝和药芯焊丝两类,生产中普遍使用的是实心焊丝,药芯焊丝只在某些特殊场合应用。

根据焊丝的成分和用途可将其分为碳素结构钢焊丝、合金结构钢焊丝和不锈钢焊丝三大类,国产埋弧焊用焊丝已列入国家标准 GB/T 14957—1994。随着埋弧焊所焊金属种类的增加,焊丝的品种也在增加,目前生产中已在应用高合金钢焊丝、各种非铁金属焊丝和堆焊用的特殊合金焊丝等新品种焊丝。

埋弧焊焊接低碳钢时,常用的焊丝牌号有 H08、H08A、H15Mn 等,其中以 H08A 的应用最为普遍。当工件厚度较大或对力学性能的要求较高时,则可选用含 Mn 量较高的焊丝。在对合金结构钢或不锈钢等合金元素较高的材料焊接时,则应考虑材料的化学成分和其他方面的要求,选用成分相似或性能上可满足材料要求的焊丝。

为适应焊接不同厚度材料的要求,同一牌号的焊丝可加工成不同的直径。埋弧焊常用的焊丝直径有 ϕ2 mm、ϕ3 mm、ϕ4 mm、ϕ5 mm 和 ϕ6 mm 五种。使用时,要求将焊丝表面的油、锈等清理干净,以免影响焊接质量。有些焊丝表面有一薄层镀铜,可防止焊丝生锈并使导电嘴与焊丝间的导电更为可靠,提高电弧的稳定性。

2. 焊剂的型号和牌号的编制方法

焊剂在埋弧焊中的主要作用是造渣,以隔绝空气对熔池金属的污染,控制焊缝金属的化学成分,保证焊缝金属的力学性能,防止气孔、裂纹和夹渣等缺陷的产生。同时,考虑实施焊接工艺的需要,还要求焊剂具有良好的稳弧性能,形成的熔渣应具有合适的密度、黏度、熔点、颗粒度和透气性,以保证焊缝获得良好的成形质量,最后熔渣凝固形成的渣壳具有良好的脱渣性能。

埋弧焊焊剂在焊接过程中起隔离空气,保护焊缝金属不受空气侵害和参与熔池金属冶金反应的作用。埋弧焊焊剂除按用途分为钢用焊剂和有色金属用焊剂外,通常还可按制造方法、化学成分、化学性质、颗粒结构等分类。

(1)焊剂的型号。焊剂的型号是按照我国的现行 GB/T 5293—1999《埋弧焊用碳钢焊丝和焊剂》中规定,焊剂型号的表示方法如下。举例:FX1X2X3-HX4X5,F 表示为埋弧焊用焊剂;X1 表示焊丝-焊剂组合的熔敷金属抗拉强度最小值;X2 表示试件的热处理状态,其中 X2 为“A”时表示焊态,X2 为“P”时表示焊后热处理状态;X3 表示焊缝金属冲击吸收功不小于 27J 所对应的最低试验温度;HX4X5 表示焊接试板时与焊剂匹配的焊丝牌号,按照 GB/T 14957—

1994《熔化焊用钢丝》的规定选用。

(2)焊剂的牌号。通用的焊剂牌号在形式上与焊剂型号相同,但是牌号中数字的含义与焊剂型号是不相同因此在使用中极易混淆,应当特别引起注意。举例:HJabc,HJ 表示熔炼焊剂;a 表示含锰量;b 表示含硅含氟量;c 表示同类不同牌号。

二、对接接头环焊缝焊接

环缝埋弧焊是制造圆柱形容器最常用的一种焊接形式,它一般先在专用的焊剂垫上焊接内环缝,如图 4-15 所示,然后再在滚轮转胎上焊接外环缝。由于筒体内部通风较差,为改善劳动条件,环缝坡口通常不对称布置,将主要焊接工作量放在外环缝,内环缝主要起封底作用。焊接时,通常采用机头不动,让工件匀速转动的方法进行焊接,工件转动的切线速度即是焊接速度。为了防止熔池中液态金属和熔渣从转动的工件表面流失,无论焊接内环缝还是外环缝,焊丝位置都应逆工件转动方向偏离中心线一定距离,使焊接熔池接近于水平位置,以获得较好成形。焊丝偏置距离随所焊筒体直径而变,一般为 30~80 mm,如图 4-16 所示。

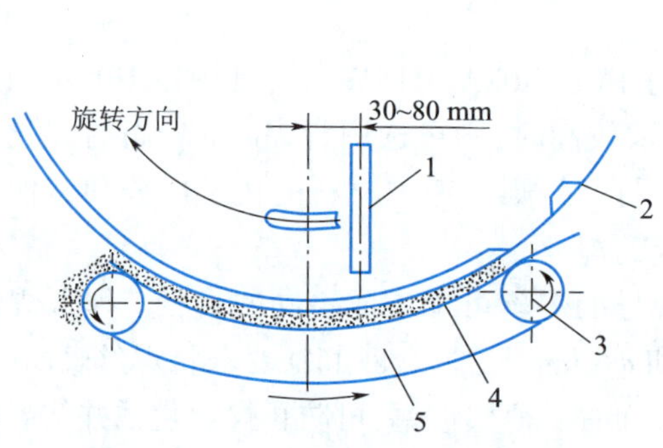

1—焊丝;2—工件;3—辊轮;4—焊剂垫;5—皮带。

图 4-15 内环缝埋弧焊焊接示意图

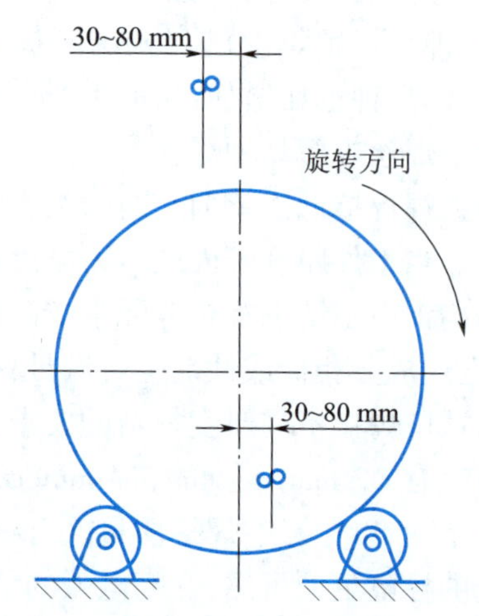

图 4-16 环缝埋弧焊焊丝偏移位置示意图

任务实施

一、焊前准备

1. 焊接设备及材料

(1)工件材料:Q235 钢板。

(2)焊接材料:焊丝 H08Mn2SiA、直径 4 mm;焊条 E5015、直径 4.0 mm;焊剂 HJ431。

(3)焊接设备:MZ2-1000 埋弧焊机。

(4)辅助工具:钳子、钢丝刷、护目镜等。

2. 焊前处理

工件装配前,需将坡口及附近区域表面上的锈蚀、油污、氧化物、水分等清理干净。焊剂 HJ431 在使用前须经 300~350 ℃烘焙 2 h。

把材质为 Q235A，板厚 16 mm 的钢板，经下料、剪切、刨边（I 形坡口）、滚圆、组对成单筒节，纵缝焊接工艺过程同本项目任务一。

3. 焊接参数

对接接头环焊缝埋弧焊的焊接参数见表 4-5。

表 4-5 对接接头环焊缝埋弧焊的焊接参数

环焊缝	焊丝直径/mm	焊接电流/A	焊接电压/V	焊接速度/($m \cdot h^{-1}$)
内	4	700~720	38~40	28~30
外	4	720~750	38~40	26~28

二、装配与焊接

1. 装配与定位焊

装配时，要保证对接处的错边量在 2 mm 以内，对接处不留间隙，局部间隙应小于 1 mm。筒体装配时要避免出现十字焊缝，相邻筒节与筒节的纵缝要错开，错开距离大于筒体壁厚的 3 倍且不小于 100 mm。定位焊采用直径为 4 mm 的 E5015 焊条，定位焊缝长 20~30 mm，间隔 300~400 mm，直接焊在筒体外表。定位焊结束后，应清除定位焊缝表面渣壳，并用钢丝刷清除定位焊缝两侧飞溅物。

首先焊接筒体内侧对接环焊缝，然后焊接筒体外侧对接环焊缝。

2. 内环缝焊接

首先焊接内环缝。焊接时，可采用连续带式焊剂垫，如图 4-15 所示。由于筒体的转动带动带旋转，使熔池外侧始终有焊剂承托。焊剂垫上的焊剂在焊接过程中会部分撒落，这时应添加一些焊剂，以保证焊剂垫上始终有一层焊剂存在。连续带式焊剂垫的结构简单，使用方便，已得到大量推广和应用。

按表 4-5 选好规范，加满焊剂，调正指针，并使焊线和指针的阴影同时对正焊缝中心，焊位处于偏离中心 5~10 mm 的上坡焊位置。焊接时，随时用微调调正焊接位置，使之不被焊偏，并根据筒体椭圆度调整焊丝伸出长度。同时，派人观察反面焊缝颜色，及时微调焊接电流和电弧电压，防止焊漏，待一周焊完后，再行清理焊剂和焊渣。

3. 外环缝焊接

焊接外环缝时，稍加大焊接电流和电弧电压，并减缓转胎速度，焊位处于偏离中心 5~10 mm 的下坡焊。在焊接的反方向接住焊剂。操作方法同内环缝焊接。

4. 清理现场

练习结束后，必须关闭焊剂漏斗的闸门，将焊接小车沿轨道推至适当位置。整理工具设备，关闭电源，清理打扫场地，做到“工完场清”，并由值日生或指导教师检查，作好记录。

操作要点

焊接时焊剂覆盖不充分 由于电弧外露卷入空气而造成气孔，焊接环缝时，特别是小直径的环缝，容易出现这种现象，应采取适当措施，防止焊剂散落。

焊接时，要注意观察背面焊缝表面的颜色变化，严格控制不焊漏。焊接过程中，焊丝要严格控制在焊缝的中心线上,不要焊偏,出现偏差,及时调整。

任务评价

教师根据学生任务完成情况,指导学生完成对接接头环焊缝埋弧焊任务评价表,见表4-6。

表4-6 对接接头环焊缝埋弧焊任务评价表

检查项目		评分标准				测评数据	实得分数
		Ⅰ	Ⅱ	Ⅲ	Ⅳ		
焊缝余高	尺寸标准/mm	0~4	>4 且≤5	>5 且<6	>6 或<0		
	得分标准	20 分	8 分	4 分	0 分		
咬边	尺寸标准/mm	无咬边	深度≤0.5		深度>0.5		
	得分标准	10 分	每 2 mm 扣 1 分		0 分		
角变形	角度/mm	0~1	>1 且≤2	>2 且≤3	>3		
	得分标准	10 分	8 分	4 分	0 分		
正面成形	标准	优	良	中	差		
	得分标准	20 分	16 分	8 分	0 分		
背面成形	标准	优	良	中	差		
	得分标准	20 分	16 分	8 分	0 分		
文明生产	标准	遵守	违者不得分				
	得分标准	20 分	0 分				
总　分		100 分				总成绩	

焊缝外观(正、背)成形评判标准			
优	良	中	差
成形美观,焊缝均匀、细密,高低宽窄一致	成形较好,焊缝均匀、平整	成形尚可,焊缝平直	焊缝弯曲,高低、宽窄明显

项目五 焊接机器人

任务一 初识焊接机器人

任务目标

(1)了解焊接机器人的发展历程、应用状况。

(2)了解 ABB 焊接机器人的结构组成。

(3)掌握 ABB 焊接机器人的启动与关机。

(4)掌握示教器的基本功能。

任务分析

(1)学习焊接机器人的应用现状及发展趋势。

(2)学习 ABB 焊接机器人启动与关机的正确方法,初步掌握示教器的使用功能。

知识准备

机器人的英文名称是 Robot,最早的含义是指像奴隶那样进行劳动的机器。由于受影视宣传和科幻小说的影响,人们往往把机器人想象成外形与人相似的机器和电子装置。但事实并非如此,特别是工业机器人,与人的外形毫无相似之处,因此在工业应用场合,经常被称为“机械手”。

一、焊接机器人技术的发展

自从世界上第一台工业机器人 UNIMATE 于 1959 年在美国诞生以来,机器人的应用技术发展经历了三个阶段:

第一代是示教再现型机器人,如图 5-1(a)所示。这类机器人操作简单,不具备对外界信息反馈的能力,难以适应工作环境的变化,在现代化工业生产中的应用受到很大限制。

第二代是具有感知能力的机器人,如图 5-1(b)所示。这类机器人对外界环境有一定的感知能力,具备如听觉、视觉、触觉等功能,工作时借助传感器获得的信息,灵活调整工作状态,保证在不同环境的情况下完成工作。

第三代是智能型机器人，如图 5-1(c)所示。这类机器人不但具有感知能力，而且具有独立判断、行动、记忆、推理和决策的能力，能适应外部对象、环境协调地工作，能完成更加复杂的动作，还具备故障自我诊断及修复能力。

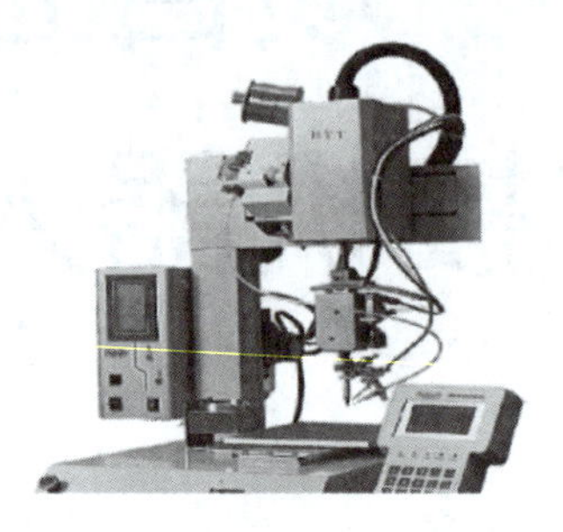

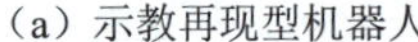

(a) 示教再现型机器人

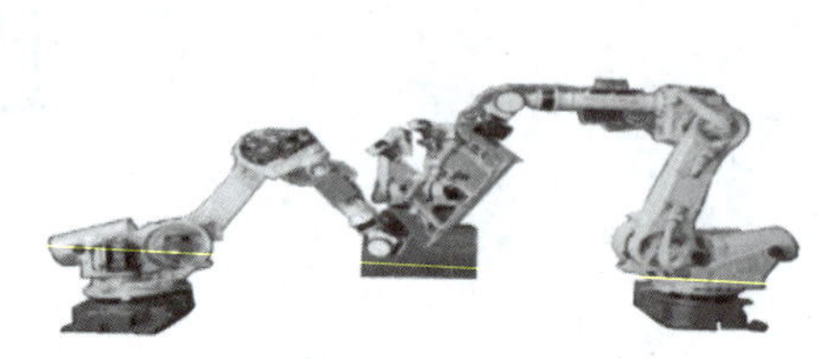

(b) 具有感知能力的机器人

(c) 智能型机器人

图 5-1　工业机器人的发展

我国开发工业机器人起于 20 世纪 70 年代末，早期是大学和科研院所的自发性研究。而在国外，工业机器人已经属于非常成熟的工业产品，在汽车行业得到了广泛的应用。

焊接机器人是从事焊接工作的工业机器人，其具有焊接质量稳定、改善工人劳动条件、提高劳动效率等特点，广泛应用于汽车、工程机械、通用机械、金属结构和兵器工业等行业。据不完全统计，全世界在役的工业机器人中大约有一半用于各种形式的焊接加工领域。我国焊接机器人的应用主要集中在汽车、摩托车、工程机械、铁路机车等行业。我国汽车生产企业是焊接机器人的最大用户，也是最早的用户。早在 20 世纪 70 年代末，上海电焊机厂与上海电动工具研究所合作研制了直角坐标机械手，成功应用于上海牌轿车底盘的焊接。

早期的焊接机器人缺乏"柔性"，焊接路径和焊接参数须根据实际作业条件预先设置，共作时存在明显的缺点。经过十几年的持续努力，在国家的组织和支持下，我国焊接机器人的研究在基础技术、控制技术、关键元器件等方面取得了重大进展，并已进入使用阶段，形成了点焊、弧焊机器人系列产品，能够实现小批量生产。后来，随着计算机控制技术、人工智能技术以及网络控制技术的发展，焊接机器人也由单一的单机示教再现型向以智能化为核心的多传感、智能化的柔性加工单元(系统)方向发展。

二、焊接机器人的应用状况

随着科技的发展，焊接机器人技术也得到了长足发展。目前，我国应用的焊接机器人主要分国产、日系、欧系三大类。国产焊接机器人主要是沈阳新松机器人公司、广州数控的产品。日系的焊接机器人主要有安川、OTC、松下、FANUC、不二越、川崎等品牌的产品。欧系的焊接机器人主要有德国的 KUKA、CLOOS，瑞典的 ABB，意大利的 COMAU 及奥地利的 IGM 公司的产品。

目前，我国的焊接机器人以引进为主，尤其是弧焊机器人，大约占 95%，而国产弧焊机器人由于元器件质量及配套技术等诸多因素，一直未能主导国内焊接机器人市场。

三、焊接机器人的发展趋势

我国是全球焊接机器人的第一大市场。以汽车制造业为例，焊接机器人在汽车底盘、座椅骨架、导轨、消声器以及液力变矩器等的焊接，尤其在汽车底盘焊接生产中得到了广泛应用。近年来，焊接机器人在焊缝跟踪、信息传感、离线编程与路径规划、智能控制、仿真技术、焊接工艺方法、遥控焊接技术等方面的研究与应用取得了许多突出的成果。

从工业制造对焊接需求的发展角度来看，焊接机器人系统集成应用市场趋势主要有：

(1)中厚板的高效高焊缝性能和薄板高速焊接。

(2)大构件机器人自动焊接(如海洋工程和造船行业)。

(3)高强钢、超高强钢、复合材料、特种材料的焊接。

(4)更加稳定的焊接质量及其焊接监控、检测，焊接参数的记录和再现。

(5)多加工工序联动的生产线，使得工业制造更加自动化、智能化、信息化。

焊接机器人系统集成应用技术发展趋势主要有：

(1)焊接电源的工艺性能进一步提高，适应性更广，更加数字化、智能化。

(2)焊接机器人本体更加智能化。

(3)视觉、听觉、触觉、信息采集等各种智能传感技术的开发应用。

(4)更强大的自适应软件支持系统。

(5)焊接与上下游加工工序的融合和总线控制。

(6)焊接信息化及智能化与互联网融合，最终达到无人化智能工厂。

(7)虚拟制造和仿真技术的开发应用。

四、焊接机器人的应用意义

焊接机器人之所以能够占据工业机器人总量的40%以上，与焊接行业的特殊性有关。焊接作为工业“裁缝”，是工业生产中非常重要的加工手段，焊接质量的好坏对产品质量起决定性的影响。但焊接烟尘、弧光、金属飞溅的存在，使得焊接作业环境非常恶劣，这就需要大量的焊接机器人来替代人工劳动力。归纳起来采用焊接机器人有下列意义：

(1)稳定和提高焊接质量，保证其均一性。焊接参数如焊接电流、电压、焊接速度及焊丝伸出长度等对焊接结果起决定作用。采用机器人焊接时，每条焊缝的焊接参数都是恒定的，焊缝质量受人的因素影响较小，降低了对工人操作技术的要求，因此焊接质量是稳定的。人工焊接时，焊接速度、焊丝伸出长度等都是变化的，很难做到质量的一致性。

(2)改善了工人的劳动环境。采用机器人焊接，工人只需装卸工件，远离了焊接弧光、烟雾和飞溅等，对于点焊来说，工人不再搬运笨重的手工焊钳，使工人从高强度的体力劳动中解脱出来。

(3)提高劳动生产率。机器人不会疲劳，可 24 h 连续生产，并且随着高速、高效焊接技术的应用，效率提高更加明显。

(4)产品周期明确，容易控制产品产量。机器人的生产节拍是固定的，因此生产计划的执行更加精确。

(5)可缩短产品改型换代的周期，减小相应的设备投资。焊接机器人与焊接专机的最大区别就是可以通过修改程序以适应不同工件的生产。

任务实施

一、机器人系统的启动与关闭

1. 机器人开/关机操作

(1)开机。在确认输入电压正常后,打开电源开关。将控制柜开关旋钮旋转至"on",等待示教器启动完成即可操作机器人,如图 5-2 所示。

(2)关机。在任务结束,不能直接关闭控制柜开关旋钮,而是在示教器的"重新启动"菜单中选择关机,关闭电源开关。关闭机器人的正确步骤是:示教器显示"防护装置已停止",进入主菜单,选择"重新启动",单击"高级",选择"关机",单击"确定"按钮,然后单击"关机"按钮,如图 5-3 所示。最后将控制柜旋钮旋转至"off"即完成了关机操作。

图 5-2 控制柜开关旋钮

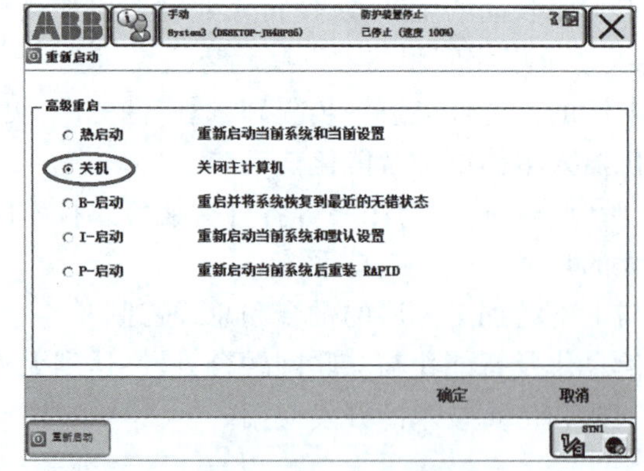

图 5-3 示教器关机菜单

注意:关机后再次开启电源需要等待 2 min。

2. 机器人系统重启

ABB 机器人系统可以长时间无人操作,无须定期重新启动运行的系统。在以下情况下需要重新启动机器人系统:

(1)安装了新的硬件;

(2)更改了机器人系统配置参数;

(3)出现系统故障(SYSFIL);

(4)RAPID 程序出现程序故障;

(5)更换 SMB 电池。

ABB 机器人系统的重启动主要有以下几种类型:

(1)热启动:使用当前的设置重新启动当前系统;

(2)关机:关闭主机;

(3)B-启动:重启并尝试回到上一次的无错状态,一般情况下当系统出现故障时常使用这种方式;

(4)P-启动:重启并将用户加载的 RAPID 程序全部删除;

(5)I-启动:重启并将机器人系统恢复到出厂状态。

操作步骤为:主菜单→重新启动→选择所需要的启动方式,如图 5-4 所示。

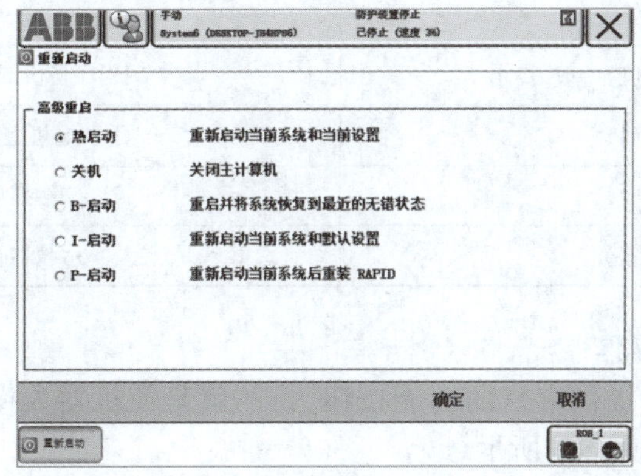

图 5-4 重新启动菜单

二、认识示教器

1. 示教器结构及功能

工业机器人的示教器通过电缆线和机器人的控制器相连,通过示教器可以和机器人的控制器直接“打交道”,可实现机器人的手动操作、程序编写、参数配置以及外部监控等功能。机器人的示教器是操作员最常使用的控制装置。

ABB 工业机器人的示教器结构如图 5-5 所示,示教器主要结构的作用见表 5-1。

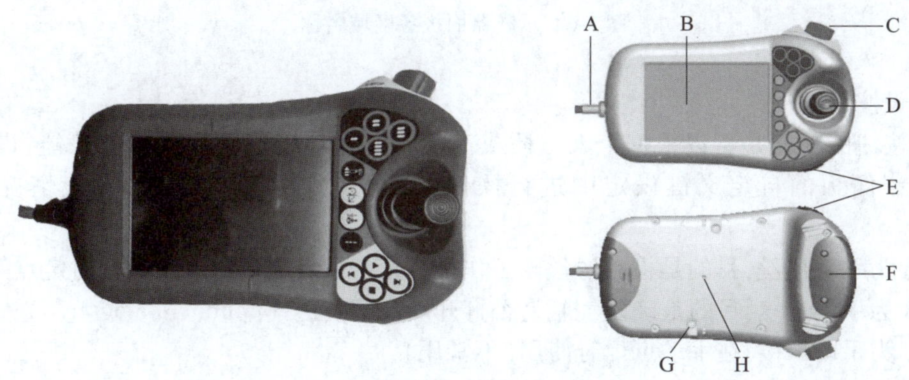

图 5-5 ABB 工业机器人示教器结构

表 5-1 示教器各部分作用

名 称	作 用
A(连接电缆)	和控制器相连以便进行手动控制
B(触摸屏)	屏幕显示示教器的内容
C(急停开关)	紧急停止机器人动作
D(手动操作摇杆)	手动操作机器人运动

续上表

名　称	作　用
E(USB 接口)	程序备份或者重装系统
F(使能按钮)	手动电机上电/失电按钮
G(笔)	触摸屏用笔
H(复位按钮)	示教器重启复位

2. 示教器面板按钮操作

示教器面板为操作者提供丰富的功能按钮,目的就是使机器人操作起来更加快捷简便。示教器面板各区域名称如图 5-6 所示。

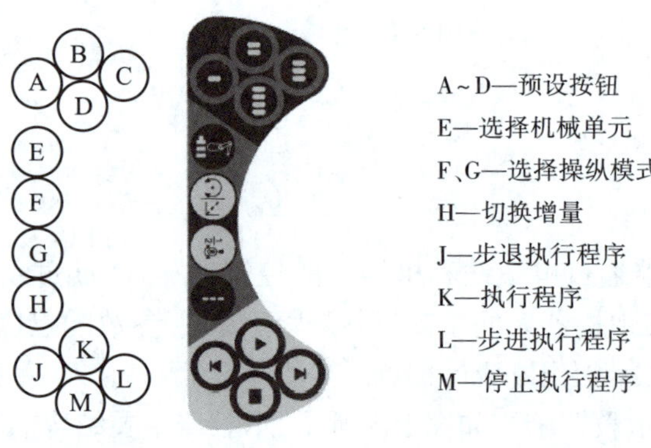

图 5-6　示教器面板各区域名称

1)预设按钮键

这类按钮的功能是可以根据个人习惯或工种需要自己设定它们各自的功能,设定时需要进入控制面板的自定义键设定中进行操作。对于焊接机器人来说,一般情况下设定如下:

(1)A 为手动出丝,目的是检验送丝轮工作是否正常或者方便机器人编程时定点等。

(2)B 为手动送气,目的是确认气瓶是否打开以及调节送气流量。

(3)C 为手动焊接,在手动点焊时使用(不常用)。

(4)D 为不进行设置,待需要某项手动功能时再进行设置。

2)选择切换功能键

这类按钮可以根据图标提示知道它们的功能:

(1)E 为切换机械单元,通常情况下可以切换机器人本体与外部轴。

(2)F 为线性与重定位模式选择切换,按第一下按钮为选择“线性”模式,再按一下会切换成“重定位”模式。

(3)G 为 1-3 轴与 4-6 轴模式切换,按一下按钮会选择 1-3 轴运动模式,再按一下会切换成 4-6 轴运动模式。

(4)H 为“增量”切换,按一下按钮切换成有“增量”模式(增量大小在手动操纵中设置),再按一下切换成无“增量”模式。

3)运行功能键

运行功能键在运行程序时使用,按下“使能器”起动电动机后才能使用该区域的按钮。

(1)J 为步退按钮,使程序后退一步的指令。

(2)K 为启动按钮,开始执行程序。

(3)L 为步进按钮,使程序前进一步。

(4)M 为停止按钮,停止程序执行。

3. 示教器操作界面

示教器在没有进行任何操作之前,它的触摸屏操作界面大致由四部分组成,即系统主菜单、状态栏、任务栏和快捷菜单,如图 5-7 所示。

1)系统主菜单

单击 ABB 系统主菜单,操作界面会跳出一个界面,这个界面就是机器人操作、调试、配置系统等各类功能的入口,如图 5-8 所示。

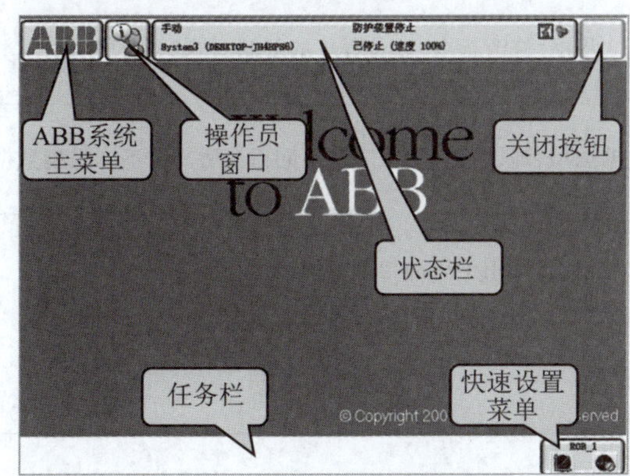

图 5-7 示教器操作界面

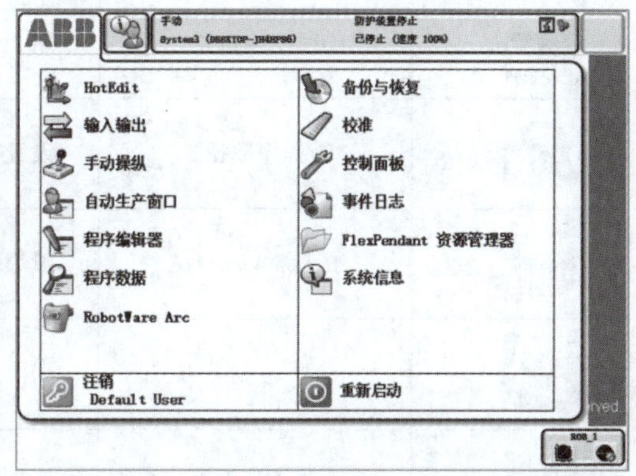

图 5-8 系统主菜单中的功能项目

图 5-8 中,系统主菜单的项目图标及功能说明见表 5-2。

2)状态栏

显示当前状态的相关信息,例如操作模式、系统、活动机械单元等,如图 5-9 所示。

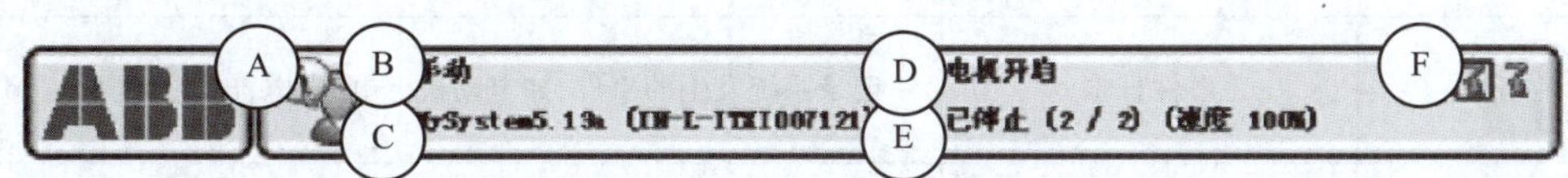

A—操作员窗口;B—操作模式;C—系统名称(和控制器名称);D—控制器状态;E—程序状态;F—机械单元。

图 5-9 状态栏显示的当前状态相关信息

其中选定的机械单元(以及与选定单元协调的任何单元)以边框标记,活动单元显示为彩色,而未启动的单元则呈灰色。

3)任务栏

用于显示已打开的窗口,最多能显示 6 个窗口。

4)快速设置菜单

快速设置菜单采用更加快捷的方式,菜单上的每个按钮显示当前选择的属性值或设置。在手动模式中,快速设置菜单按钮显示当前选择的机械单元、运动模式和增量大小。

表 5-2 系统主菜单的项目图标及功能说明

图　标	名　称	功能说明
	Hot Edit	在程序运行的情况下,坐标和方向均可调节
	输入输出	查看输入、输出信号
	手动操纵	手动移动机器人时,通过该按钮选择需要控制的单元,如机器人或变位机等
	自动生产窗口	由手动模式切换到自动模式时,此窗口自动跳出,用于在自动运行过程中观察程序运行状况
	程序编辑器	用于建立程序、修改指令,以及程序的复制、粘贴等操作
	程序数据	设置数据类型,即设置应用程序中不同指令所需的不同类型数据
	Robot Ware Arc	弧焊软件包,主要用于启动与锁定焊接等功能
	注销	切换用户
	备份与恢复	备份程序、系统参数等
	校准	用于输入、偏移量及零位等的校准
	控制面板	参数设定、I/O 单元设定、弧焊设备设定、自定义键设定及语言选择等
	事件日志	记录系统发生的事件,如电动机上电/失电、出现操作错误等
	Flex Pendant 资源管理器	新建、查看、删除文件夹或文件等
	系统信息	查看整个控制器的型号、系统版本和内存等信息
	Production Manager	生产管理,显示当前生产状态
	重新启动	重新启动系统

4. 使动装置及摇杆的正确使用

1)使动装置

使动装置是工业机器人为保证操作人员安全而设置的。只有在按下使能器按钮并保持在“电机开启”的状态,才可以对机器人进行手动操作与程序调试。当发生危险时,人会本能地将使能器按钮松开或抓紧,机器人则会马上停下来,保证安全。使能器按钮有三个位置:

(1)不按(释放状态)。机器人电动机不上电,机器人不能动作。

(2)轻轻按下。机器人电动机上电,机器人可以按指令或摇杆操纵方向移动。

(3)用力按下。机器人电动机失电,机器人停止运动。

2)摇杆

主要在手动操作机器人运动时使用,它属于三方向控制,摇杆扳动幅度越大,机器人移动的速度越大。摇杆的扳动方向和机器人的移动方向取决于选定的动作模式,动作模式中提示的方向为正方向移动,反方向为负方向移动。

5. 清理现场

练习结束后,必须整理工具设备,关闭机器人,清理打扫场地,做到“工完场清”,并由值日生或指导教师检查,作好记录。

任务评价

教师根据学生任务完成情况,指导学生完成机器人操作任务评价表,见表 5-3。

表 5-3 机器人操作任务评价表

检查项目	配分	测评数据	实得分数
正确开关机器人	30		
正确区分示教器布局	30		
正确使用使能键	20		
安全文明生产	20		
总　分	100	总成绩	

任务二 ABB 焊接机器人的基本操作

任务目标

(1)熟悉 ABB 焊接机器人手动操作界面。

(2)熟悉 ABB 焊接机器人的动作模式。

(3)能手动操作机器人。

任务分析

(1)学习 ABB 焊接机器人示教器手动操作。

(2)学习 ABB 焊接机器人工具坐标设定及使用。

(3)学习 ABB 焊接机器人工件坐标设定及使用。

知识准备

在使用机器人焊接时,首先要学会手动操作机器人各轴进行运动,通过手动方式移动机器人工具(焊枪)到指定位置是学习机器人操作的基础。

一、ABB 机器人示教器手动操作页面

ABB 机器人示教器手动操作页面如图 5-10 所示。

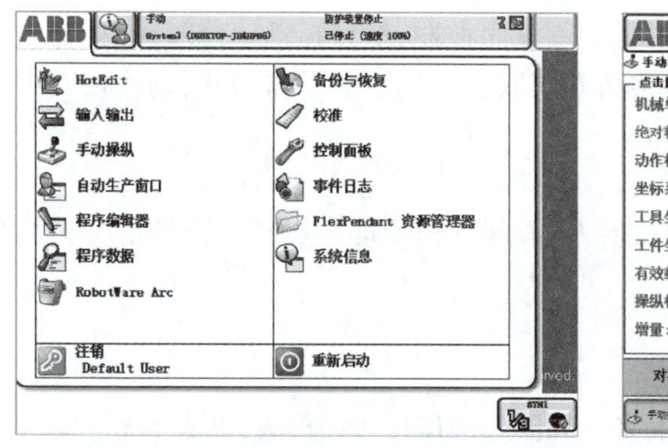

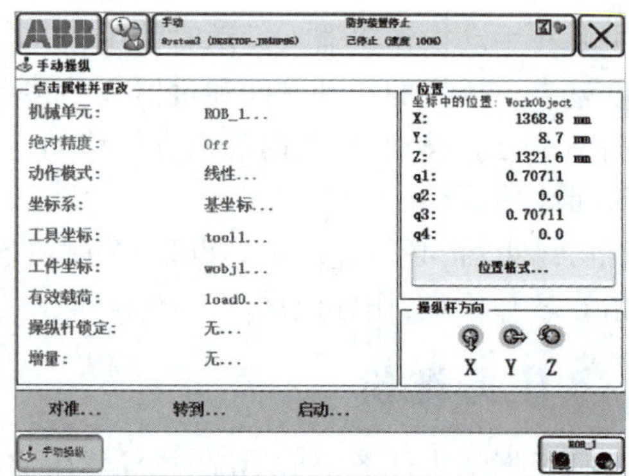

图 5-10　ABB 机器人示教器手动操作页面

二、ABB 机器人手动操作主要参数的含义

1. 机械单元

机器人有多个机械单元可选,例如,一台机器人配有机械变位机,则该机器人有两个机械单元,一个为机器人本体,另一个为机械变位机,如图 5-11 所示。在手动操作时,可以选择对应的机械单元进行操作,完成相应的机械单元运动。

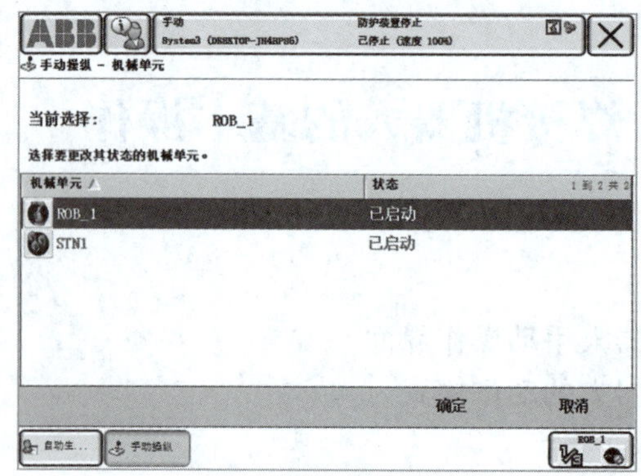

图 5-11　选择机械单元

2. 动作模式

机器人的动作模式有轴 1-3、轴 4-6、线性、重定位等,如图 5-12 所示。动作模式与操纵杆

图示及说明见表 5-4。

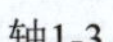
轴1-3

轴4-6

线性

重定位

图 5-12 机器人动作模式

表 5-4 动作模式与操作杆方向及说明

动作模式	操纵杆方向	说明
 轴1-3	 2 1 3	机器人的 1、2、3 轴必须单独运动，没有联动关系
 轴4-6	 5 4 6	机器人的 4、5、6 轴必须单独运动，没有联动关系
 线性	 X Y Z	机器人的工具姿态不变，TCP 在空间内沿直线移动，各轴的转动角度由控制器运算后决定
 重定位	 X Y Z	机器人的 TCP 位置不变，工具绕指定的坐标轴旋转，各轴的转动角度由控制器运算后决定

(1)轴 1-3、轴 4-6，表示机器人各轴单独动作，当选择轴 1-3 或者轴 4-6 时，拨动示教器上的操纵杆则相应的轴动作。

(2)线性，表示工具姿态不变，工具中心点(tool center point，TCP)沿指定坐标轴直线移动。

(3)重定位，表示 TCP 不变，工具绕指定坐标轴转动。

3. 坐标系

ABB 机器人坐标系有基坐标、大地坐标、工具坐标、工件坐标等，如图 5-13 所示。

4. 操纵杆锁定

其作用是可将操纵杆某个方向的运动锁定，避免误操作。

5. 增量

增量也称点动运动，用于精确调整机器人位置。

三、快速设置

单击示教器屏幕右下角处可调出手动操作的页面进行快速设置如图 5-14 所示，并可以进行相关的切换操作，包括：选择机械单元、动作模式及坐标系；选择增量模式；选择单周或连续运行；选择步进模式，主要用于设置例行程序的调用模式；选择速度，适用于自动模式及手动全速模式。

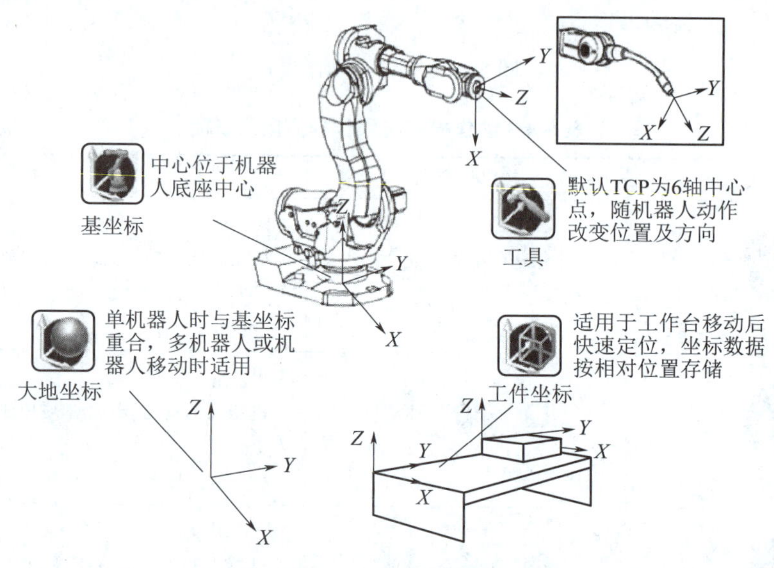

图 5-13 ABB 机器人坐标系

图 5-14 快速设置页面

任务实施

一、手动操作机器人

请将机器人焊枪从位置 A 移至位置 B，两位置的距离在 X 向相差 200 mm，在 Z 向相差 100 mm，如图 5-15 所示。要求利用单轴、线性、重定位等动作模式配合完成机器人的移动。具体操作步骤见表 5-5。

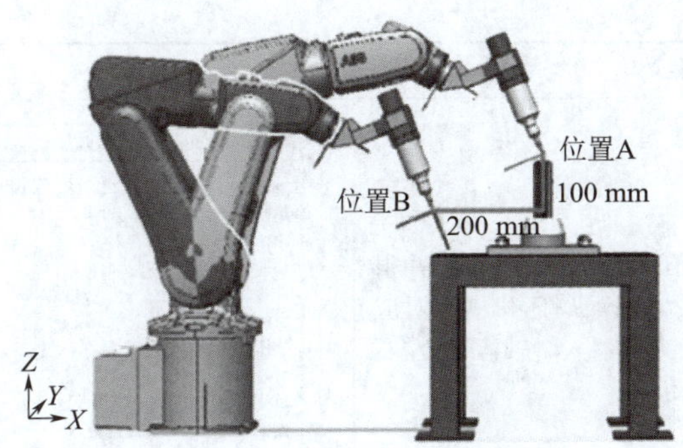

图 5-15　手动操作作业图

表 5-5　手动操作机器人步骤

操作步骤	图　示
方法 1：从“手动操纵”页面进入操作	
1. 单击示教器左上角“ABB”，选择“手动操纵”选项	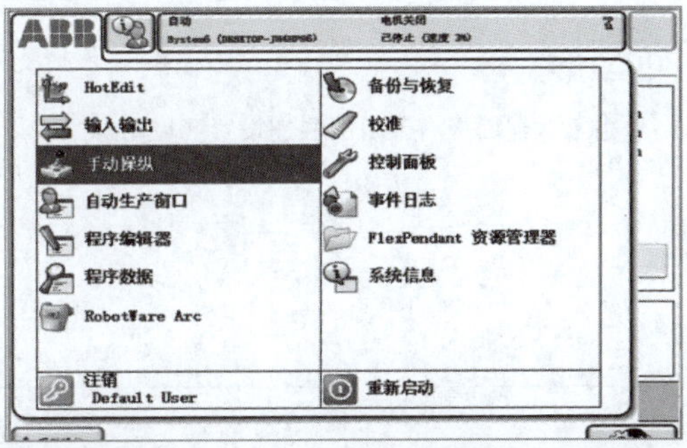
2. 单击“动作模式”进入动作模式选项	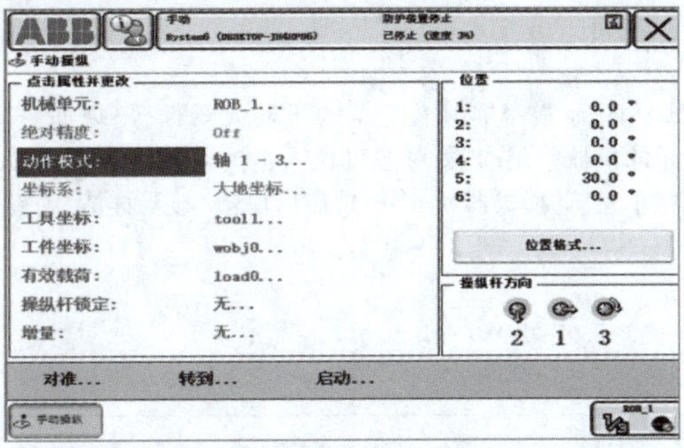
3. 单击相应动作模式，如“轴 1-3”，并单击“确定”按钮	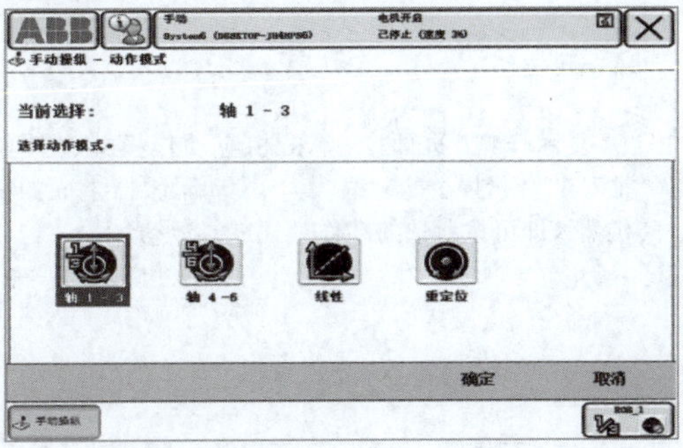

续上表

操作步骤	图　示
4. 按住示教器上面的使能器开关使机器人通电，并根据右图所示的操纵杆方向提示，拨动操纵杆，机器人对应的轴即可运动。操纵杆上下拨动为机器人 2 轴运动，左右拨动为 1 轴动作，旋转为 3 轴运动	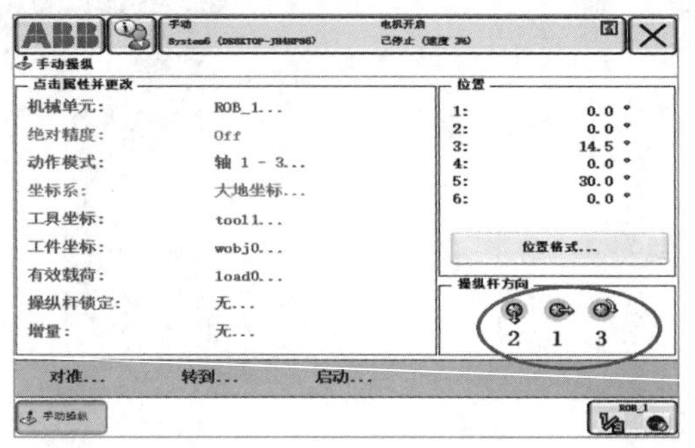
方法 2：从“快速设置”页面进入操作	
1. 单击示教器面板右下角的快速设置区域图标	
2. 单击示教器屏幕右上角的机器人图标，出现如右图所示的机械单元选项，可选机器人 ROB-1 或外部轴 STN1 机械单元，选择机器人 ROB-1，然后单击“显示详情”按钮	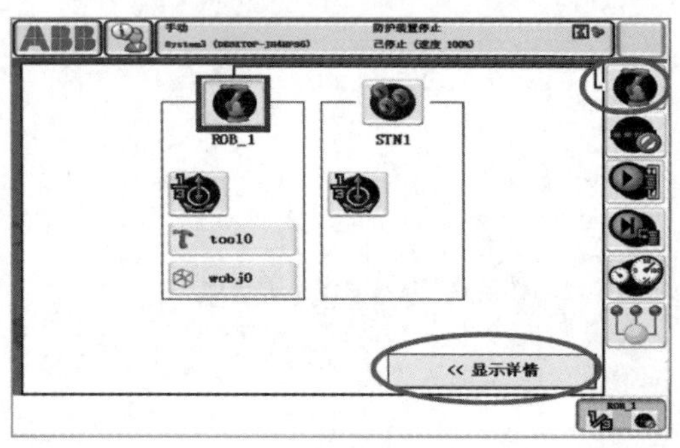
3. 在“显示详情”页面中，单击相应动作模式，如“轴 1-3”“轴 4-6”“线性”“重定位”等。拨动示教器上面的操纵杆，机器人即可按所选的动作模式进行运动	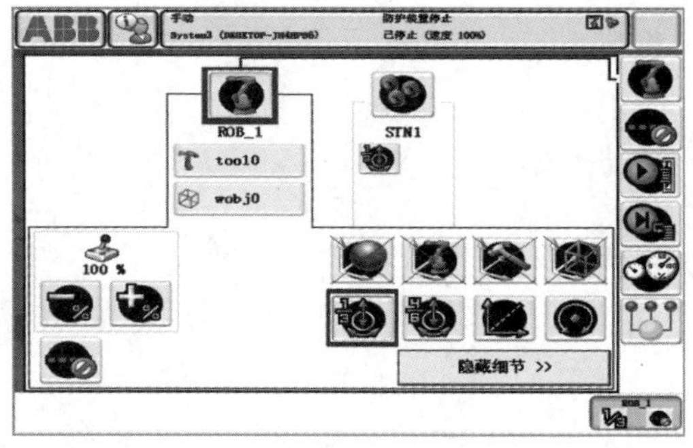

续上表

操作步骤	图 示
4. 根据任务要求,选择对应的动作模式,将机器人从“位置 A”移动到“位置 B”	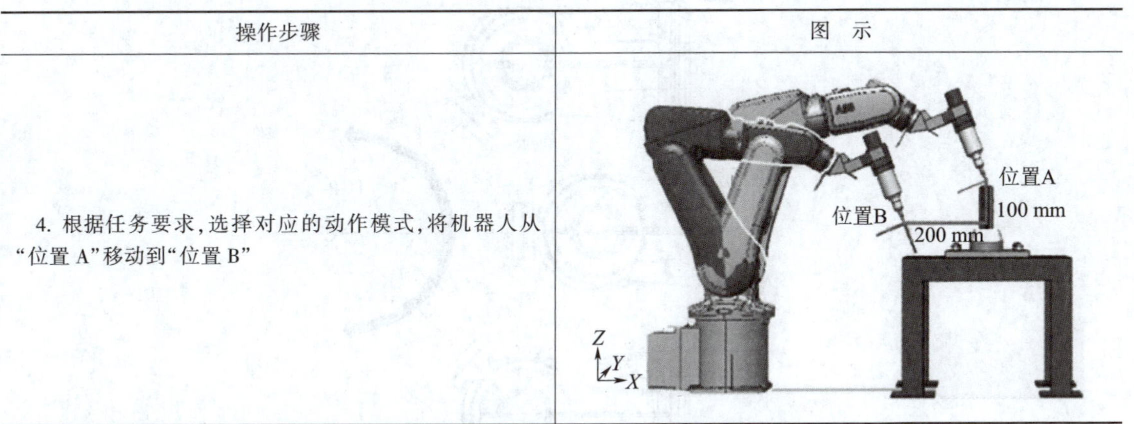

二、焊接机器人工具数据设定及使用

工具是能够直接或者间接安装在机器人六轴转动盘上,或能够装配在机器人工作范围内固定位置上的物件,如图 5-16 所示。常见工具有焊枪、吸盘等。所有工具必须用工具中心点定义。

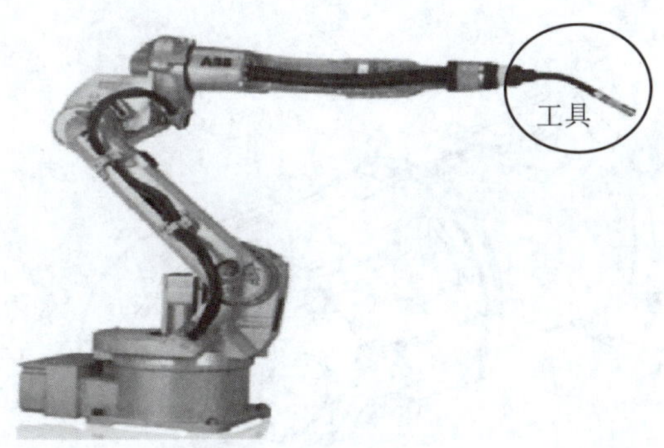

图 5-16 焊接机器人工具

1. 工具数据

工具数据是用于描述安装在机器人第六轴上的工具(焊枪、吸盘夹具等)的 TCP、质量、重心等参数的数据。新安装的工具必须对参数进行设定。

2. 工具中心点

工具中心点(TCP)如图 5-17 所示,是定义所有机器人定位的参照点。通常 TCP 与操纵器转盘上的位置相对,可以微调或移动到预设目标位置。TCP 也是工具坐标系的原点。机器人系统可处理若干 TCP 定义,但每次只能存在一个有效 TCP。TCP 有两种基本类型:移动或静止。多数应用 TCP 都是移动的,即 TCP 会随操纵器在空间移动。典型的移动 TCP 可参照弧焊枪的顶端、点焊的中心或焊枪的末端等位置定义。

1)定义 TCP 的作用

机器人执行程序时,TCP 将移至编程位置。定义 TCP 将有利于编程时 TCP 能更精确地定位、更精确地到达目标点。

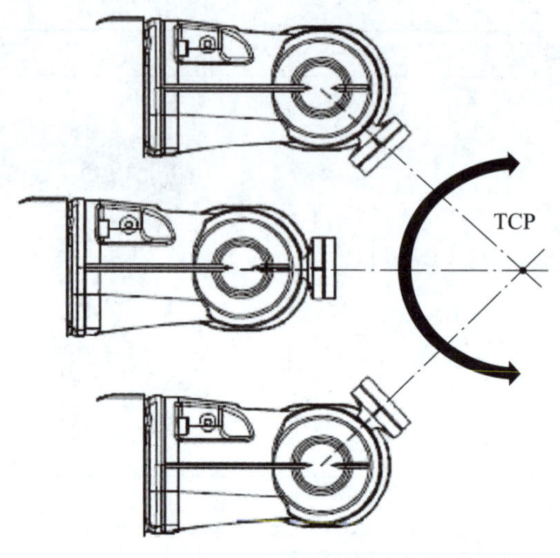

图 5-17　工具中心点(TCP)

默认工具(too10)的 TCP 位于机器人安装法兰的中心。如图 5-18 所示,A 点就是默认 TCP 位置。

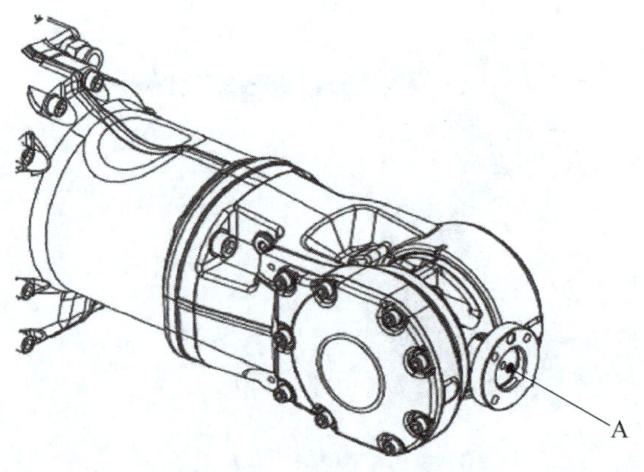

图 5-18　默认 TCP 位置

2)TCP 的设定原理

(1)首先在机器人工作范围内找一个非常精确的固定点作参考点。

(2)然后在工具上确定一个参考点(最好是 TCP).

(3)用前文介绍的手动操作机器人的方法,移动工具上的参考点,以四种以上不同的机器人姿态尽可能与固定点刚好碰上。为了获得更准确的 TCP,在以下的例子中使用六点法进行操作,第四点是用工具的参考点垂直于固定点,第五点是工具参考点从固定点向将要设定 TCP 的 X 轴方向移动,第六点是工具参考点从固定点向将要设定为 TCP 的 Z 轴方向移动。

(4)机器人通过这四个位置数据计算求得 TCP 的数据,然后保存在 tooldata 这个程序数据中被程序调用。

3. TCP 取点数量介绍

(1) 四点法　不改变 tool1 的坐标方向，如图 5-19 所示。

(2) 五点法　改变 tool0 的 Z 方向，如图 5-20 所示。

(3) 六点法　改变 tool1 的 X 和 Z 方向（在焊接应用中最为常用），如图 5-21 所示。

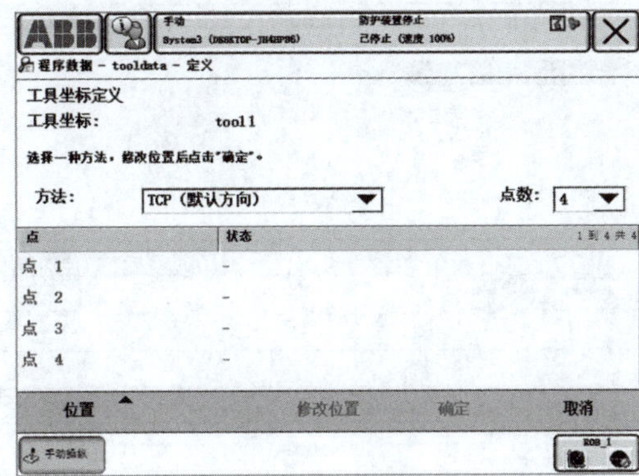

图 5-19　四点法

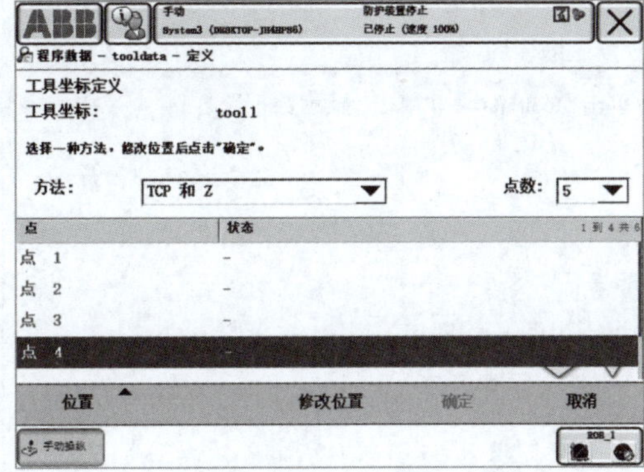

图 5-20　五点法

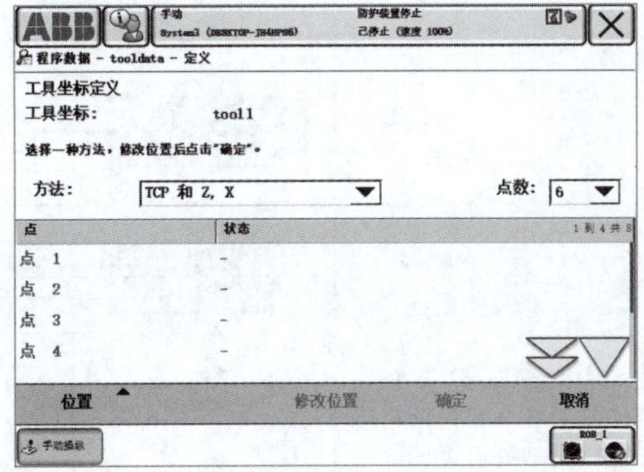

图 5-21　六点法

4. 焊接机器人工具数据的设定及使用

焊接机器人工具数据的设定步骤及使用方法见表 5-6。

表 5-6　焊接机器人工具数据的设定步骤及使用方法

操作步骤	图示
1. 单击示教器左上角“ABB”，选择“程序数据”选项，进入程序数据页面	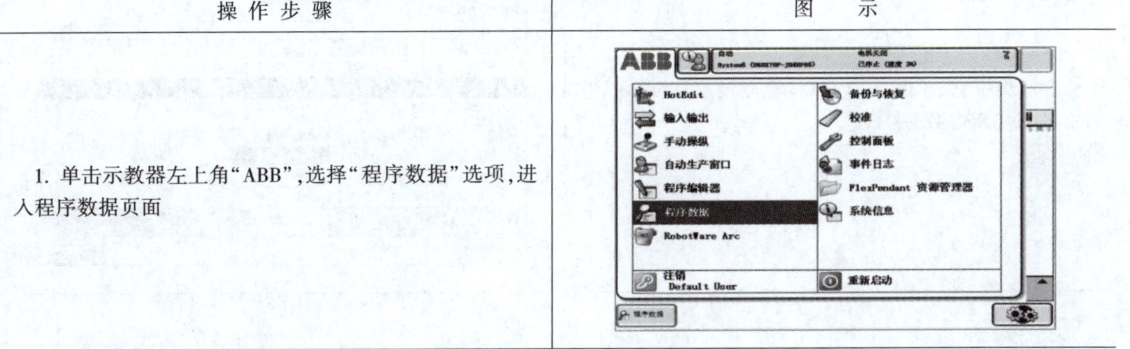

续上表

操作步骤	图示
2. 单击“tooldata”,并单击“显示数据”	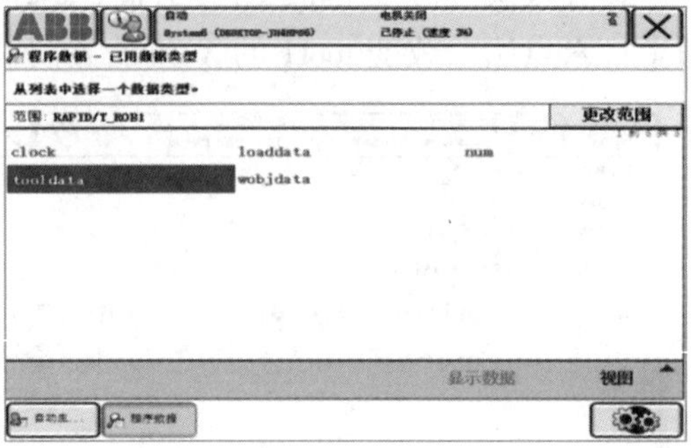
3. 在“tooldata”页面,单击“新建”创建新的工具坐标数据	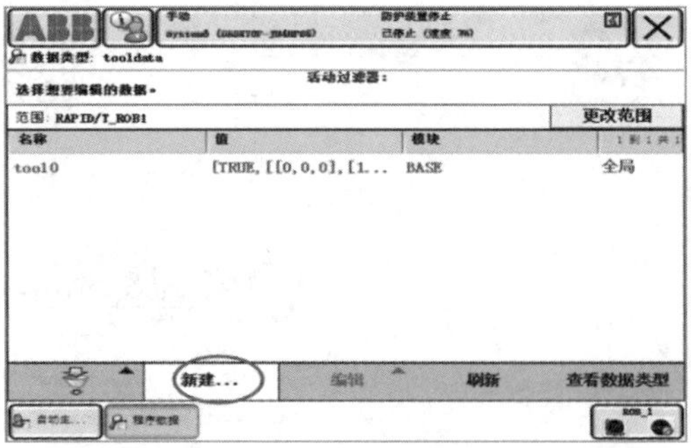
4. 在新建的工具页面中,可对工具名称、范围、存储类型等进行修改,也可保持默认状态。如右图所示为新建的数据 tool1,各选项参数均为默认状态。修改好后,单击“确定”按钮	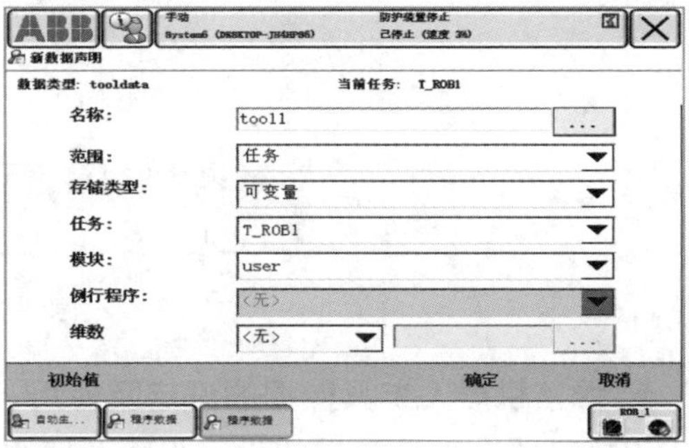
5. 单击“编辑”,单击“更改值”对新建的工具“tool1”进行重量、重心等参数的修改	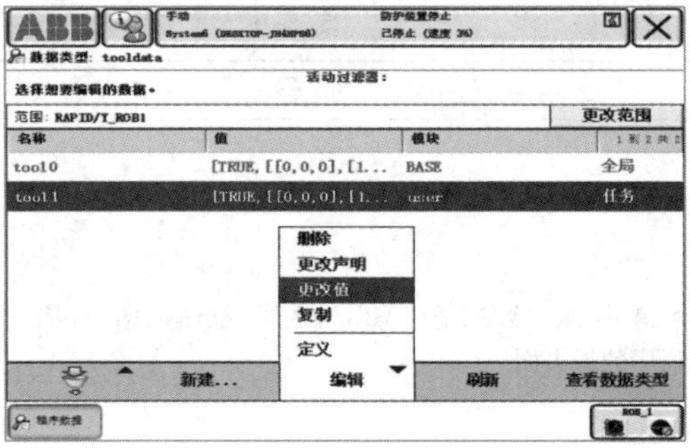

续上表

操 作 步 骤	图 示
6. 将工具(根据实际情况)的 mass(重量)设为 2,工具的 cog(重心,相对于默认工具重心的位置)设为(x,y,z)=(-50,0,100),并单击“确定”按钮	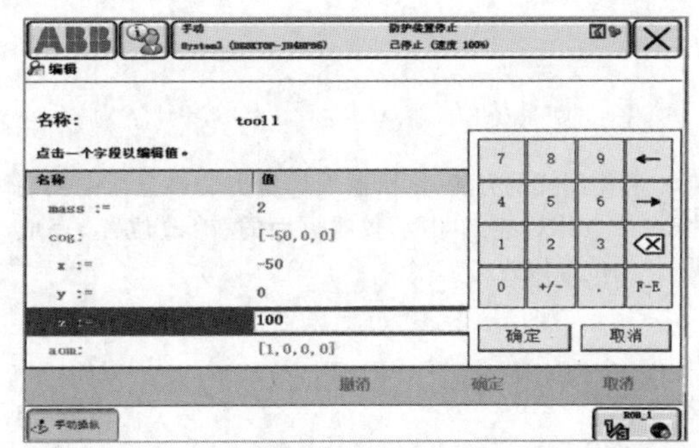
7. 选中“tool1”,继续单击“编辑”,单击“定义”对新建的工具进行定义	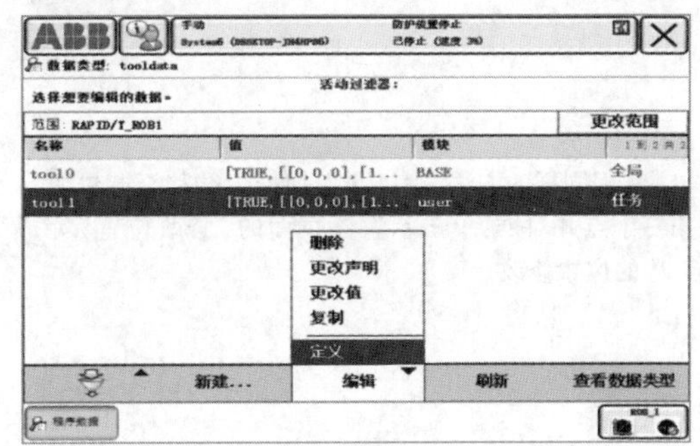
8. 在“方法”选项中选择“TCP(默认方向)”,点数选择“4”。接着依次对点 1、点 2、点 3、点 4 进行位置的调整和修改	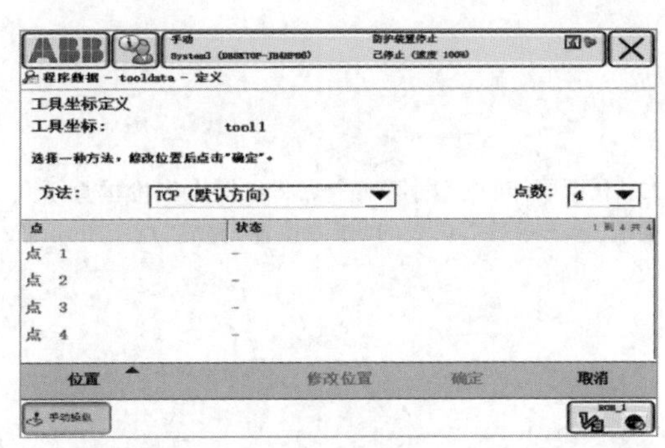
9. 选择“点 1”利用手动操作机器人的方式将机器人焊枪的尖端对准圆锥尖端的第一个点,对准后,单击示教器页面的“修改位置”完成“点 1”的位置修改	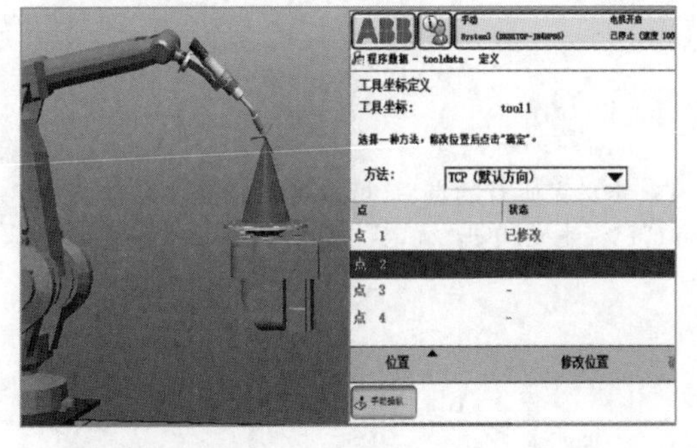

续上表

操 作 步 骤	图　　示
10. 利用同样的方法,将机器人焊枪尖端移至圆锥尖端的第二个点并对准,单击示教器页面的“修改位置”完成“点 2”的位置修改	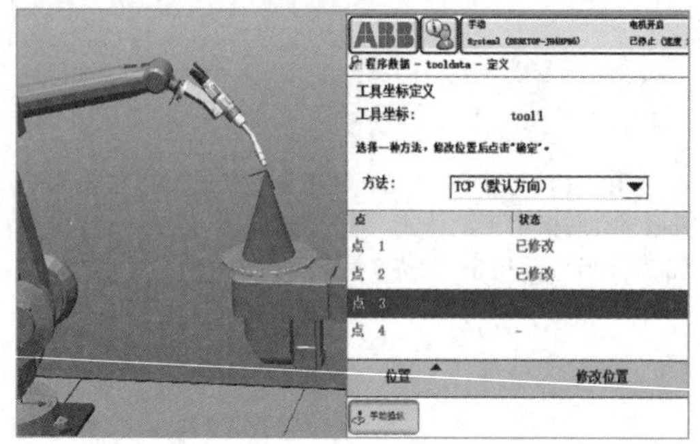
11. 利用同样的方法,将机器人焊枪尖端移至圆锥尖端的第三个点并对准,单击示教器页面的“修改位置”完成“点 3”的位置修改	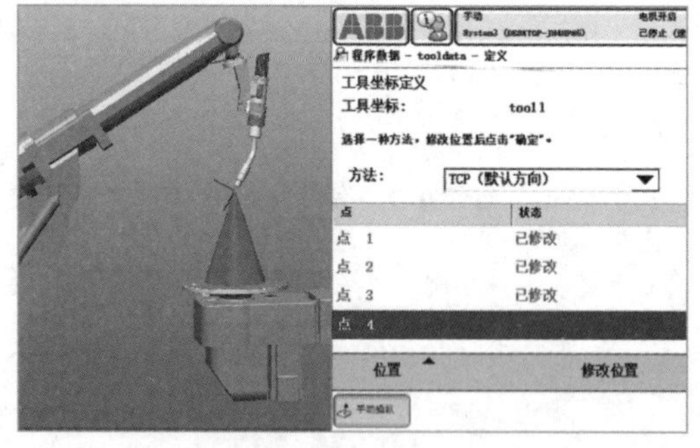
12. 利用同样的方法,第四个点将机器人焊枪垂直于圆锥尖端,单击示教器页面的“修改位置”完成“点 4”的位置修改	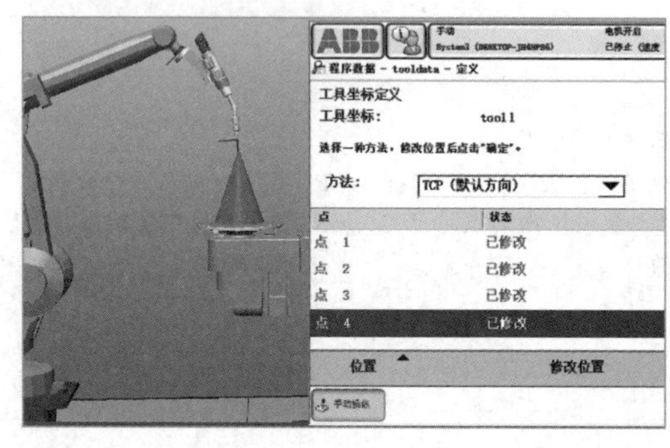
13. 定义完所有的点后,可以看到新模块名称“TCP_tool1”已经生成,单击“确定”按钮	

续上表

操作步骤	图　示
14. 在“手动操纵”选项下，选择工具坐标“tool1”，利用动作模式中的“重定位”模式，可以检验所定义的工具坐标是否生效	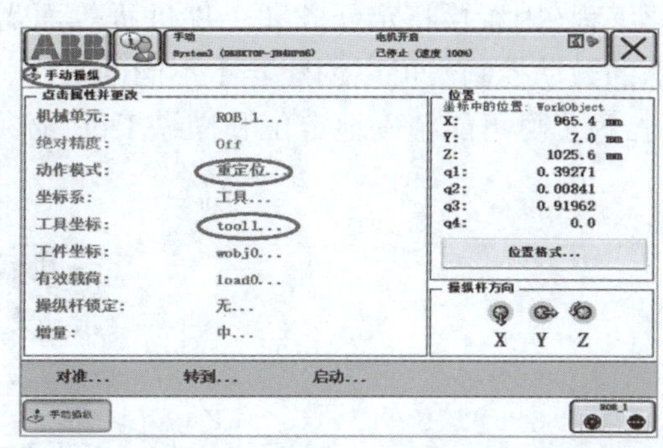
15. 选中“重定位”运动模式，拨动示教器操纵杆，让工具尖端做重定位运动，如果工具尖端位置能基本保持不变，说明定义的工具精确度比较好，达到了设定要求	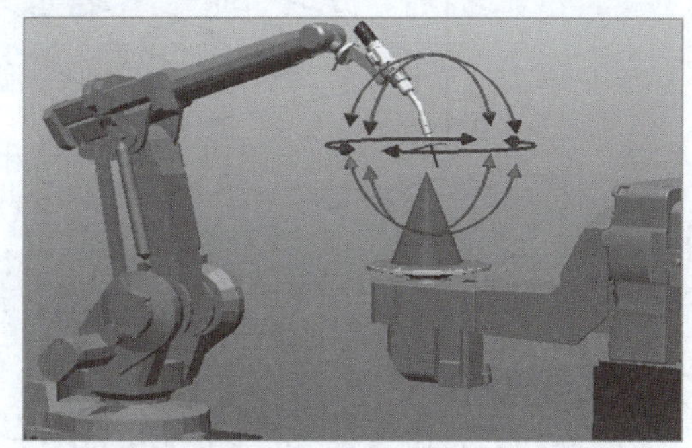

三、焊接机器人工件坐标设定及使用

机器人在焊接工件时，焊接工装将工件固定在工作台的某个位置。有时候需要对焊接工件进行重新定位，如果此时焊接路径的各点位置也要重新定位的话会带来很大的工作量。为避免这种情况，可以通过将整个焊接路径整体移动定位就可以达到减少工作量的目的。这种焊接路径整体移动的方法只能通过定义工件坐标来实现。

1. 焊接机器人的坐标系

坐标系从一个称为原点的固定点通过轴定义平面或空间。机器人目标和位置通过沿坐标系轴的测量来定位。

机器人使用若干坐标系，每种坐标系都适用于特定类型的微动控制或编程。

(1)基坐标系位于机器人基座。它是最便于机器人从一个位置移动到另一个位置的坐标系。

(2)工件坐标系与工件相关，通常是最适于对机器人进行编程的坐标系。

(3)工具坐标系定义机器人到达预设目标时所使用工具的位置。

(4)大地坐标系可定义机器人单元，所有其他的坐标系均与大地坐标系直接或间接相关。它适用于微动控制，例如，移动以及处理具有若干机器人或外轴移动机器人的工作站和工作单元。

(5)用户坐标系在表示持有其他坐标系的设备(如工件)时非常有用。

2. 焊接机器人工作站中的工件

焊接机器人工作站中的工件是拥有特定附加属性的坐标系,如图 5-22 所示。它主要用于简化编程(因置换特定任务和工件进程等而需要编辑程序时)。创建工件可用于简化对工件表面的微动控制。可以创建若干不同的工件,并从中选择一个用于微动控制的工件。使用夹具时,为了尽可能精确地定位和操纵工件,必须考虑有效载荷,即工件重量。

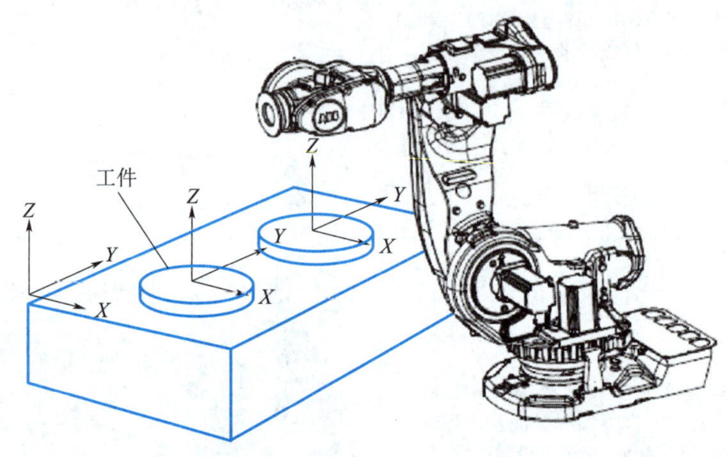

图 5-22 焊接机器人工作站中的工件

3. 工件坐标系

工件坐标系对应工件,就是工件相对于大地坐标系(或其他坐标系)的位置,如图 5-23 所示。工件坐标系必须定义于两个框架,一个是用户框架(与大地基座相关),另一个是工件框架(与用户框架相关)。机器人可以拥有若干工件坐标系,或者表示不同工件,或者表示同一工件在不同位置的若干副本。

对机器人进行编程就是在工件坐标系中创建目标和路径。这带来很多优点:

(1)重新定位工作站中的工件时,只需更改工件坐标系的位置,所有路径将即刻随之更新。

(2)当工作台面与机器人之间发生相对移动时,只需要更换新坐标系,不需要重新示教机器人轨迹,因为整个工件可连同其路径一起移动。

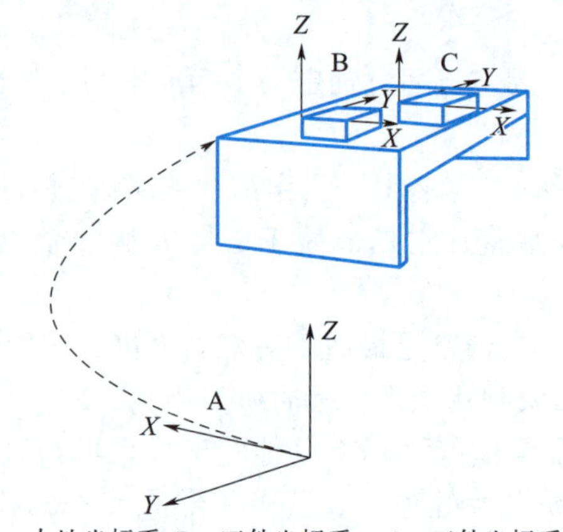

A—大地坐标系;B—工件坐标系 1;C—工件坐标系 2。

图 5-23 大地坐标与工件坐标系的关系

4. 工件坐标系的设定

在对象的平面上，只需要定义三个点，就可建立一个工件坐标系，如图 5-24 所示。$X1$ 点确定工件坐标的原点，$X2$ 点确定工件坐标 X 正方向，$Y1$ 确定工件坐标 Y 正方向，坐标 Z 的正方向根据右手定则得出，如图 5-25 所示。

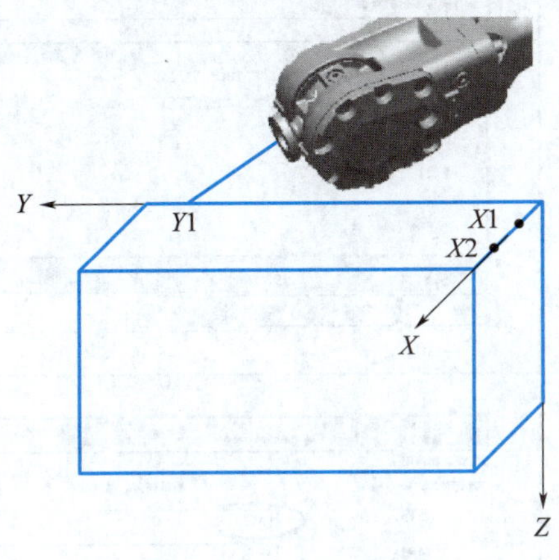

图 5-24　工件坐标系

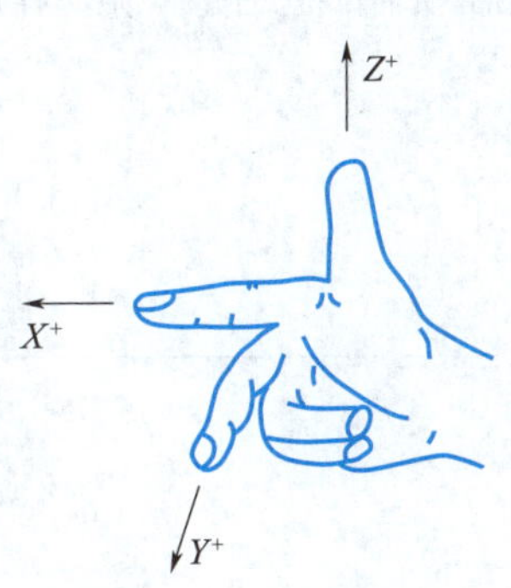

图 5-25　右手定则

5. 工件坐标系的设定步骤及使用

机器人工件坐标系的设定步骤及使用方法见表 5-7。

表 5-7　工件坐标系的设定步骤及使用方法

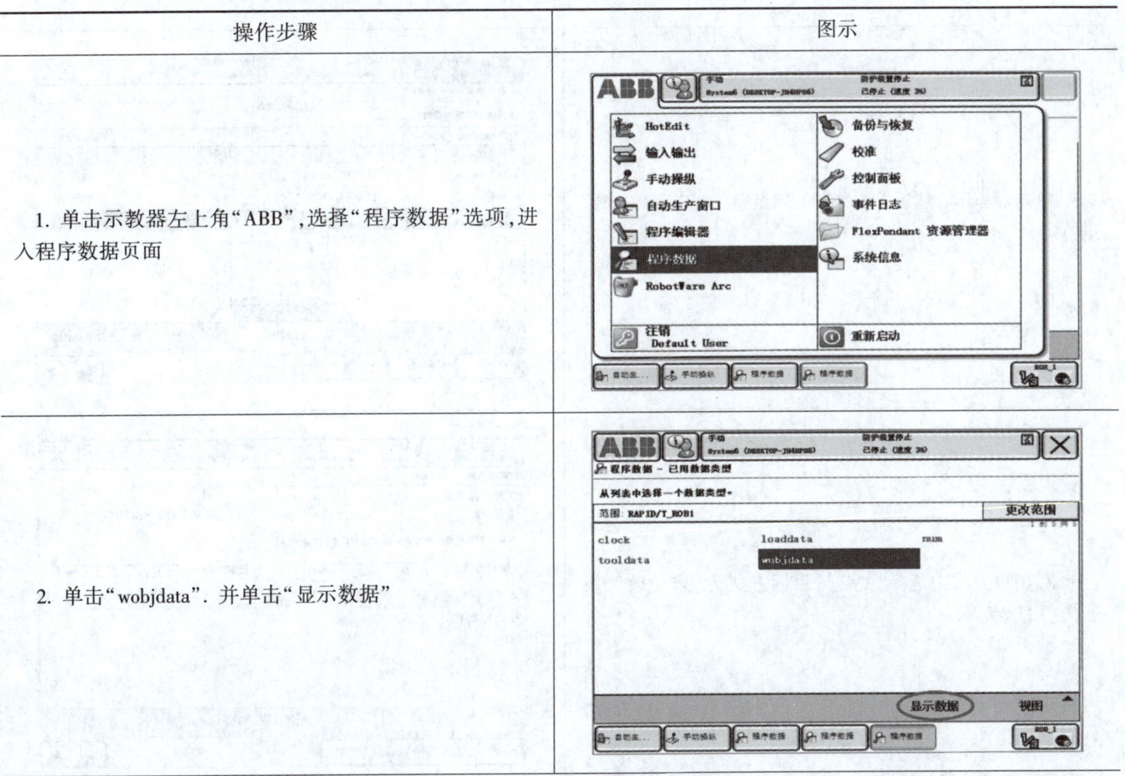

操作步骤	图示
1. 单击示教器左上角“ABB”，选择“程序数据”选项，进入程序数据页面	HotEdit、输入输出、手动操纵、自动生产窗口、程序编辑器、程序数据、RobotWare Arc、注销 Default User、备份与恢复、校准、控制面板、事件日志、FlexPendant 资源管理器、系统信息、重新启动
2. 单击“wobjdata”．并单击“显示数据”	程序数据 - 已用数据类型；从列表中选择一个数据类型。范围：RAPID/T_ROB1；更改范围；clock、loaddata、num、tooldata、wobjdata；显示数据；视图

续上表

操作步骤	图示
3. 在“wobjdata”页面单击“新建”，创建新的工件坐标数据	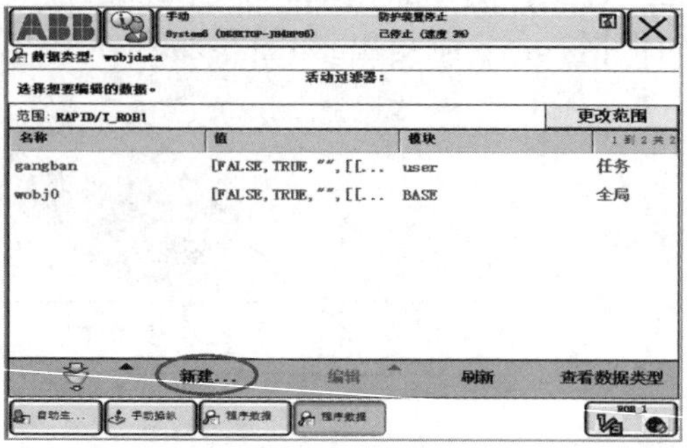
4. 在新建的工件页面中，可对工件名称、范围、存储类型等进行修改，也可保持默认状态。新建的工件坐标名称为 wobj1，各选项参数均为默认状态，单击“确定”按钮	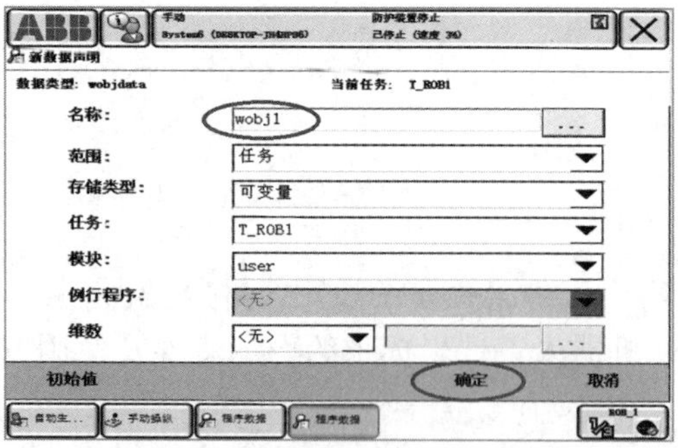
5. 单击“编辑”，然后单击“定义”对新建的工件“wobj1”进行定义	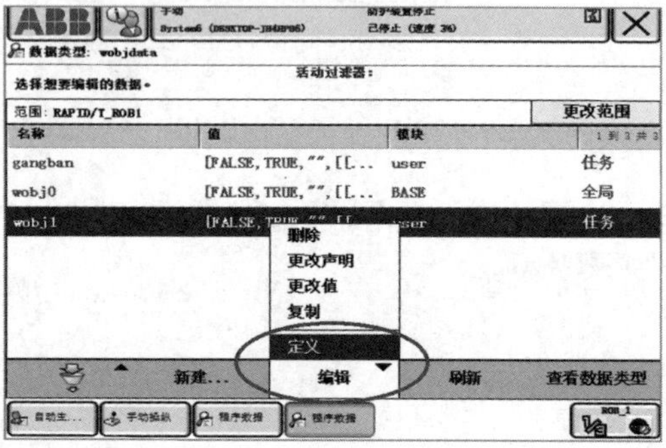
6. 在用户方法中选择“3 点”，目标方法为“未更改”，并选择“用户点 X1”	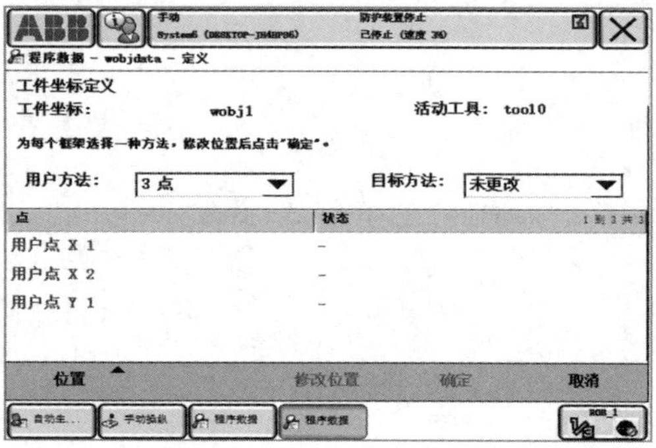

续上表

操作步骤	图示
7. 利用手动操作机器人的方式，让它的 TCP 靠近图示 X1 点，作为待设定工件坐标系的原点，单击示教器页面的“修改位置”，完成“用户点 X1”的位置修改	
8. 利用同样的方法，沿着待定义工件坐标的 X 正向，手动操作机器人的 TCP 靠近 X2 点，单击示教器页面的“修改位置”，完成“用户点 X2”的位置修改	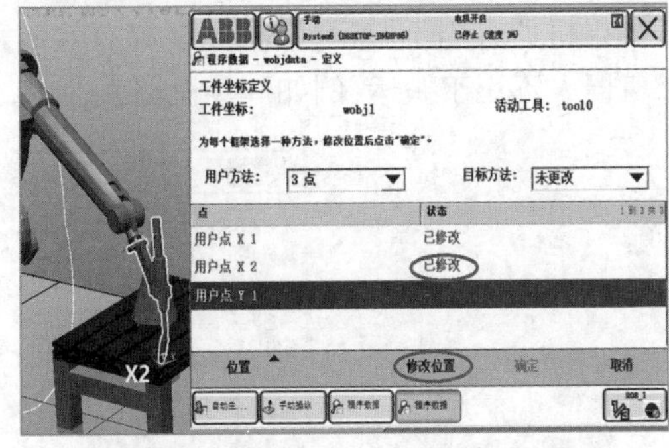
9. 手动操作机器人的 TCP 靠近 Y1 点、单击示教器页面的“修改位置”，完成“用户点 Y1”的位置修改，并单击“确定”	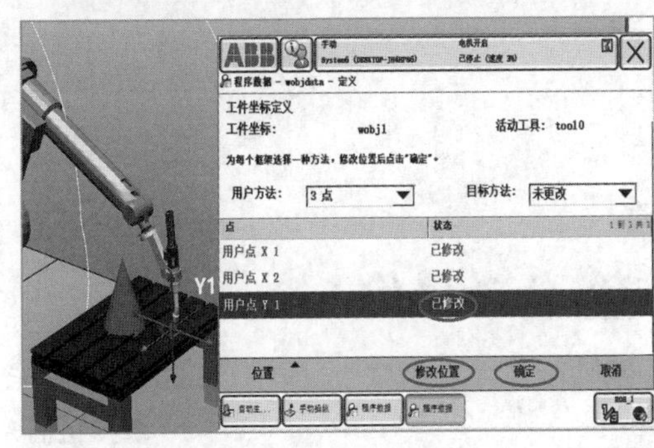
10. 对自动生成的工件坐标数据进行确认后单击“确定”按钮	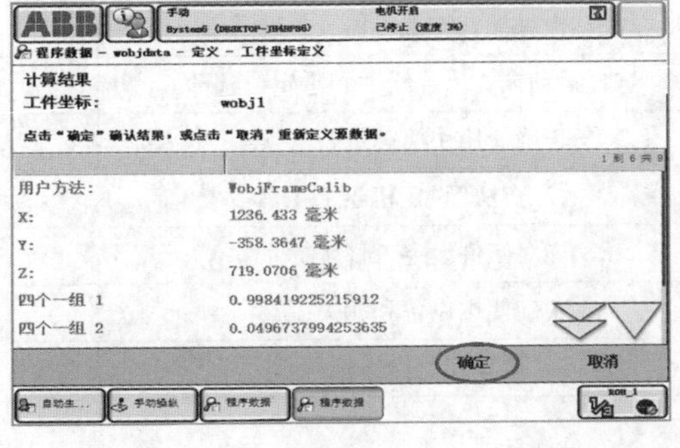

续上表

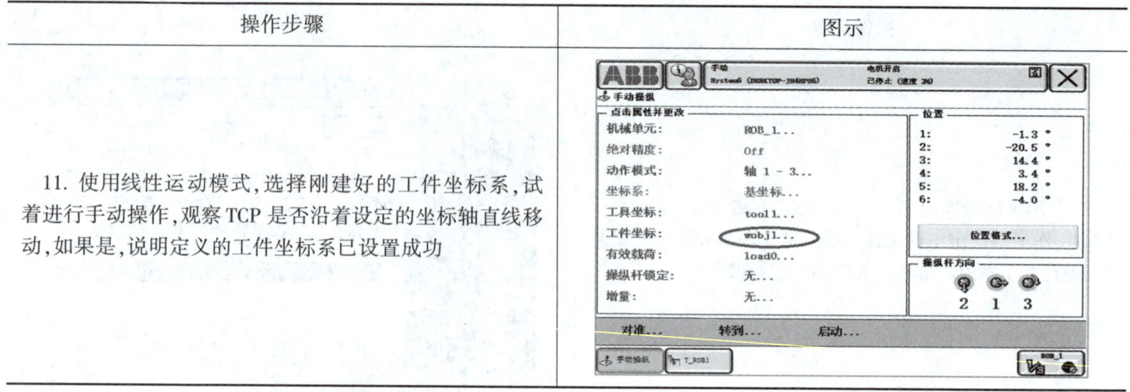

操作步骤	图示
11. 使用线性运动模式，选择刚建好的工件坐标系，试着进行手动操作，观察 TCP 是否沿着设定的坐标轴直线移动，如果是，说明定义的工件坐标系已设置成功	

6. 有效载荷(loaddata)的设定

如果机器人用于搬运，就需要设置有效载荷(loaddata)，有效载荷记录了重物的重量、重心。如果机器人不用于搬运，例如焊接机器人，则有效载荷设置为默认的 load0，如图 5-26 所示。

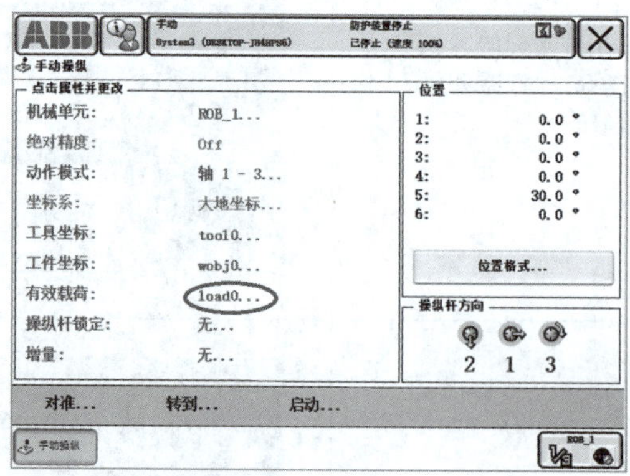

图 5-26　有效载荷的设定

任务评价

教师根据学生任务完成情况，指导学生完成任务评价表，任务评价内容见表 5-8。

表 5-8　焊接机器人基本操作任务评价表

检查项目	配分	测评数据	实得分数
手动操纵摇杆实现机器人各轴移动	10		
选择运动模式——线性和重定位移动	10		
正确使用快捷键进行切换	10		
“三点法”设定机器人工具	25		
能对工件设定工件坐标系	25		
正确使用设备和相关工具	10		
遵守安全操作规程	10		
总　　分	100	总成绩	

任务三 ABB 焊接机器人移动指令编程

任务目标

(1)掌握常用的机器人移动指令。
(2)掌握机器人程序的编写和编辑方法。
(3)能够单周和连续运行程序。

任务分析

(1)学习 ABB 焊接机器人的移动指令。
(2)学习 ABB 焊接机器人程序编辑方法,自动运行程序。

知识准备

一、示教与再现

绝大多数工业机器人属于示教再现方式的机器人。“示教”就是机器人学习的过程,在这个过程中,操作者要手把手教会机器人做某些动作,机器人的控制系统会以程序的形式将其记忆下来。机器人按照示教时记忆下来的程序展现这些动作,就是“再现”过程。示教再现机器人的工作原理如图 5-27 所示。

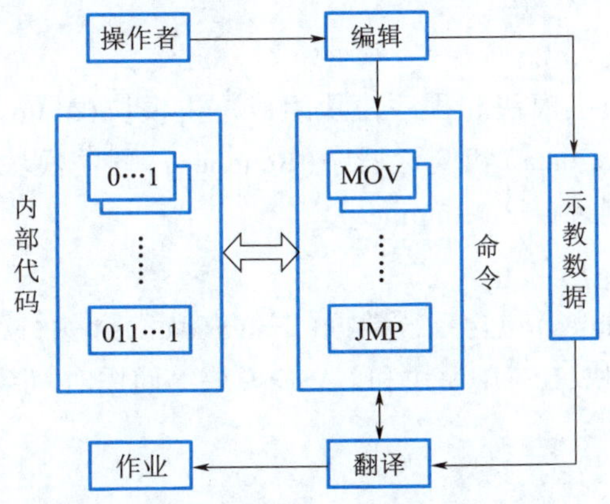

图 5-27 示教再现机器人的工作原理

示教时,操作人员通过示教器编写运动指令,也就是工作程序,然后由计算机查找相应的功能代码并存入某个指定的示教数据区,这个过程称为示教编程。

再现时,机器人的计算机控制系统自动逐条取出示教指令及其他有关数据,进行解读、计算。做出判断后,将信号送给机器人相应的关节伺服驱动器或端口,使机器人再现示教时的动作。

二、ABB 工业机器人程序存储器

ABB 工业机器人程序存储器包含应用程序和系统模块两部分。存储器中只允许存在一个主程序,所有例行程序(子程序)与数据无论存在什么位置,全部被系统共享。因此,所有例行程序与数据除特殊规定以外,名称不能重复。ABB 工业机器人存储器的组成如图 5-28 所示。

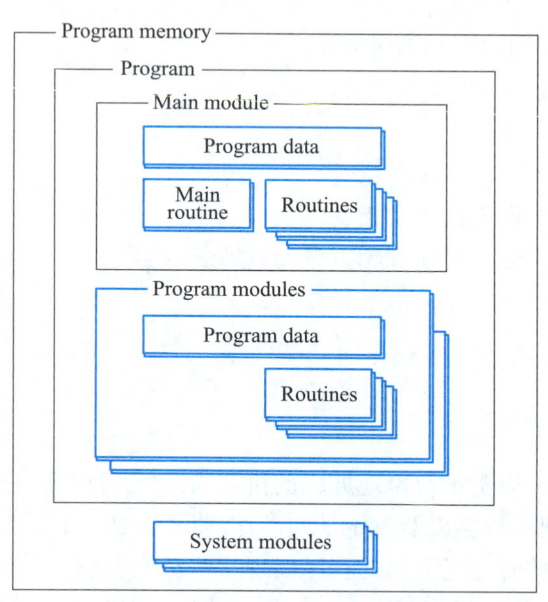

图 5-28　ABB 工业机器人存储器的组成

1. 应用程序的组成

应用程序(Program)由主模块和程序模块组成。主模块(Main module)包含主程序(Main routine)、程序数据(Program data)和例行程序(Routines);程序模块(Program modules)包含程序数据(Program data)和例行程序(Routines)。

2. 系统模块的组成

系统模块(System modules)包含系统数据(System data)和例行程序(Routines)。所有 ABB 机器人都自带两个系统模块,USER 模块和 BASE 模块。使用时对系统自动生成的任何模块不能进行修改。

三、移动指令

机器人在空间中进行移动主要有四种方式:绝对位置运动(Move Absj)、关节运动(MoveJ)、线性运动(MoveL)和圆弧运动(MoveC)。

1. 绝对位置运动(MoveAbsj)

绝对位置运动(有时也称回原点指令),直接指定 6 个轴的角度控制机器人运动,常用机器人 6 轴回归原点,如图 5-29 所示。

名称	值
rax_1 :=	0
rax_2 :=	0
rax_3 :=	0
rax_4 :=	0
rax_5 :=	0
rax_6 :=	0

（a）机器人各轴转角

名称	值
eax_a :=	9E+09
eax_b :=	9E+09
eax_c :=	9E+09
eax_d :=	9E+09
eax_e :=	9E+09
eax_f :=	9E+09

（b）外部轴各轴转角

图 5-29　各轴转角数据

2. 关节运动(MoveJ)

关节运动是指在对路径精度要求不高的情况下，机器人的 TCP 从一个位置 p10 点移动到另一位置 p20 点，两位置之间路径不一定是直线，如图 5-30 所示。

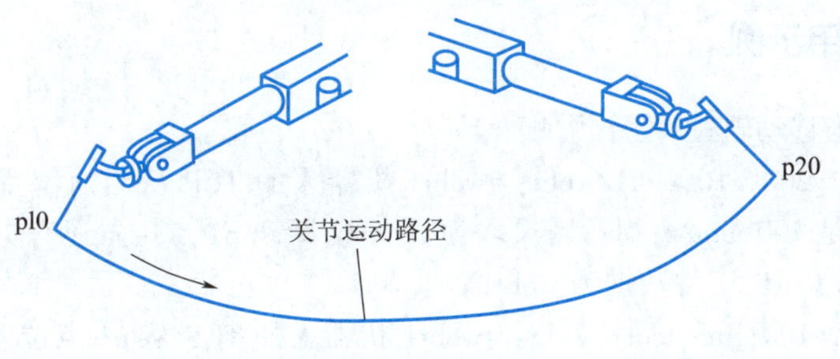

图 5-30　关节运动

关节运动的路径不可以预测，由控制系统自定，所以使用关节运动指令时要注意避开工件或者其他障碍物。关节引动指令应用时具有以下三个特点：

(1)不存在运动死点。

(2)对机械的保护较好。

(3)只适用于大范围空间运动。

3. 线性运动(MoveL)

线性运动是指机器人的 TCP 从起点 p10 到终点 p20 之间的路径始终保持为直线，如图 5-31 所示。一般焊接、涂胶等对路径要求高的场合使用此指令。注意，线性运动机器人关节存在死点，应尽量避免四轴与五轴形成同一直线的情况。

4. 圆弧运动(MoveC)

圆弧运动是在机器人可到达的空间范围内定义三个位置点，第一点是圆弧的起点 p10，第二点定义圆弧的中点 p30，第三点是圆弧的终点 p40，如图 5-32 所示。

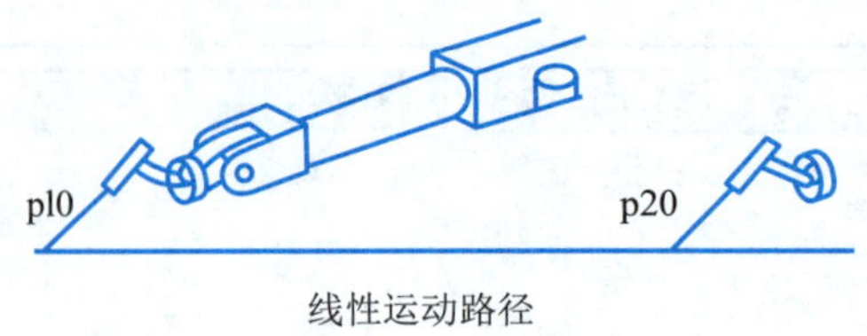

图 5-31 线性运动

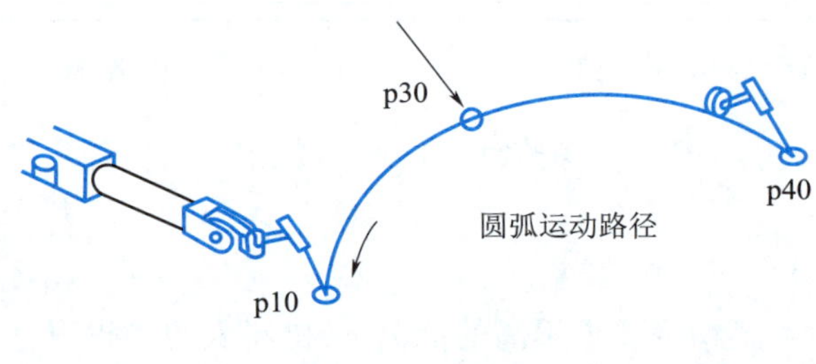

图 5-32 圆弧运动

四、指令使用示例

图 5-33 所示为移动轨迹，程序说明如下：

(1) MoveL p1,v200,z10,tool1/wobj:=wobj1 机器人的 TCP 从当前位置向 p1 点以线性运动方式前进，速度是 200 mm/s，拐弯区尺寸为 10 mm，距离 p1 点位置还有 10 mm 时开始拐弯。使用的工具数据为 tool1，工件数据为 wobj1。

(2) MoveL p2,v100,fine,tool1/wobj:=wobj1 机器人的 TCP 从 p1 点位置向 p2 点以线性运动方式前进，速度是 100 mm/s，拐弯区尺寸为 fine，机器人在 p2 点位置稍作停顿。使用的工具数据为 tool1，工件数据为 wobj1。

(3) MoveJ p3,v500,fine,tool1/wobj:=wobj1 机器人的 TCP 从 p2 点位置向 p3 点以关节运动方式前进，速度是 500 mm/s，拐弯区尺寸为 fine，机器人在 p3 点位置停止。使用的工具数据为 tool1，工件数据为 wobj1。

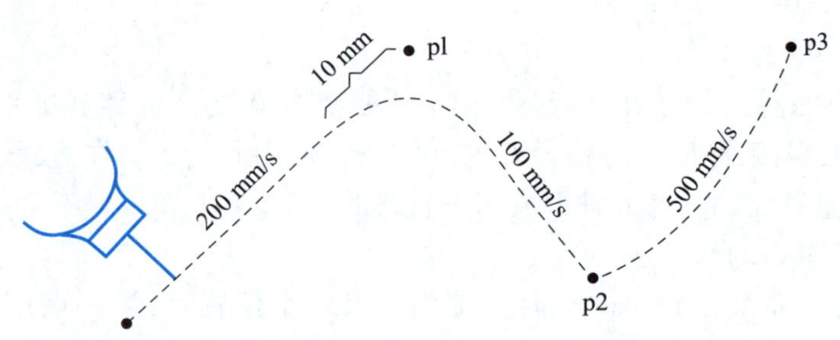

图 5-33 移动轨迹

任务实施

一、程序编辑方法

1. 添加指令

在程序中添加移动指令的方法有两种：

(1)在程序编辑器编辑状态下复制、粘贴需要的移动指令，必要时可修改其参数，如图 5-34 所示。

(2)在程序编辑器中，将光标移动到需要添加移动指令的位置，操纵摇杆使机器人到达新位置，单击“添加指令”添加新的移动指令，如图 5-35 所示。

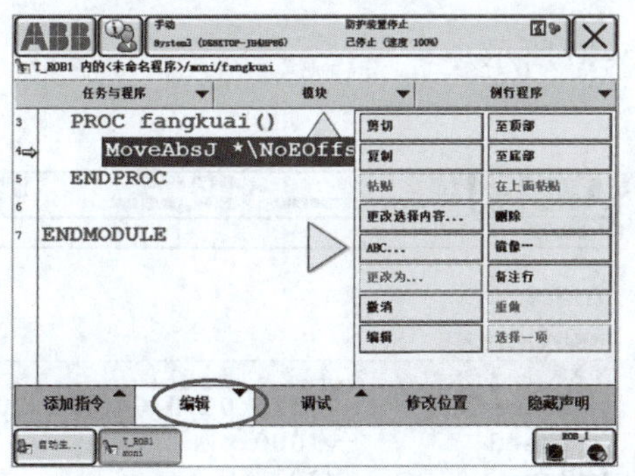

图 5-34 复制并粘贴指令

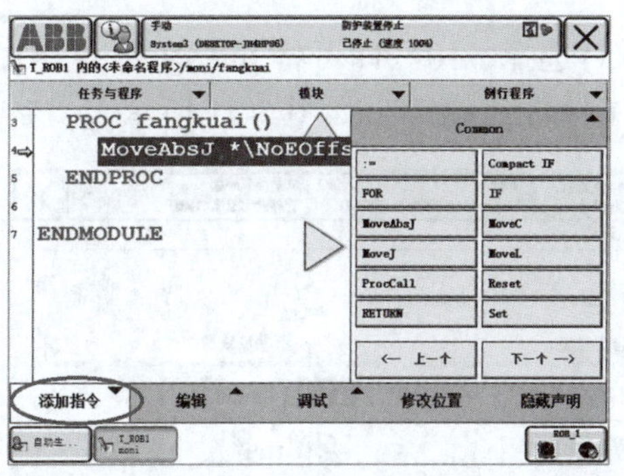

图 5-35 添加指令

2. 编辑指令变量

例如，修改程序的第一个 MoveJ 指令，改变精确点(fine)为转弯半径 z10。步骤如下：

(1)在主菜单下，选程序编辑器，进入程序，选中要修改变量的程序语句，如图 5-36 所示。

(2)单击“编辑”打开编辑窗口，如图 5-37 所示。

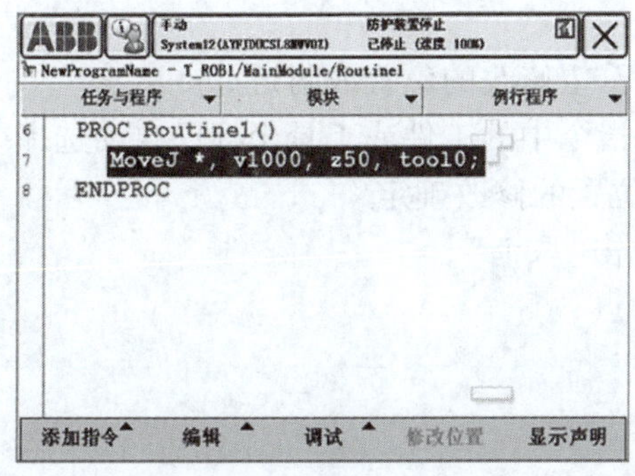

图 5-36 选中程序语句

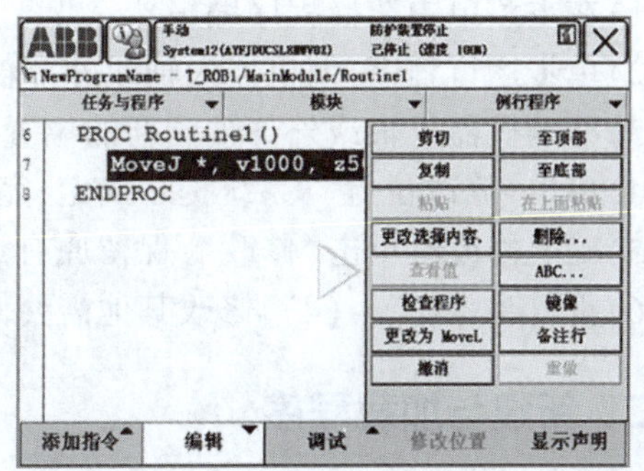

图 5-37 单击“编辑”

(3)单击“更改选择内容”，进入待更改变量菜单，如图 5-38 所示。

(4)单击“Zone”进入当前变量菜单,如图 5-39 所示。

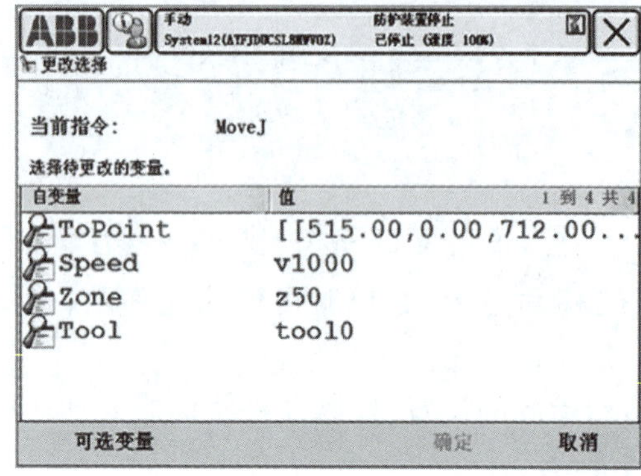

图 5-38 待更改变量菜单

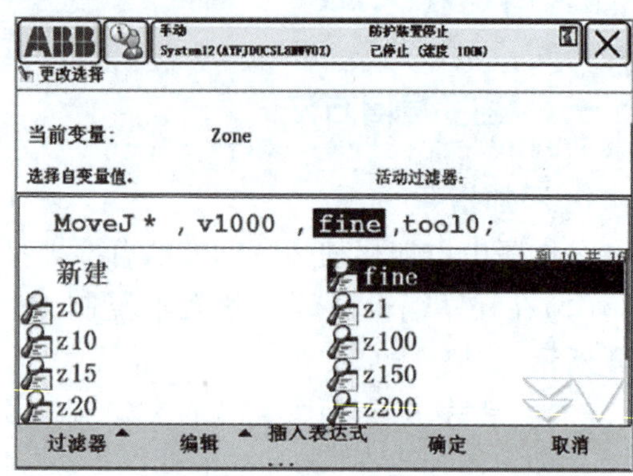

图 5-39 当前变量菜单

(5)选择“z10”,即可将 fine 改变为 z10,如图 5-40 所示。

(6)单击“确定”,如图 5-41 所示。

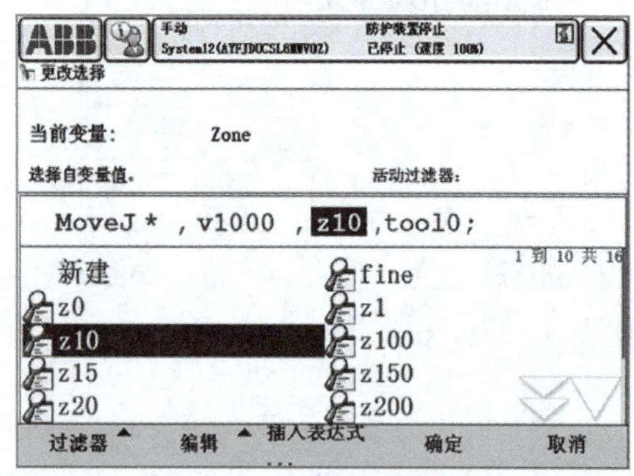

图 5-40 选择“z10”

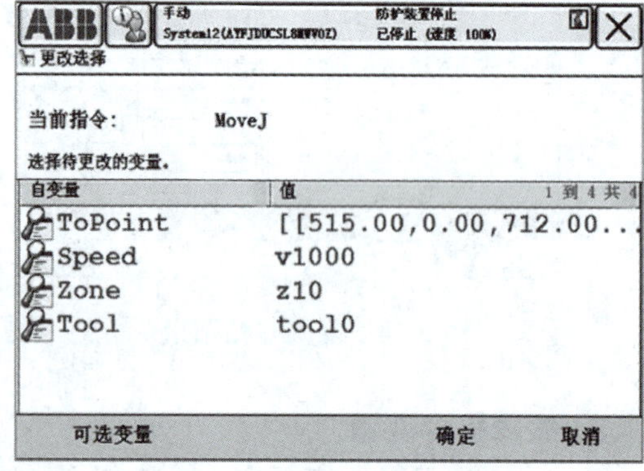

图 5-41 单击“确定”按钮

3. 修改位置点

修改位置点的步骤如下:

(1)在主菜单中选择程序编辑器。

(2)单步运行程序,使机器人轴或外部轴到达希望修改的位置或附近。

(3)移动机器人轴或外部轴到新的位置,此时指令中的工件或工具坐标已自动选择。

(4)单击“修改位置”,系统提示确定,完成点位置的修改确定。

(5)确定修改时单击“修改”,保留原有点时单击“取消”。

(6)重复步骤(3)~(4),修改其他需要修改的点。

二、新建与加载程序

1. 新建与加载一个程序的步骤

(1)在主菜单下,选择程序编辑器。

(2)选择任务与程序。

(3)若创建新程序，单击“新建”按钮，然后打开软键盘对程序进行命名；若加载已有程序，则单击“加载程序”，显示文件搜索工具。

(4)在搜索结果中选择需要的程序，单击“确定”按钮，程序被加载，如图 5-42 所示。为了给新程序腾出空间，可以先删除先前加载的程序。

2. 手动运行程序

(1)调节运行速度。在开始运行程序前，为了保证操作人员和设备的安全，应将机器人的运动速度调整到 75%（或更低）。速度调节方法如下：

①按快捷键按钮。

②按速度模式键，显示快捷速度调节按钮，如图 5-43 所示。

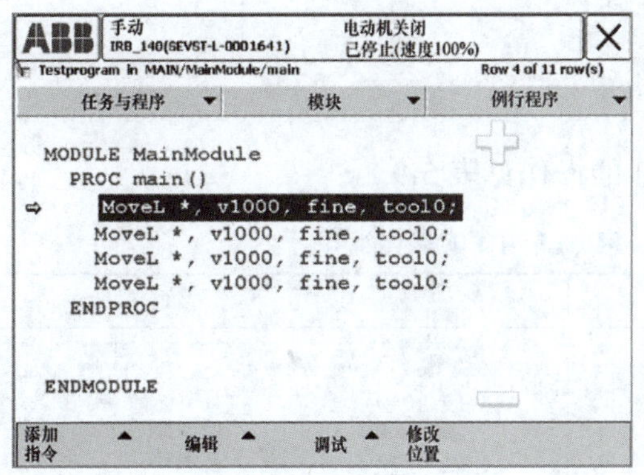

图 5-42 机器人程序

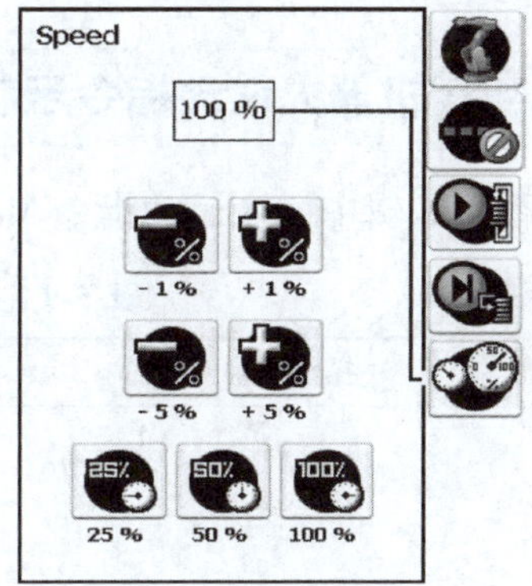

图 5-43 快捷速度调节按钮

③将速度调整为 75% 或 50%。

④按快捷菜单键关闭窗口。

(2)运行程序。运行刚才打开的程序，先用手动低速，单步执行，再连续执行。运行步骤如下：

①将机器人切换至手动模式。

②按住示教器上的使能键。

③按单步向前或单步向后，单步执行程序。执行完一句即停止。

三、自动运行程序

自动运行程序的步骤如下：

(1)插入钥匙，将运行模式切换到自动模式，示教器上显示运行模式切换对话框，如图 5-44 所示。

(2)单击“确定”按钮，关闭对话框，示教器上显示生产窗口，如图 5-45 所示。

(3)按电动机通电/失电按钮激活电动机。

(4)按连续运行键开始执行程序。

(5)按停止键停止程序。

(6)插入钥匙，运行模式返回手动状态。

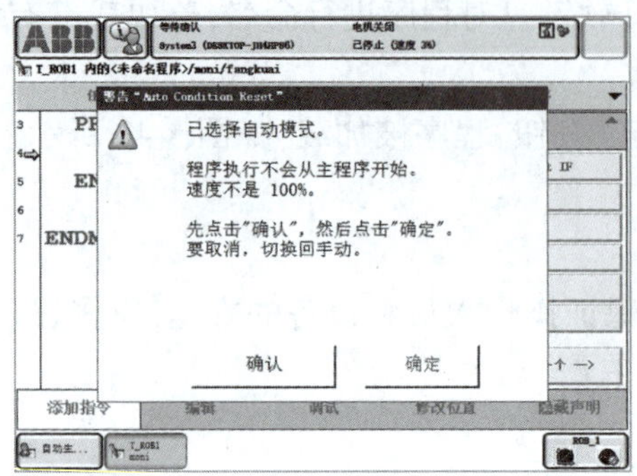

图 5-44 运行模式切换对话框

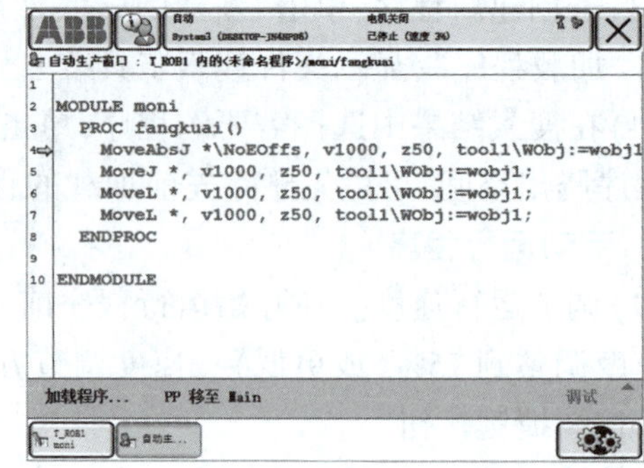

图 5-45 生产窗口

四、ABB 机器人移动指令示教

1. 在程序编辑中插入运动指令 MoveJ 的操作见表 5-9。

表 5-9 插入 MoveJ 指令的操作步骤

操作说明	操作界面
1. 在 ABB 主菜单中单击“程序编辑器”	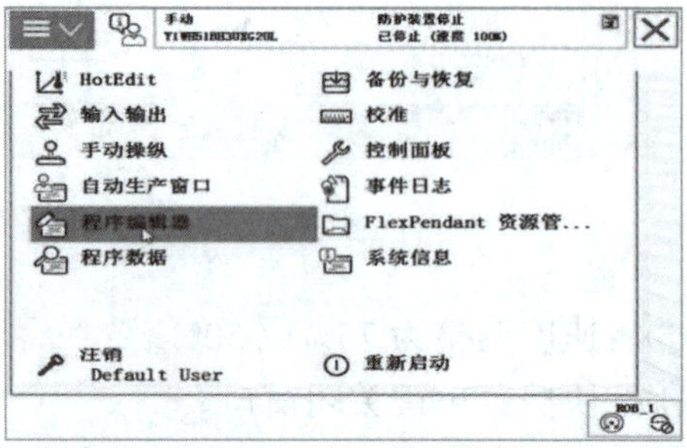
2. 单击“例行程序”→“文件”→“新建例行程序…”	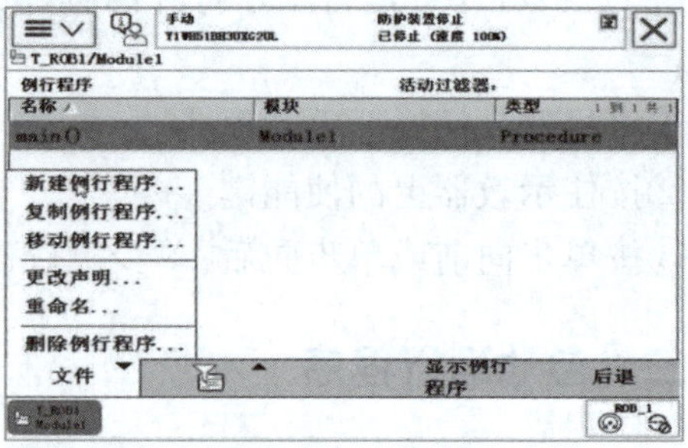
3. 单击“ABC…”，命名新程序“tiaoshi”，单击“确定”按钮	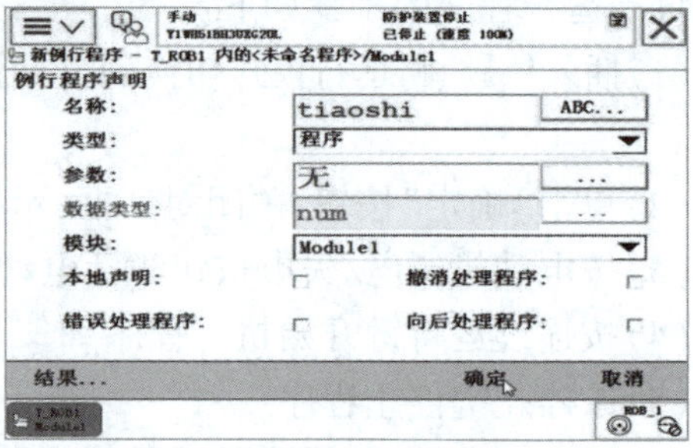

续上表

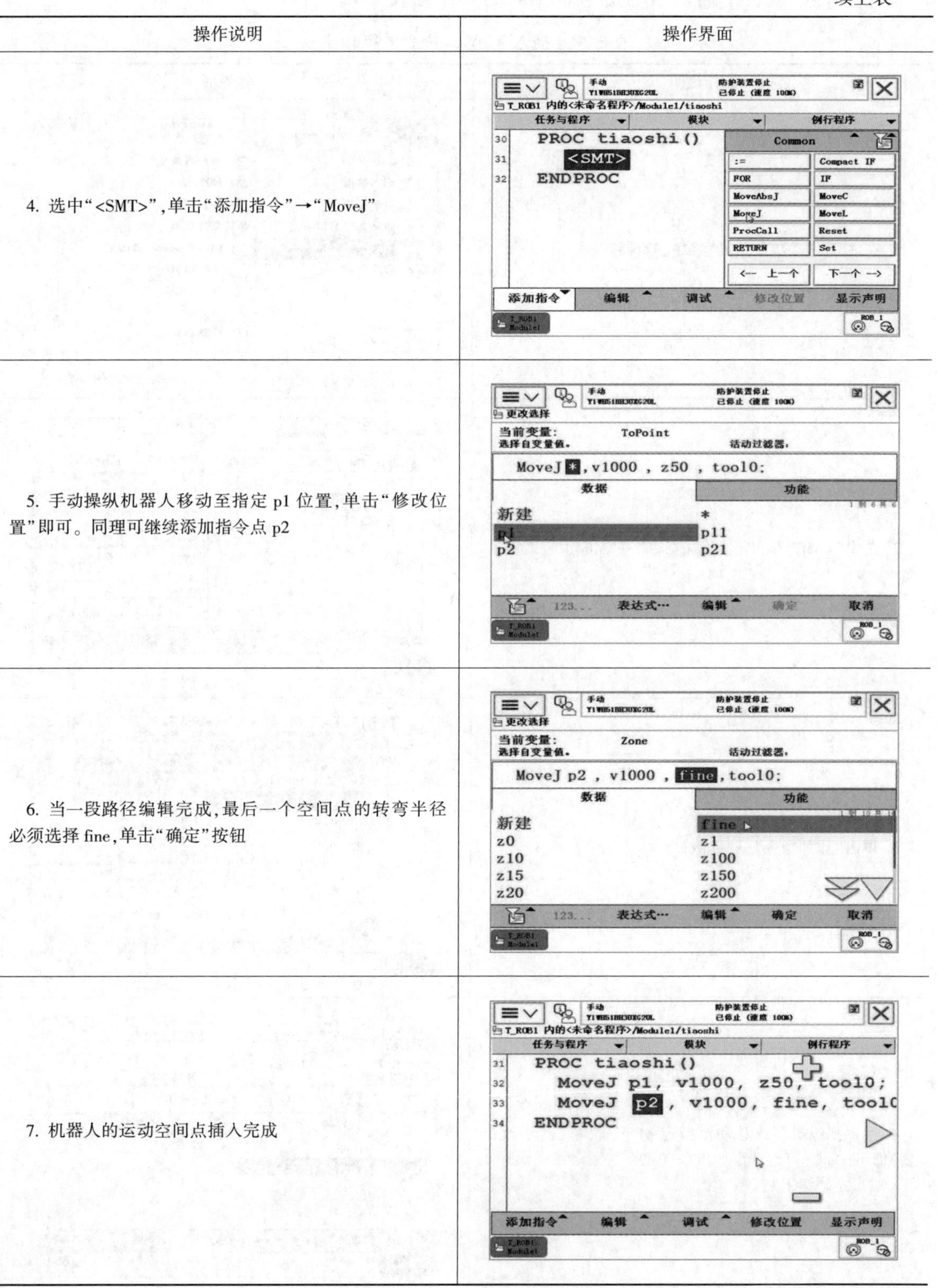

操作说明	操作界面
4. 选中“<SMT>”,单击“添加指令”→“MoveJ”	
5. 手动操纵机器人移动至指定 p1 位置,单击“修改位置”即可。同理可继续添加指令点 p2	
6. 当一段路径编辑完成,最后一个空间点的转弯半径必须选择 fine,单击“确定”按钮	
7. 机器人的运动空间点插入完成	

2. 在程序编辑中插入运动指令 MoveL 的操作见表 5-10。

表 5-10　插入 MoveL 指令的操作步骤

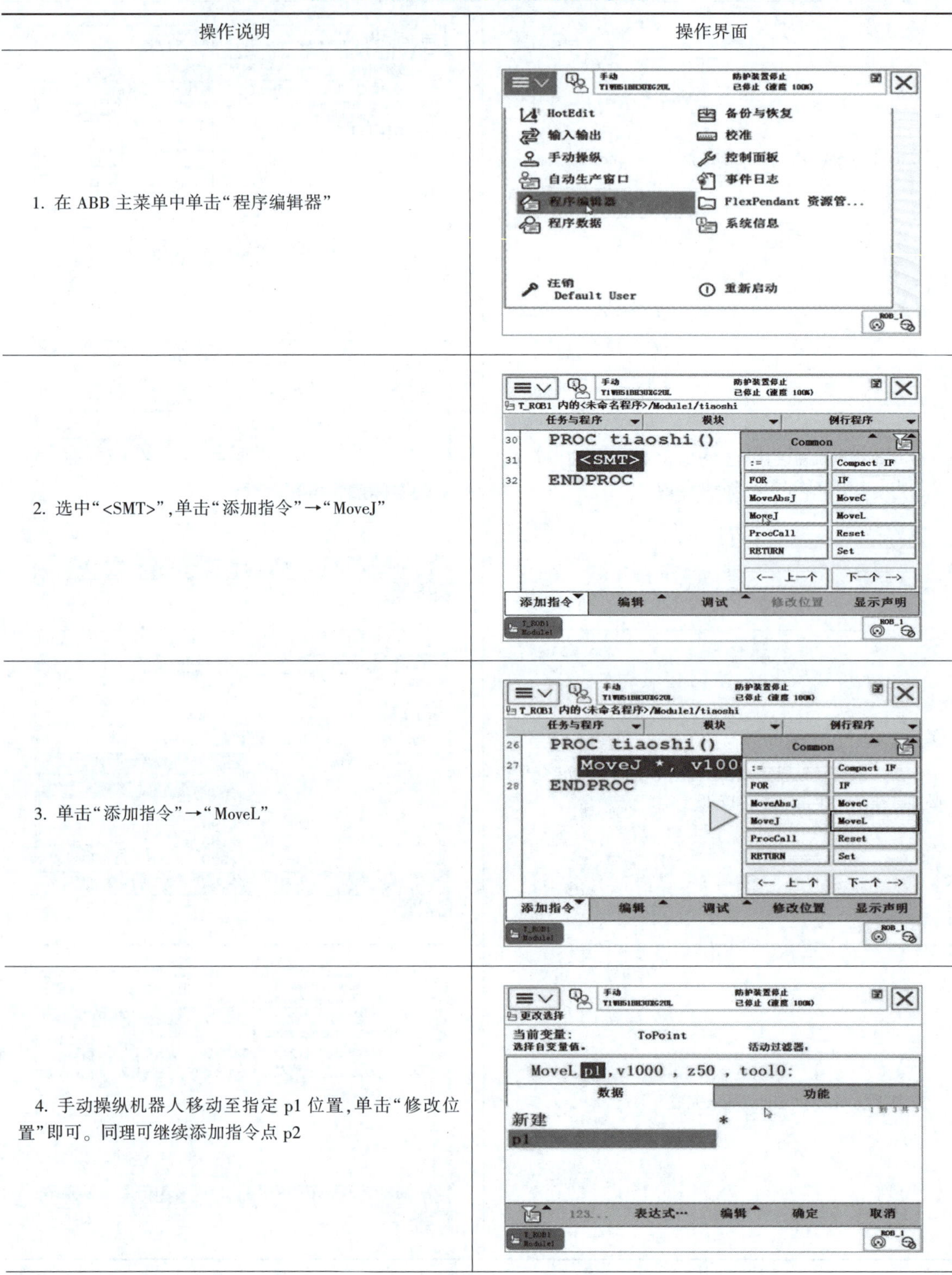

操作说明	操作界面
1. 在 ABB 主菜单中单击“程序编辑器”	
2. 选中“<SMT>”，单击“添加指令”→“MoveJ”	
3. 单击“添加指令”→“MoveL”	
4. 手动操纵机器人移动至指定 p1 位置，单击“修改位置”即可。同理可继续添加指令点 p2	

续上表

操作说明	操作界面
5. 当一段路径编辑完成，最后一个空间点的转弯半径必须选择 fine，单击“确定”按钮	
6. 机器人从 p1 点至 p2 点的直线运动程序编辑完成	

3. 在程序编辑中插入运动指令 MoveC 的操作见表 5-11。

表 5-11 插入 MoveC 指令的操作步骤

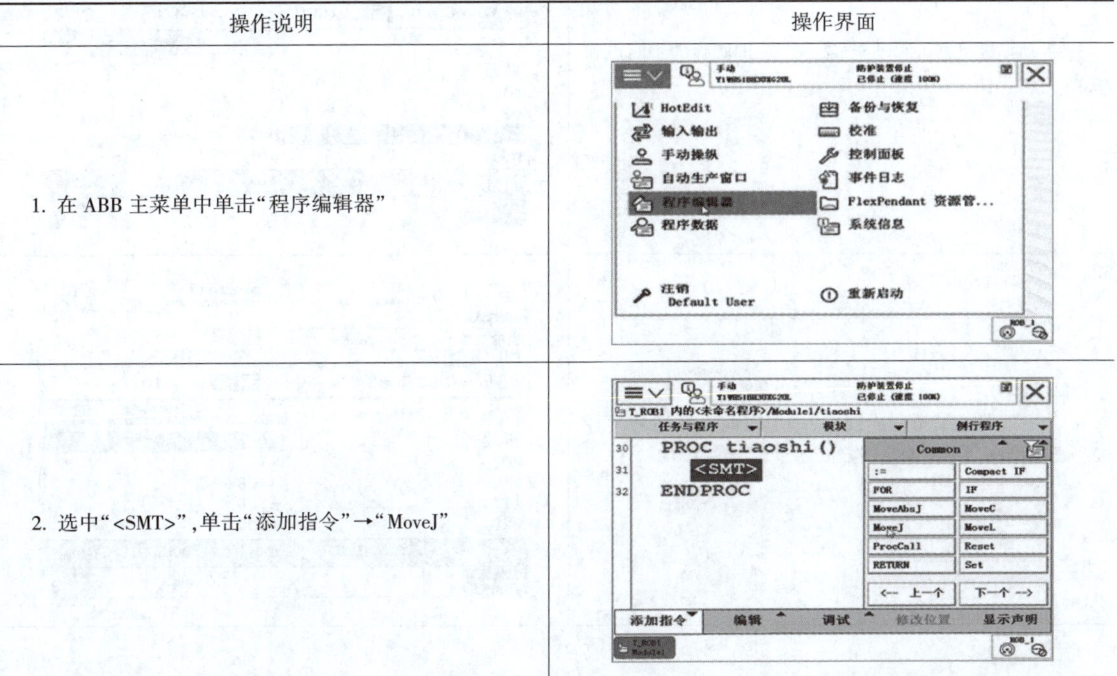

操作说明	操作界面
1. 在 ABB 主菜单中单击“程序编辑器”	
2. 选中“<SMT>”，单击“添加指令”→“MoveJ”	

续上表

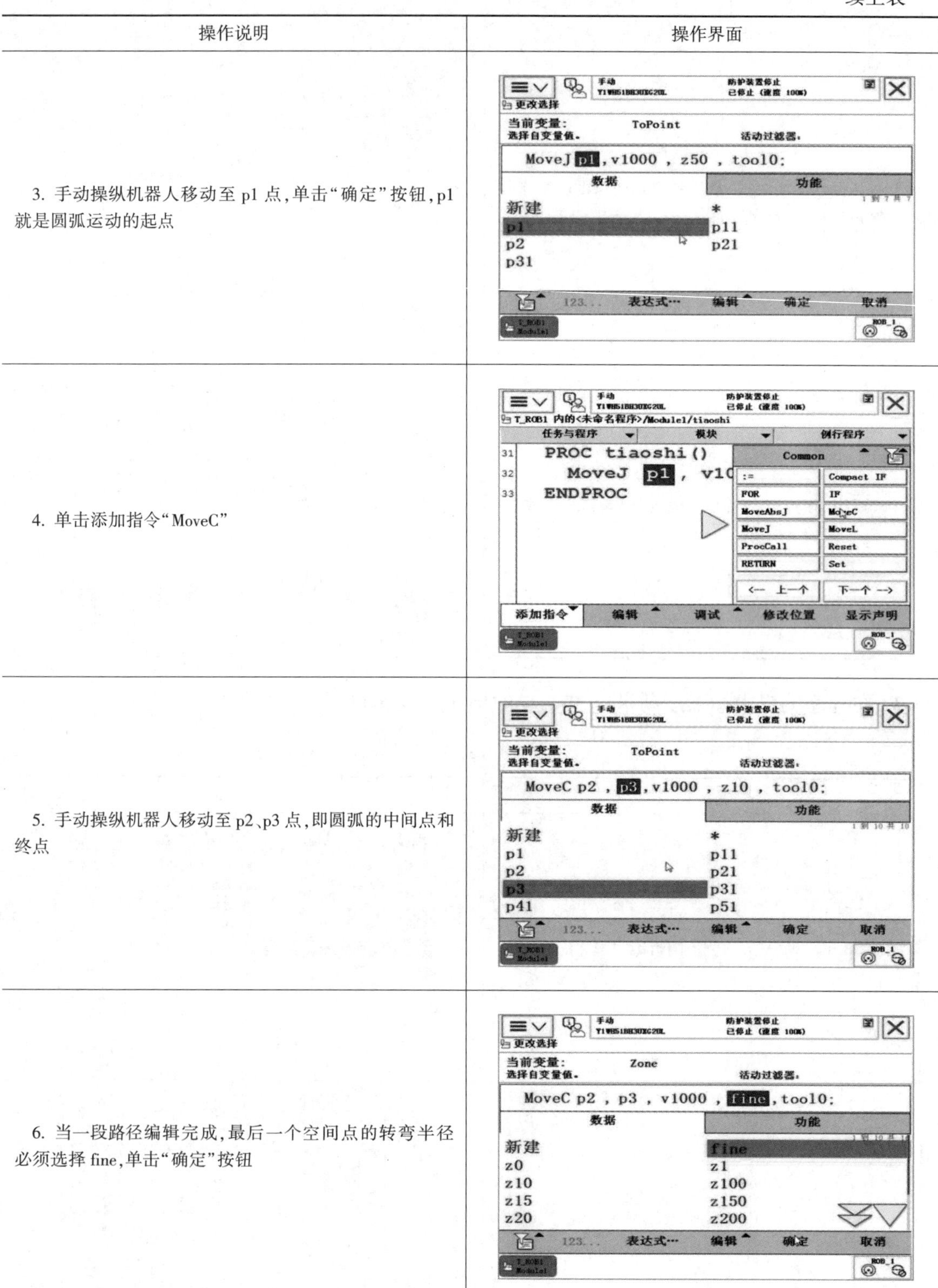

操作说明	操作界面
3. 手动操纵机器人移动至 p1 点,单击“确定”按钮,p1 就是圆弧运动的起点	
4. 单击添加指令“MoveC”	
5. 手动操纵机器人移动至 p2、p3 点,即圆弧的中间点和终点	
6. 当一段路径编辑完成,最后一个空间点的转弯半径必须选择 fine,单击“确定”按钮	

续上表

操作说明	操作界面
7. 插入 MoveC 指令完成	手动 T1WBS1BH3UZG2UL 防护装置停止 已停止（速度 100%） T_ROB1 内的<未命名程序>/Module1/tiaoshi 任务与程序 模块 例行程序 34 PROC tiaoshi() 35 MoveJ p1, v1000, z50, tool0; 36 MoveC p2, p3, v1000, fine, tool0; 37 ENDPROC 添加指令 编辑 调试 修改位置 显示声明 T_ROB1 Module1 ROB_1

任务评价

教师根据学生任务完成情况，指导学生完成任务评价表，任务评价内容见表5-12。

表 5-12 焊接机器人移动指令任务评价表

检 查 项 目	配分	测评数据	实得分数
使用程序编辑器加载一个程序，分别手动、自动运行已加载程序	20		
会使用三个基本运动指令	10		
利用示教器对程序进行编辑，添加指令、修改位置及各参数	30		
能够顺利运行程序和备份数据	20		
能够正确使用设备和工具	10		
遵守安全操作规程	10		
总　　分	100	总成绩	

任务四 ABB焊接机器人焊接指令编程

任务目标

（1）掌握常用的机器人焊接指令及用途。

（2）掌握焊接参数的设置方法。

（3）能进行焊接指令编程。

任务分析

(1)学习 ABB 焊接机器人的常用焊接指令及焊接参数设置。

(2)练习摆动焊接及摆动参数设置。

知识准备

一、常用焊接指令及焊接参数

1. 焊接指令

(1)ArcLStart。直线焊接开始指令。直线焊接开始指令有以下特点:

①以直线运动或圆弧运动行走至焊道开始点,并提前做好焊接准备工作(注意不执行焊接)。

②若直接用 ArcL 命令,焊接在命令的起始点开始执行,但在所有准备工作完成前机器人保持不动。

③不管是否使用 Start 指令,即使设置了 Zone 参数,焊接开始点也是 fine 点(无圆角过渡)。

(2)ArcL、ArcC。直线焊道、圆弧焊道。直线焊道、圆弧焊道指令的运动轨迹与线性运动、圆弧运动的轨迹相同。使用时应注意,如果 ArcL 指令下一条是 MoveL,焊接会停止,但结果是无法预料的(如没有填弧坑)。

(3)ArcLEnd、ArcCEnd。直线或圆弧焊接结束指令。焊接直线或圆弧至焊道结束点,并完成填弧坑等焊后工作。

2. 焊接参数

(1)Weld 参数,定义主要焊接参数。

①weld_speed:焊接速度。

②main_arc:定义主电弧参数,包括 Voltage(电压值)、WireFeed(电流值)。

(2)Seam 参数,用于焊接引弧、加热和收弧段,以及中断后重启。

①Ignition(引弧段),主要包括以下参数:

a. purge-time:气体充满气管和焊枪的时间(s)。

b. preflow_time:预先送气时间,机器人保持不动直至该动作结束。

c. ign_arc:定义引弧电弧参数,数据类型为 Arcdata。

d. ign_move_delay:引弧稳定之后到加热段开始之间的延时。

②End(收弧段),主要包括以下参数:

a. cool_time:第一次断弧到填弧坑电弧之间的冷却时间。

b. fill_time:填弧坑时间。

c. fill_arc:定义填弧坑电弧参数,数据类型为 Arcdata。

d. postflow_time:焊道保护送气时间。

(3)Weavedata 焊接摆动参数,用于定义摆动参数(在焊接指令的可选变量中),主要包括以下参数:

①weave_shape 摆动形状,数值 0~3,含义见表 5-13。

表 5-13 摆动形状数值含义

摆动数值	英文含义	中文含义
0	No weaving	没有摆动
1	Zigzag weaving	Z 字形摆动
2	V-shaped weaving	V 字形摆动
3	Triangular weaving	三角形摆动

②weave_type 摆动模式,数值 0~3,含义见表 5-14。

表 5-14 摆动模式数值含义

设定的数值	含　义	设定的数值	含　义
0	机器人的 6 根轴都参与摆动	2	1、2、3 轴参与摆动
1	5 轴和 6 轴参与摆动	3	4、5、6 轴参与摆动

③weave_length 表示一个摆动周期机器人的工具坐标向前移动的距离。

④weave_width 表示摆动宽度(mm)。

⑤weave _height 表示摆动的高度,只有在三角摆动和 V 字摆动时此参数才有效。

二、焊接指令使用示例

以图 5-46 所示的直线焊缝为例,说明焊接程序的基本含义。

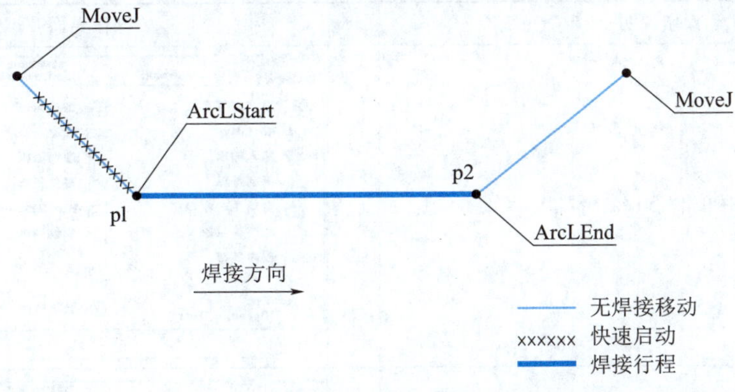

图 5-46 直线焊缝

(1)MoveJ…。机器人的 TCP 以关节运动方式移动到焊道的开始点 p1 上方,焊枪的姿势调整到适合焊接。

(2)ArcLStart p1,v100,seam1,weld1,fine,tool1。机器人的 TCP 以线性运动方式移动到焊道的开始点 p1,运动速度为 100 mm/s,机器人准备好焊接时所使用的参数。机器人在 p1 点位置稍作停顿后开始起弧,起弧的参数在 seam1 中设定。使用的工具数据为 tool1。

(3)ArcLEnd p2,v100,seam1,weld1,fine,tool1。机器人的 TCP 以直线的焊接方式从焊道的开始点 p1 向焊接结束点 p2 焊接,焊接速度在 weld1 中设置。机器人在 p2 点位置完成收弧动作后焊接停止，收弧的参数在 seam1 中设定。使用的工具数据为 tool1。

(4) MoveJ…。机器人的 TCP 以关节运动方式移动到焊道的结束点 p2 上方。

任务实施

一、直线焊缝轨迹示教

弧焊机器人的加工焊缝为直线焊缝时，以图 5-47 焊缝为例来介绍指令编辑过程。

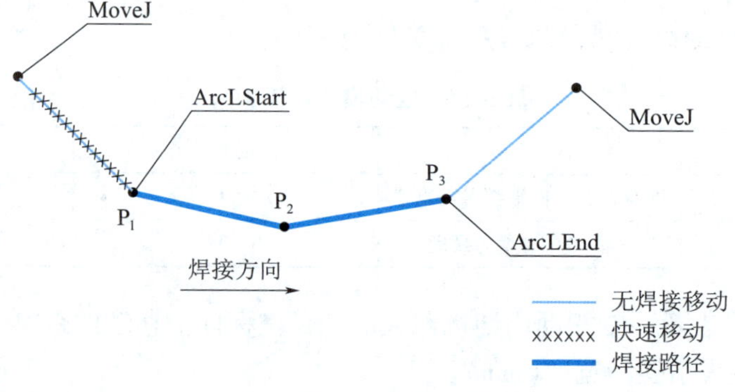

图 5-47　直线焊缝

在图 5-47 中，MoveJ 是指机器人行走的空间点焊缝，此处无焊接操作，p1 至 p3 为两段焊缝，p2 为中间拐点，整个焊缝包含两条直线焊缝。具体程序编辑过程见表 5-15。

表 5-15　直线焊缝示教编程操作

操作说明	操作界面
1. 在 ABB 主菜单中单击“程序编辑器”	生产屏幕　备份与恢复 HotEdit　校准 输入输出　控制面板 手动操纵　事件日志 自动生产窗口　FlexPendant 资源管... 程序编辑器　系统信息 程序数据 注销 Default User　重新启动
2. 选中“<SMT>”，单击“添加指令”按钮	PROC zhixinhanjie() <SMT> ENDPROC 添加指令　编辑　调试　修改位置　显示声明

续上表

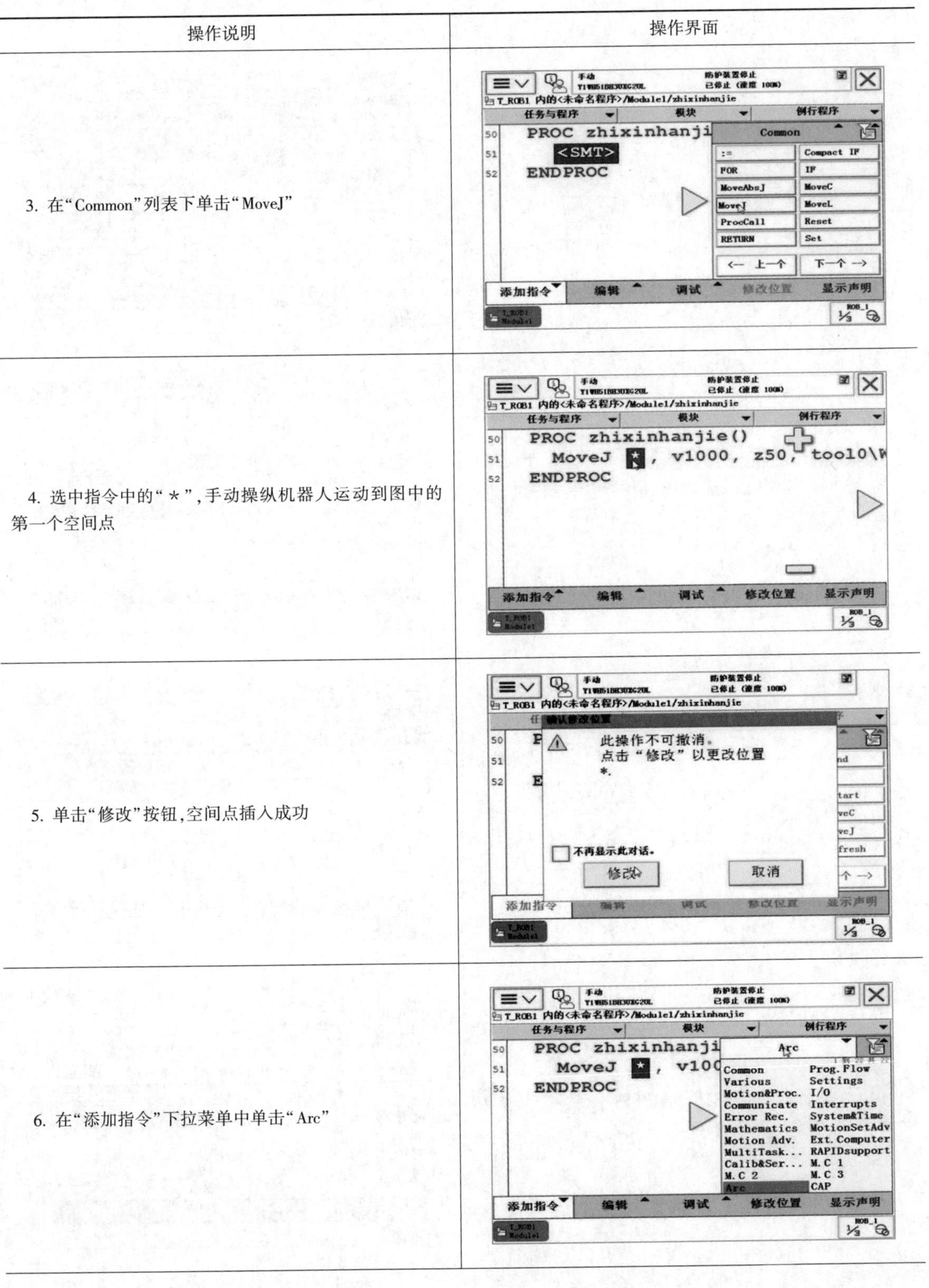

操作说明	操作界面
3. 在“Common”列表下单击“MoveJ”	
4. 选中指令中的“ * ”，手动操纵机器人运动到图中的第一个空间点	
5. 单击“修改”按钮，空间点插入成功	
6. 在“添加指令”下拉菜单中单击“Arc”	

续上表

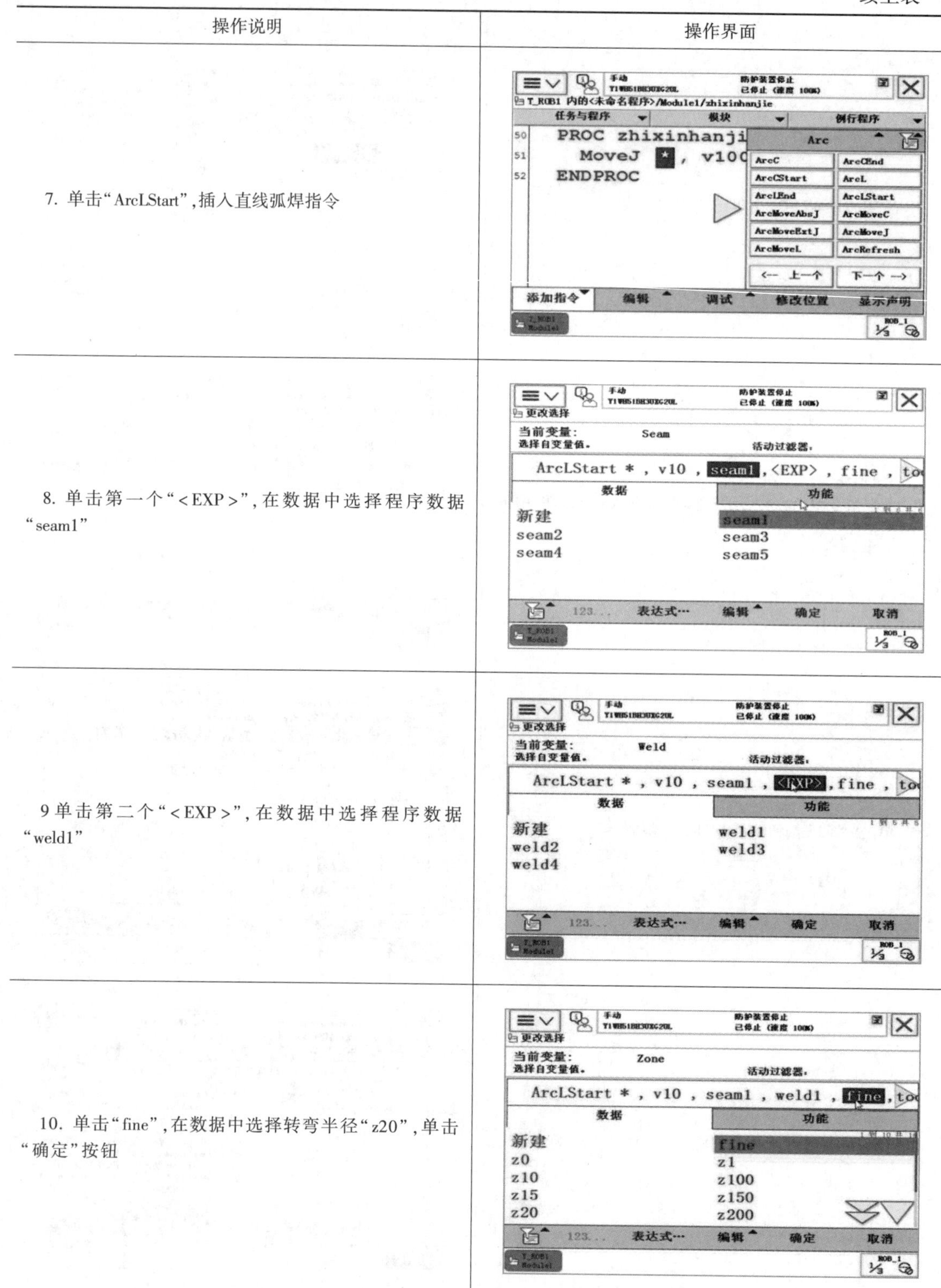

操作说明	操作界面
7. 单击“ArcLStart”,插入直线弧焊指令	
8. 单击第一个“<EXP>”,在数据中选择程序数据“seam1”	
9 单击第二个“<EXP>”,在数据中选择程序数据“weld1”	
10. 单击“fine”,在数据中选择转弯半径“z20”,单击“确定”按钮	

续上表

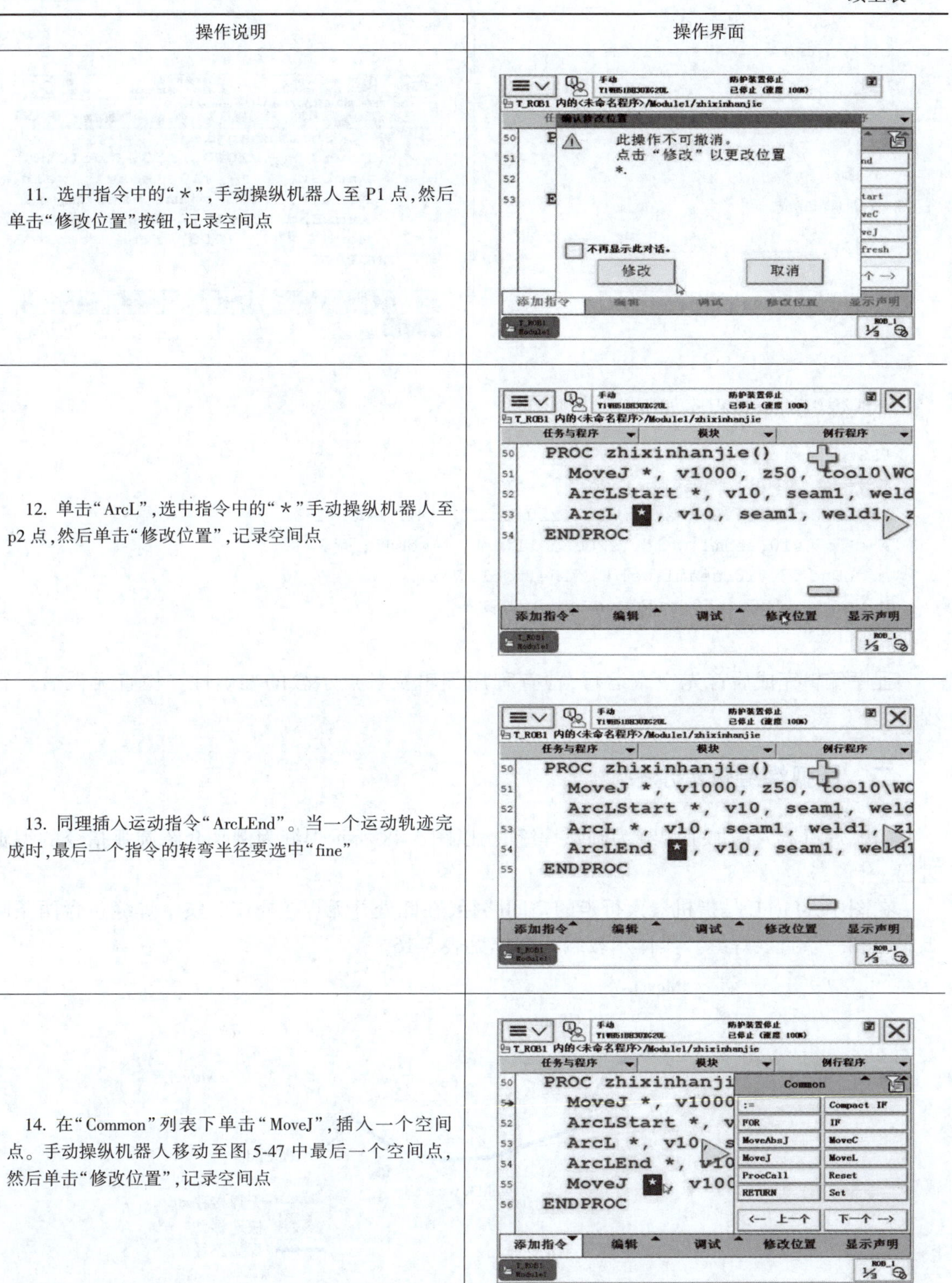

操作说明	操作界面
11. 选中指令中的"＊",手动操纵机器人至 P1 点,然后单击"修改位置"按钮,记录空间点	
12. 单击"ArcL",选中指令中的"＊"手动操纵机器人至 p2 点,然后单击"修改位置",记录空间点	
13. 同理插入运动指令"ArcLEnd"。当一个运动轨迹完成时,最后一个指令的转弯半径要选中"fine"	
14. 在"Common"列表下单击"MoveJ",插入一个空间点。手动操纵机器人移动至图 5-47 中最后一个空间点,然后单击"修改位置",记录空间点	

续上表

操作说明	操作界面
15. 程序编辑完成	手动 防护装置停止 已停止（速度 100%） T_ROB1 内的<未命名程序>/Module1/zhixinhanjie 任务与程序 模块 例行程序 50 PROC zhixinhanjie() 51 MoveJ *, v1000, z50, tool0\WO 52 ArcLStart *, v10, seam1, weld 53 ArcL *, v10, seam1, weld1, z1 54 ArcLEnd *, v10, seam1, weld1, 55 MoveJ *, v1000, fine, tool0\ 56 ENDPROC 添加指令 编辑 调试 修改位置 显示声明

直线焊缝的示教程序如下：

```
PROC zhixianhanjie()
MoveJ * ,v1000,z50,tool1 \wobj:=wobj1;
ArcLStart p1,v10,seam1,weld1,z20,tool1 \wobj:=wobj1;
ArcL p2,v10,seam1,weld1,z20,tool1 \wobj:=wobj1;
ArcLEnd p3,v10,seam1;weld1,fine,tool1 \wobj:=wobj1;
MoveJ * ,v1000,z50,tool1 \wobj:=wobj1;
ENDPROC
```

程序编辑完成后首先空载运行，检查程序编辑及各点示教的准确性。检查无误后运行程序。

二、圆弧焊缝轨迹示教

当弧焊机器人的加工焊缝为圆弧焊缝时，以图 5-48 所示焊缝为例来介绍圆弧指令的编辑过程。

在图中，MoveL 是指机器人行走的空间路径，在此处并无焊接操作。整个焊缝包含两条圆弧焊缝和一条直线焊缝。具体示教编程操作见表 5-16。

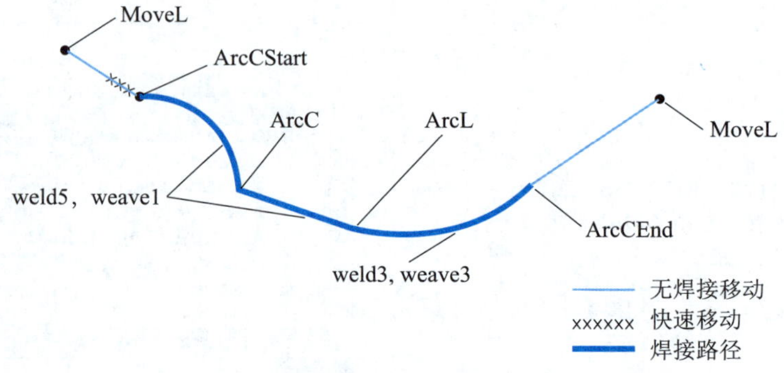

图 5-48　圆弧焊缝示意图

表 5-16 圆弧焊缝示教编程

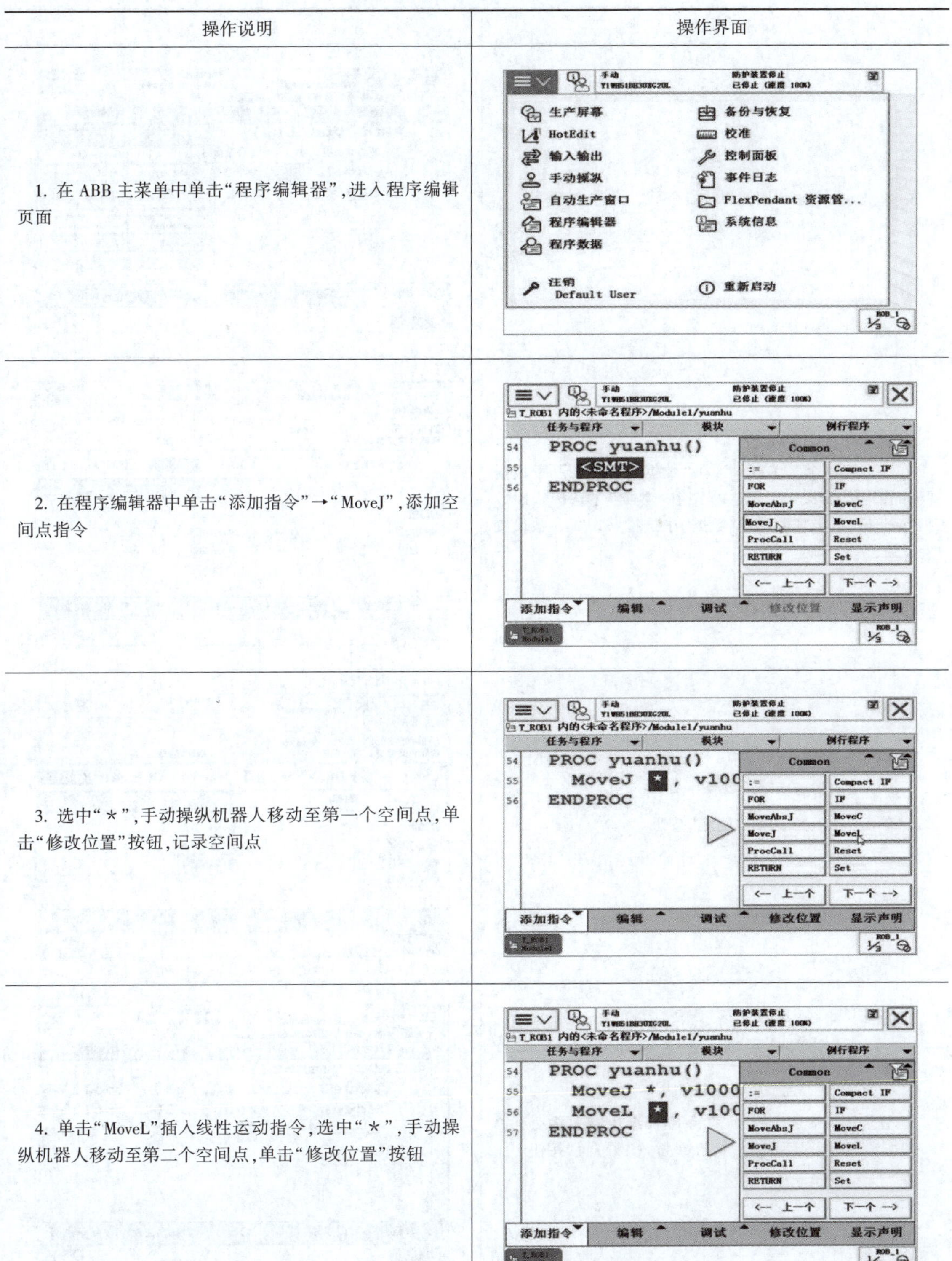

操作说明	操作界面
1. 在 ABB 主菜单中单击“程序编辑器”，进入程序编辑页面	
2. 在程序编辑器中单击“添加指令”→“MoveJ”，添加空间点指令	
3. 选中“ * ”，手动操纵机器人移动至第一个空间点，单击“修改位置”按钮，记录空间点	
4. 单击“MoveL”插入线性运动指令，选中“ * ”，手动操纵机器人移动至第二个空间点，单击“修改位置”按钮	

续上表

操作说明	操作界面
5. 单击“ArcCStart”圆弧焊接指令	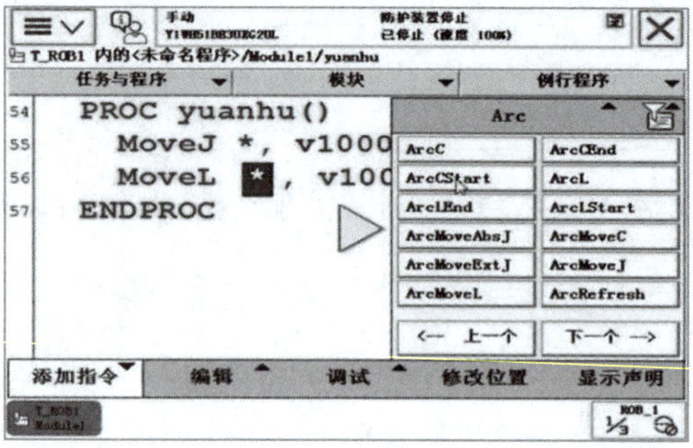
6. 单击第一个“<EXP>”，在“数据”中选择程序数据“seam1”；单击第二个“<EXP>”，在“数据”中选择程序数据“weld1”；单击“fine”，在“数据”中选择“z10”，参数设置完成后，单击“确定”按钮	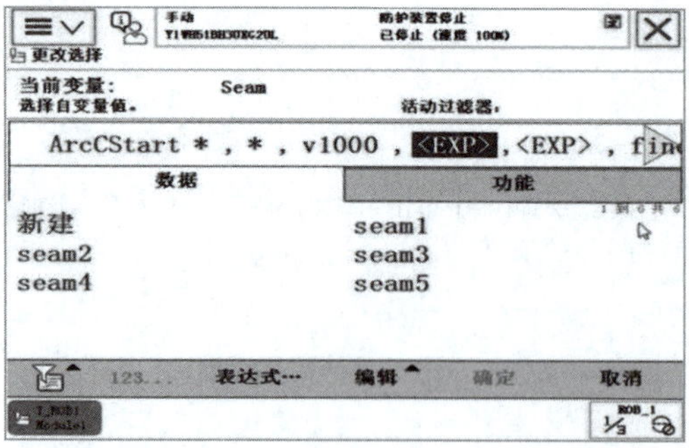
7. 单击“weave1”，单击“确定”按钮	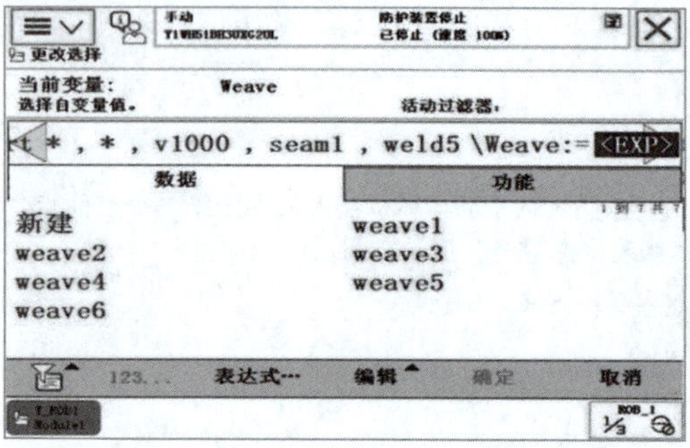
8. 分别选中指令中的“＊”，手动操纵机器人移动至第一段圆弧的中间点和终点，然后单击“修改位置”按钮	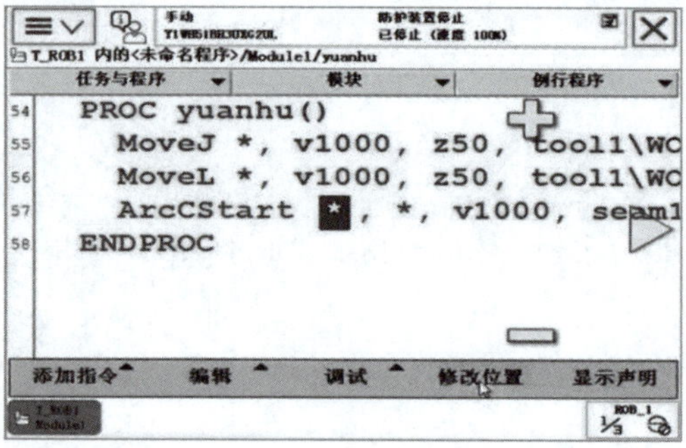

续上表

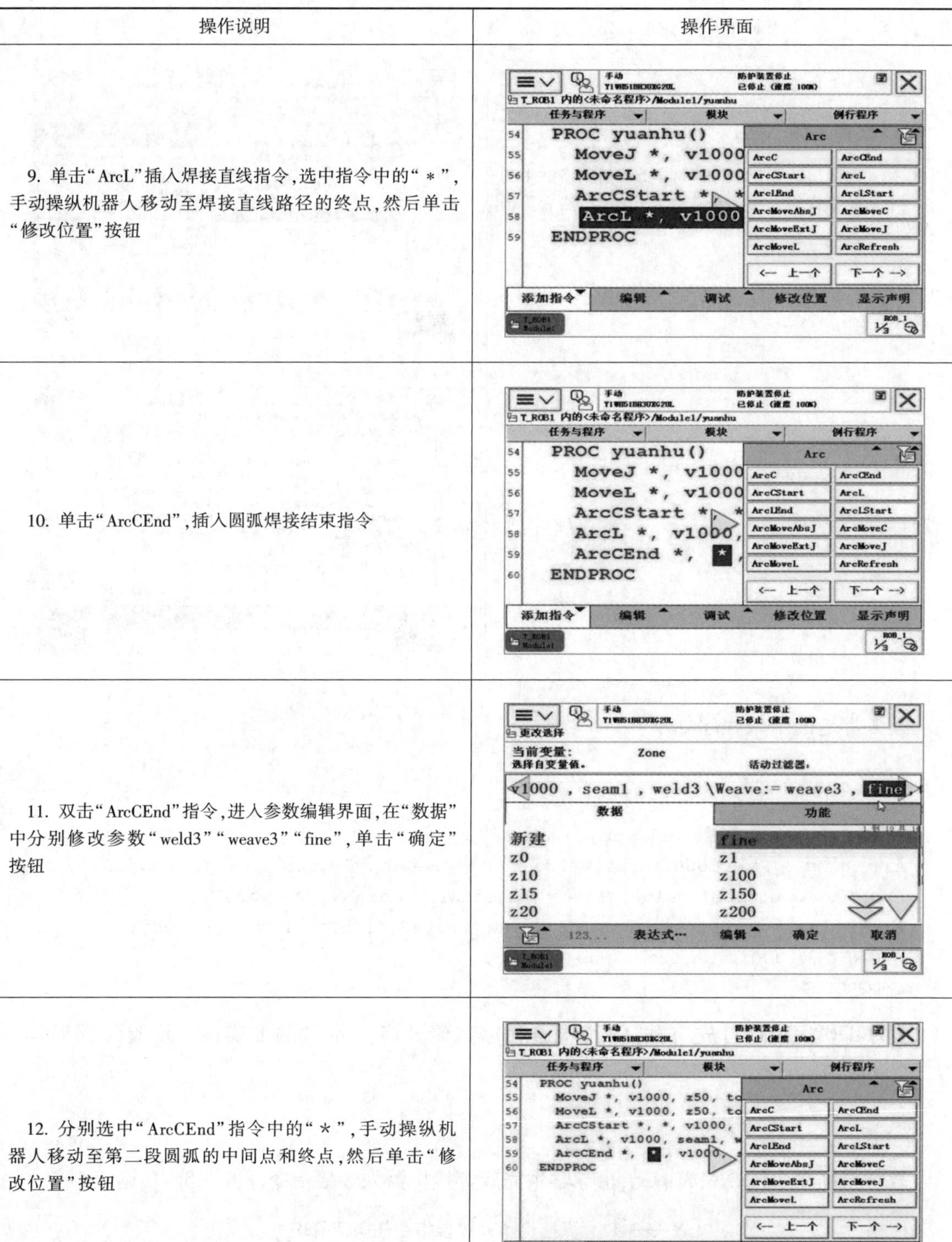

操作说明	操作界面
9. 单击“ArcL”插入焊接直线指令,选中指令中的“ * ”,手动操纵机器人移动至焊接直线路径的终点,然后单击“修改位置”按钮	
10. 单击“ArcCEnd”,插入圆弧焊接结束指令	
11. 双击“ArcCEnd”指令,进入参数编辑界面,在“数据”中分别修改参数“weld3”“weave3”“fine”,单击“确定”按钮	
12. 分别选中“ArcCEnd”指令中的“ * ”,手动操纵机器人移动至第二段圆弧的中间点和终点,然后单击“修改位置”按钮	

续上表

操作说明	操作界面
13. 插入直线运动指令,单击"MoveL",选中指令中的"*",手动操纵机器人移动至直线路径终点,然后单击"修改位置"	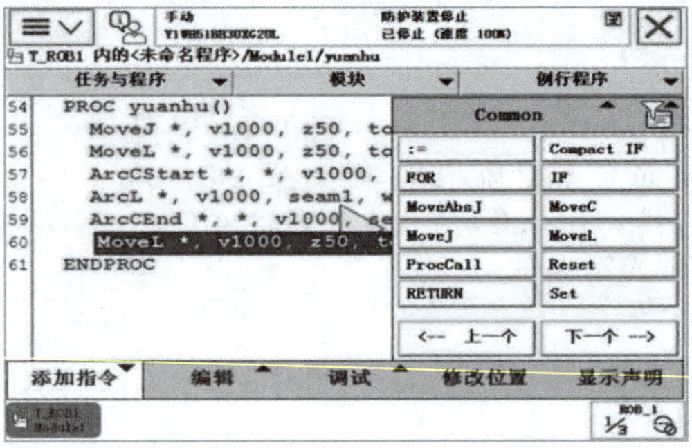
14. 程序编辑完成	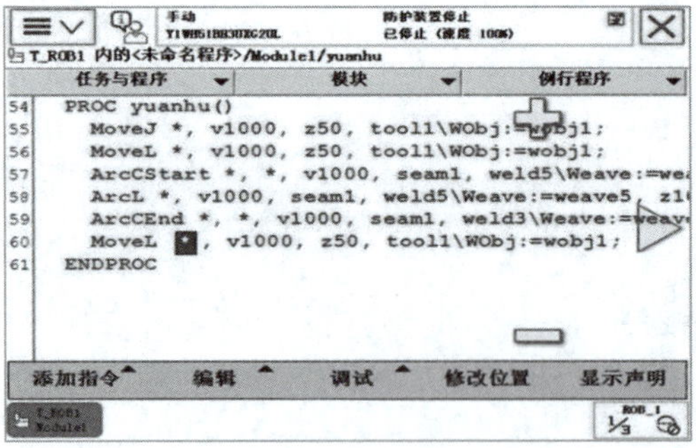

圆弧焊缝的示教程序如下:

```
PROC yuanhu()
MoveJ * ,v1000,z50,tool1 \Wobj:=wobj1;
ArcL * ,v1000,z50,tool1 \wobj:=wobj1;
ArcCStart * ,* ,v1000,seam1,weld5 \Weave=weave5,z10,tool1 \Wobj:=wobj1;
ArcL* ,v1000,seam1,weld5 \Weave=weave5,z10,tool1 \Wobj:=wobj1;
ArcCEnd * ,* ,v1000,seam1,weld3 \Weave=weave3,fine,tool1 \Wobj:=wobj1;
MoveJ * ,v1000,fine,tool1 \wobj:=wobj1;
ENDPROC
```

程序编辑完成后首先空载运行,检查程序编辑及各点示教的准确性。检验无误后运行程序。

任务评价

教师根据学生任务完成情况,指导学生完成焊接机器人焊接指令任务评价表,见表5-17。

表5-17　焊接机器人焊接指令任务评价表

检 查 项 目	配分	测评数据	实得分数
熟练使用常用的弧焊指令	15		
各焊接参数的使用、修改程序语句中的各参数	25		

续上表

检 查 项 目	配分	测评数据	实得分数
会修改焊接起弧点和息弧点的位置	10		
正确选择弯角半径 fine 值	10		
正确调节保护气体流量	10		
弧焊程序能顺利运行和焊接	20		
遵守安全操作规程	10		
总　　分	100	总成绩	

项目六 气割与等离子切割

任务一 手工气割

任务目标

(1)掌握气割的基本知识及常用材料。

(2)掌握气割条件及工艺参数。

(3)掌握氧乙炔手工气割的基本操作方法。

任务分析

气割可分为手工气割和机械气割两大类。手工气割具有设备简单、操作灵活、适应性广等特点,在机械、冶金等领域大量应用。本次实训任务:

(1)学习氧乙炔切割手工操作的基本方法。

(2)掌握氧乙炔切割直线和坡口的工艺技术,制作出合格工件。

知识准备

一、气割的基本知识

气割是利用气体火焰将金属预热到燃点,然后利用高速切割氧气流使金属剧烈燃烧,生成氧化物,并利用高速切割氧的吹力作用将金属氧化物吹掉,当金属燃烧的热量足以把金属加热到燃点时,则"预热—燃烧—吹渣"过程连续进行,并随着割枪的移动而形成割缝。

1. 气割常用材料

1)氧气

氧气是一种无色、无味、无毒的气体。氧气本身不能自燃,但它是一种极为活泼的助燃气体。气焊、气割正是利用可燃气体与氧气混合燃烧所放出的热量作为热源的。

氧气的化合能力随着压力的增大和温度的升高而增强,工业常用的高压氧气与油脂等物质接触时,极易燃烧甚至爆炸。因此,氧气在使用时,必须特别注意安全。

作为气焊和气割所用的助燃气体,氧气的纯度有一定的要求。一般气焊时,要求氧气的纯度不低于99.2%;气割时,要求氧气的纯度不低于98.5%。

2)乙炔

乙炔是一种易燃易爆的气体,当压力超过0.15 MPa时,很容易发生爆炸。如果气体温度超过580 ℃时,容易自行爆炸。同时,与乙炔接触的设备或器具禁止用银或纯铜制造,乙炔燃烧时,禁止用四氯化碳灭火。

3)丙烷、丁烷

它们是石油工业副产品,也称液化石油气。这些物质在常温和标准大气压下呈气态,当压力升至0.8~1.5 MPa时,即变为液体,成为液化石油气。此气体在纯氧中燃烧速度约为乙炔的一半。若此气体与空气混合,丙烷的体积分数在2.2%~9.5%时,遇到明火会发生爆炸。

2. 气割的设备和工具

气割设备及工具主要由氧气瓶、减压器、乙炔发生器(或乙炔瓶)、回火保险器、割炬和橡皮管等组成。

1)氧气瓶

氧气瓶是储存和运输高压氧气的容器。瓶体漆成天蓝色,并漆有“氧气”黑色字样。氧气瓶容量一般为40 L,满瓶压力为15 MPa。

2)乙炔瓶

乙炔瓶是储存和运输乙炔的容器。瓶体漆成白色,并漆有“乙炔”红色字样。瓶内装有浸满着丙酮的多孔性填料,可使乙炔在1.5 MPa的压力下安全地储存在瓶内。多孔性填料通常用质轻而多孔的活性炭、木屑、浮石和硅藻土等合制而成。

3)减压器

减压器是将氧气瓶中高压气体的压力减至气焊气割所需压力的一种调节装置。减压器不但能降低和调节压力,而且能使输出的低压气体的压力保持稳定,不会因气源压力降低而降低。气割用减压器有氧气减压器、乙炔减压器和丙烷减压器等。

4)回火保险器

回火保险器是装在燃烧气体系统,防止火焰向燃气管路或气源回烧的保险装置。当焊炬或割炬发生回火时。它可以防止火焰回烧进入乙炔瓶,或阻止火焰在乙炔管路内燃烧,从而保证乙炔瓶的安全。目前,国内使用的回火保险器有水封式和干式两种。

5)手工割炬

割炬有射吸式和等压式两种,目前应用得较多的是射吸式割炬。手工射吸式割炬的构造原理如图6-1所示。乙炔是靠预热火焰的氧气射吸作用被吸入射吸管的。这种割炬适用于低压或中压乙炔。割嘴结构有环形(组合式)和梅花形(整体式)两种。等压式割炬只适用于中压乙炔。常用的射吸式割炬型号有G01-30、G01-100、G01-300等。

6)气焊、气割辅助工具

(1)护目镜。护目镜的镜片颜色和深浅,根据焊工的需要和被焊材料性质进行选用。颜色太深或太浅都会妨碍对熔池的观察,影响工作效率。一般宜用3号到7号的黄绿色镜片。

(2)点火枪。使用手枪式点火枪点火最为安全、方便。当用火柴点火时,必须把划着了的火柴从焊嘴或割嘴的后面送到焊嘴或割嘴上,以免手被烧伤。

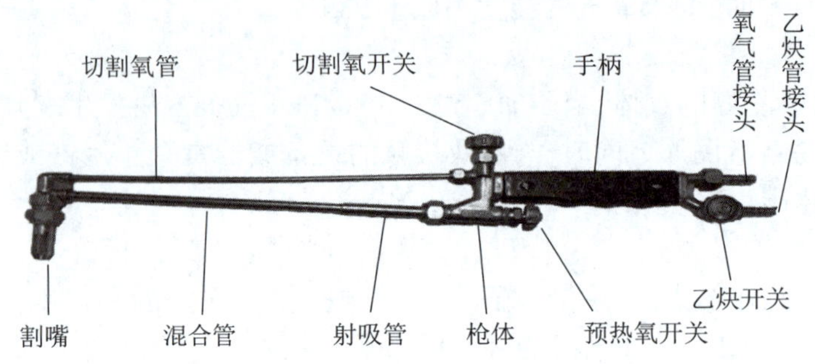

图 6-1 射吸式割炬的构造

(3)橡皮管。GB2550—1992 规定氧气管为蓝色,乙炔管为红色。氧气管:内径为 8 mm,允许工作压力为 1.5 MPa。乙炔管:内径为 10 mm,允许工作压力为 0.3 MPa。用于焊、割炬连接的胶管不能短于 5 m,一般为 10~15 m。并严禁互换使用。

(4)清理焊嘴和割嘴用的通针。每个气割工都应备有粗细不等的钢质通针一组,以便清除堵塞焊嘴或割嘴的脏物。

其他工具一般还有钢丝刷、手锤、锉刀、钢丝钳、铁丝、皮管夹头、扳手等。

3. 气割安全注意事项

(1)氧气瓶与乙炔瓶应间隔 5 m 以上,气瓶距明火的距离必须保持 6~10 m。

(2)氧气瓶口不要与油脂接触,以防爆炸。

(3)乙炔瓶附近禁止吸烟且不能安放在高压线的下方,氧气瓶应在集中的地方存放。绝不允许电焊导线从氧气瓶上通过。

(4)夏季露天施工时,氧气瓶、乙炔瓶要防止直接受到烈日暴晒,以免引起气体膨胀发生爆炸事故,必须安放在棚内或遮盖。

(5)胶管不应放在热源附近。氧气管和乙炔管不能相互代用。气管老化,必须更换。

(6)若遇回火时,必须立即关闭乙炔阀,切断乙炔气源。回火排除以后再点火时,一定要先给些氧气吹除残余碳粒。

二、气割工艺

1. 气割过程及条件

1)气割过程

气割具有设备简单、方法灵活、基本不受切割厚度与零件形状限制、容易实现机械化和自动化等优点,广泛应用于切割低碳钢和低合金钢零件。

氧气切割包括下列三个过程:

(1)预热:气割开始时,先用预热火焰将起割处的金属预热到燃烧温度(燃点)。

(2)燃烧:向被加热到燃点的金属喷射切割氧,使金属在纯氧中剧烈氧化和燃烧。

(3)吹渣:金属氧化燃烧后,生成熔渣并放出大量的热,熔渣被切割氧吹掉,所产生的热量和预热火焰的热量将下层金属加热至燃点,然后持续下去就将金属逐渐地割穿。随着割炬的移动,割出所需的形状和尺寸。

2)气割条件

氧气切割过程是“预热—燃烧—吹渣”过程。但并不是所有的金属都能满足这个过程的要求,只有符合下列条件的金属才能进行氧气切割。

(1)金属在氧气中的燃烧点应低于熔点。

(2)金属气割时形成氧化物的熔点应低于金属本身的熔点。

(3)金属在切割氧射流中燃烧应该是放热反应。

(4)金属的导热性不应太高。

(5)金属中阻碍气割过程和提高钢的可淬性的杂质少。

金属的氧气切割过程主要取决于上述五个条件。纯铁和低碳钢能满足上述要求,所以能很顺利地进行气割。钢中含碳量增加时,气割过程开始恶化,当碳的质量分数超过 0.7%时,必须将割件预热至 400~700 ℃才能进行气割;当碳的质量分数大于 1%~1.2%时,割件就不能进行正常气割。铸铁不能用普通方法气割,原因是它在氧气中的燃点比熔点高很多,同时产生高熔点的 SiO_2,而且氧化物的黏度也很大,流动性又差,切割氧射流不能把它吹除。此外,由于铸铁中含碳量高,碳燃烧后产生 CO 和 CO_2 冲淡了切割氧射流,降低了氧化效果,使气割产生困难。

高铬钢和铬镍钢会产生高熔点的氧化铬和氧化镍(约 1 990 ℃),遮盖了金属的割缝表面,阻碍下一层金属的燃烧,也使气割产生困难。

铜、铝及其合金有较高的导热性,加之铝在切割过程中产生的氧化物熔点高,而铜产生的氧化物放出的热量较低,都使气割产生困难。目前,铸铁、高铬钢、铬镍钢、铜、铝及其合金均采用等离子切割。

2. 气割工艺参数

气割工艺参数包括切割氧压力、切割速度、预热火焰性质、火焰能率、割炬与工件间的倾角以及割炬与割件表面的距离等。

(1)切割氧压力。切割氧的压力与割件厚度、割嘴号码以及氧气纯度等因素有关。随着工件厚度的增加,选择的割嘴号码要增大,氧气压力也要相应增大。反之,所需氧气的压力就可适当降低。但氧气压力是有一定范围的,若氧气压力过低,会使气割过程中的氧化反应减慢,同时在切口的背面会形成难以清除的熔渣黏结物,甚至不能将割件割穿;反之,若氧气压力过大。不仅会造成浪费,而且还将对割件产生强烈的冷却作用,使切割表面粗糙,切口宽度加大,切割速度反而减慢。

(2)切割速度。切割速度与工件厚度和使用的割嘴形状有关。工件越厚,切割的速度越慢;反之,工件越薄,则切割速度越快。然而,切割速度太慢,会使割缝边缘熔化;切割速度过快,会产生很大的后拖量或造成割不穿。

(3)预热火焰性质。一般按氧气和乙炔体积比值的不同,可以将氧乙炔焰分为中性焰、碳化焰和氧化焰三种。

①中性焰:比值为 1.1~1.2 时形成的火焰,用于大多数金属焊接。

②碳化焰:比值<1.1 形成的火焰,用于中高碳钢或需渗碳金属的焊接。

③氧化焰:比值>1.2 形成的火焰,用于焊黄铜及镀锌材料。

气割时,预热火焰应采用中性焰或轻微的氧化焰,而不能采用碳化焰。因为碳化焰会使割缝边缘增碳。因此,在切割过程中要随时调整预热火焰。

(4)火焰能率。火焰能率是指单位时间内可燃气体(乙炔)的消耗量,单位为 L/h。火焰能率的大小是由焊炬型号和焊嘴号码大小来决定的。焊嘴号越大火焰能率也越大。能率对切割质量的影响；该值过大，切口上缘产生连续珠状钢粒或熔化成圆角，背面挂渣严重；该值过小，则气割受阻，降低切割速度，割不透。

(5)割炬与割件间的倾角。割炬与割件间倾角的大小主要根据割件的厚度确定，见表6-1。如果倾角选择不当，不但不能提高切割速度，反而使气割困难，而且还会增加氧气的消耗量，割炬倾角方向如图6-2所示。

表6-1 割炬与割件间的倾角

割件厚度/mm	<6	6~30	>30		
			起割	割穿后	停割
倾斜方向	后倾	垂直	前倾	垂直	后倾
倾斜角度	25°~45°	0°	5°~10°	0°	5°~10°

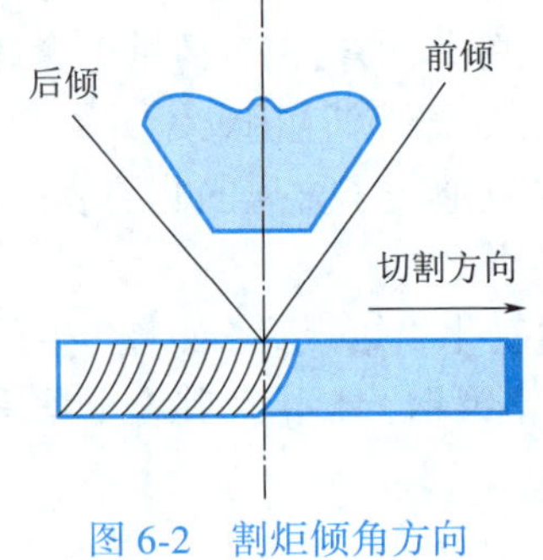

图6-2 割炬倾角方向

(6)割炬与割件表面的距离。割炬与割件表面的距离应根据预热火焰的长度和割件厚度来决定。通常火焰焰心离开割件表面的距离应保持在3~5 mm，因为这时加热条件最好，割缝渗碳的可能性也最小。如果焰心触及工件表面，不但会引起割缝上缘熔化，而且会使割缝渗碳的可能性增加。

除以上因素外，影响气割质量的因素还有钢材质量及表面状况、切口形状、可燃气体种类及供给方式、割炬形式等，气割时应根据实际情况选择参数。

任务实施

一、气割准备

1. 焊接设备与工具

G01-30型(含1号、2号环形割嘴)、氧气瓶、乙炔瓶、氧气减压器、乙炔减压器及气割辅助材料(扳手、通针、护目镜等)。

2. 气割材料

氧气、乙炔。

3. 实习割件

材质为Q235钢板，厚度为4 mm、12 mm两种；长×宽为450 mm×300 mm，并用石笔画出切割线，每条切割线间距20 mm，进行直线气割练习。

二、切割参数

手工射吸式割炬切割参数见表6-2。

表6-2 手工射吸式割炬切割参数

割枪型号	氧气压力/MPa	乙炔压力/MPa	割嘴号码	切割低碳钢厚度/mm
G01-30	0.3~0.4	0.03~0.10	1#	4
	0.4~0.5		2#	12

三、操作步骤

1. 中厚板(12 mm)的气割

将12 mm的钢板用钢丝刷仔细清理表面,去除氧化物、铁锈等,割件下面用耐火砖垫空,以便排放熔渣,不能把割件直接放在水泥地上进行气割。

点火后,调节火焰为中性焰或轻微氧化焰,气割参数见表6-2。先检查割炬的射吸能力和切割氧流的形状(风线形状)。打开切割氧阀门,观察风线,应为笔直而清晰的圆柱体,并有一定的挺度(火焰沿其轴线方向喷射的能力)。若风线不规则,应当关闭割炬所有阀门,用通针修整切割氧喷嘴或割嘴,若调整不好,则应更换割嘴。

1)操作姿势

双脚呈"八"字形蹲在割件一旁,右手握住割炬手柄,同时用拇指和食指握住预热氧的阀门,右臂靠右膝盖,左臂悬空在两脚中间,左手的拇指和食指控制切割氧的阀门,其余手指平稳地托住混合管,左手同时起把握方向的作用,如图6-3所示。眼睛注视割件和割嘴,切割时注意观察割线,注意呼吸要均匀、有节奏。

图6-3 气割操作姿势

2)预热和起割

在割件的割线右端开始预热,待预热处呈现亮红色时,将火焰略微移至边缘外,同时慢慢打开切割氧阀。当看到预热的红点在氧气中被吹掉。再进一步加大切割氧阀门,割件的背面飞出鲜红的氧化铁渣,说明割件已被割透,再将割炬以正常的速度从右向左移动。

3)气割过程

起割后,即进入正常的气割阶段。整个过程中要做到:

(1)为了保证割缝质量,切割速度要均匀,这是整个切割过程中最重要的一点。为此,割炬运行要均匀,割嘴与工件的距离要求尽量保持不变。

(2)为了使切割后的切缝与切割线吻合,切割时切缝的前端与割线是固定在一个点上相交进行移动的。

(3)当气割完一段后需要移动位置时应首先关掉切割氧气阀,停止切割,待移动好位置后再进行切割。在移动位置重新切割时,要在原来的停割处进行预热,然后对准割缝开启切割氧气阀,继续进行切割。

(4)气割过程中,气割风线的形状是保证气割质量的前提,气割时除了要仔细观察割嘴和割缝外,同时要注意,当听到"噗噗"声时为割穿,否则未割穿。

(5)气割过程中,有时会由于各种原因而出现爆鸣和回火现象,此时应迅速关闭切割氧调节阀门,火焰会自动在割嘴外正常燃烧;如果在关闭阀门后仍然听到割炬内还有嘶嘶的响声,说明火焰还没有熄灭,应迅速关闭乙炔阀门。

4)停割

气割过程临近终点停割时,割嘴应沿气割方向略向后倾斜一个角度,以便使钢板的下部提前割透,使割缝在收尾处较整齐。停割后要仔细清除割口周边的挂渣,以便后期加工。

2. 薄板(4 mm)的切割

将 4 mm 厚的钢板用耐火砖垫好,然后进行切割,切割参数见表 6-2 所示。

气割厚度为 4 mm 以下的钢板时,不仅氧化铁渣不易吹掉,而且冷却后氧化铁渣黏在钢板背面更不易铲除。如果切割速度过慢或火焰能率过大,钢板不仅变形大,而且正面棱角易被熔化。往往形成前面割开而后面又熔合在一起的现象。为了使薄板得到较好的气割效果,薄板的切割应注意以下几点:

(1)采用 G01-30 型割炬及小号割嘴,预热火焰能率要低。

(2)切割时应将割嘴沿切割方向的反向倾斜一定的角度(30°~60°),以防止切割处过热而熔化。

(3)采用较快的切割速度。

(4)割炬与割件表面的距离应保持 10~15 mm。

(5)由于钢板较薄,切割者最好不要蹲在薄钢板之上,以避免产生过大变形,影响切割质量。如工件较大,不得不蹲在薄板之上时,可在薄板下垫一块厚板,但所垫厚板应避开切割线。切割过程中,操作者注意力要更为集中,呼吸要均匀,握割炬的手要稳,切割移动速度要均匀。

3. 中厚板(12 mm)手工气割开 V 形坡口

常用开坡口的方法有机械加工、火焰加工或电弧加工等几种。考虑到手工火焰加工的灵活性及经济性,因而手工氧乙炔焰开 V 形坡口在实际生产中得到了广泛的应用。

(1)根据板厚 $\delta=12$ mm 和单面坡口的角度 $\alpha=30°$,按公式 $b=\delta\tan\alpha=12\ \text{mm}\times\tan 30°$,算出单面坡口的切割线宽度 $b\approx6.93$ mm,并划出坡口切割线,切割 V 形坡口示意图,如图 6-4 所示。

(2)根据板厚正确选择割炬 G01-30 和 2 号割嘴,并选择合理的氧气、乙炔压力与气体流量,其与钢板厚度相适应,切割参数见表 6-2。

(3)调整割嘴角度,使之符合 $a\approx30°$的要求,然后采用后拖或向前推移的操作方法进行切割,如图 6-5 所示。

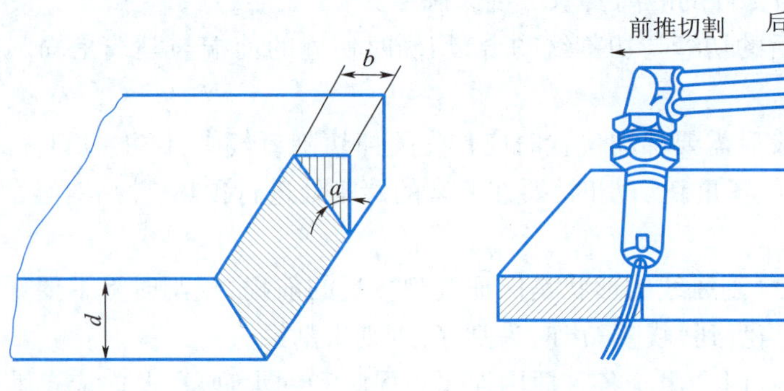

图 6-4　切割 V 形坡口示意图

图 6-5　手工气割坡口的操作方法

(4)为了得到宽窄和角度一致的坡口,气割时,可将割嘴靠在角钢的一边进行切割,也可以将割嘴装在角度可调节的滚轮架上进行切割。

4. 清理现场

练习结束后,必须整理工具设备,关闭气瓶,清理打扫场地,做到“工完场清”,并由值日生或指导教师检查,做好记录。

操作要点

(1)火焰的点燃:先逆时针稍微打开预热氧开关(1/5 或 1/6 圈),再逆时针打开乙炔开关(适当开大些,1/2 左右),然后点火。点火时如不易点燃或放炮,则是因为氧、乙炔比不对,可适当改变两开关的开启量。点火时拿火源的手不能正对焊嘴,手应该置于焊嘴上侧(近混合管侧)。点火时,焊嘴也不能指向人。

(2)火焰性质的调节:点燃后火焰多为碳化焰,而气割时多需用中性焰或轻微氧化焰,所以首先应加大氧气的供应量,当内焰与焰芯完全重合时(此时内焰长只有 2~3 mm),火焰基本达到要求。

(3)规定的熄火方法:先关闭切割氧开关,然后再关闭乙炔开关,最后关闭预热氧开关。

任务评价

教师根据学生任务完成情况,指导学生完成手工气割任务评价表,见表 6-3。

表 6-3 手工气割任务评价表

检 查 项 目	配分	测评数据	实得分数
切口表面应光滑干净,割纹要粗细均匀	20		
气割的氧化铁挂渣要少,且容易脱落	10		
气割切口的间隙要窄,且宽窄一致	10		
气割切口的钢板没有熔化现象,棱角完整	10		
切口与割件平面角度应正确	10		
割缝不歪斜	20		
文明生产	20		
总 分	100	总成绩	

任务二 半自动气割

任务目标

(1)了解半自动气割设备的结构、工艺特点及使用方法。

(2)掌握半自动气割开坡口的操作技术。

任务分析

半自动气割机是一种最简单的机械化气割设备,由一台小车带动割嘴在专用的轨道上自动移动,但轨道需要人工调整。半自动气割机最大的特点是轻便、灵活、移动方便。目前用得最多的是气割直线和坡口。

常用的半自动气割机为 CG1-30 型半自动气割机。这是一种结构简单、操作方便的小车

式半自动气割机,它能切割直线或圆弧。本次实训任务:

(1)学习半自动气割设备的使用方法。

(2)掌握半自动气割设备开坡口的工艺技术,制作出合格工件。

知识准备

机械气割方法与手工切割相比,机械气割具有劳动强度低、气割质量好、生产率高及成本低等优点,因此其应用越来越广泛。机械气割有以下几种类型:

(1)半自动气割。常用的CG1-30型半自动气割机是一种小车式半自动气割机,如图6-6所示。它具有构造简单、质量轻、可移动、维护方便等优点,因此应用较广。

机体采用铸铝外壳,机身上装有小车行走机构、气体分配器、控制板和割嘴支持架等。行走机构由功率为24 W的电动机带动,经减速器后,驱动主动轴带动小车行走,而从动轮在切割圆形割件时,可松动固定螺母,使其自动适应转动方向。供割嘴用的氧和乙炔气体由气体分配器供给,也可经过改装不需经分配器而直接供给。控制板上装有可控硅调速线路,可以对小车行走速度进行均匀而稳定的调节。在割嘴支持架上,安装有调节割嘴横向移动、升降移动和倾斜角度的支架,可以随时按工作要求对割嘴进行调整。

它能切割直线和圆弧,目前用得最多的是切割直线。一般情况下,一名工人可以操纵一台半自动气割机。

(2)仿形气割。仿形气割是指气割割炬跟着磁头沿一定形状的钢质靠模移动进行的机械工业化切割。仿形气割机是一种高效率的半自动氧气气割机,CG2-150型仿形气割机如图6-7所示。可以方便而又精确地切割出各种形状的零件。

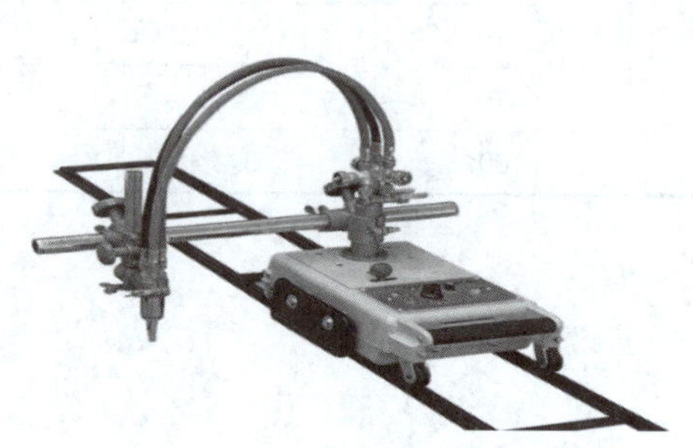

图6-6　CG1-30型半自动气割机

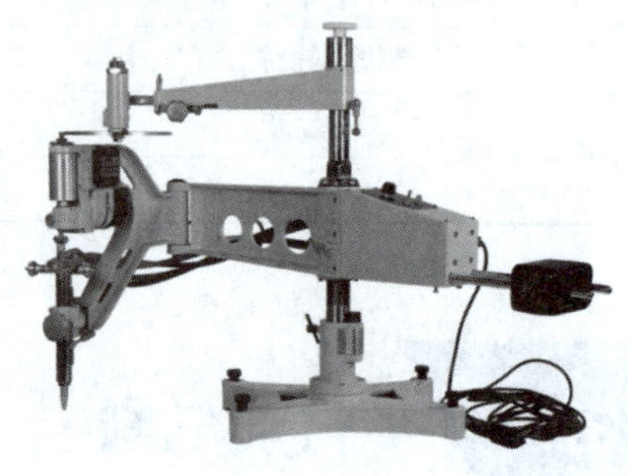

图6-7　CG2-150型仿形气割机

(3)数控气割。数控气割是指按照数字指令规定的程序进行的热切割。数控气割不仅可省去放样、划线等工序,使工人的劳动强度大大降低,而且切口质量好,生产率高。因此,在造船、锅炉及化工机械等部门得到越来越广泛的应用。

(4)光电跟踪自动气割。光电跟踪自动气割是一项新技术,它是将被切割零件的图样以一定比例画成缩小的仿形图,用作光电跟踪。光电跟踪气割机是通过光电跟踪头的光电系统自动跟踪模板上的图样线条,控制割炬的动作路线与光电跟踪头的路线一致来完成自动气割的。由于光电跟踪的稳定性好且传动可靠,所以大大提高了气割的质量和生产率,减轻了工人的劳动强度,故光电跟踪自动气割在造船、锅炉及化工机械等部门均得到了应用。

任务实施

一、气割准备

1. 焊接设备与工具

CG1-30 型半自动气割机、氧气瓶、乙炔瓶、氧气减压器、乙炔减压器及气割辅助材料（扳手、通针、护目镜等）。

2. 气割材料

氧气、乙炔。

3. 实习割件

Q235 钢板或 16Mn 钢板，规格为 300 mm×130 mm×12 mm。

二、切割参数

CG1-30 型半自动气割机割嘴大小与气割工艺参数的关系，见表 6-4。

表 6-4　CG1-30 型气割机割嘴大小与气割工艺参数的关系

割件厚度/mm	割嘴号	气体压力/MPa		切割速度/($mm \cdot min^{-1}$)
		氧气	乙炔	
5~20	1	0.6	0.06	500~600
21~40	2	0.7	0.07	400~500
42~60	3	0.8	0.08	300~400

三、操作步骤

1. 划坡口切割线

划线前，先用钢丝刷清理除掉割件的表面氧化皮、铁锈和尘垢，然后根据板厚 $\delta=12$ mm 和单面坡口的角度 $\alpha=30°$，按公式 $b=\delta\tan\alpha=12\ mm\times\tan 30°$，算出单面坡口的宽度 $b\approx6.93$ mm，并划出坡口切割线，如图 6-4 所示。

2. 安装、调试设备

将半自动切割小车及轨道安置好，将需要切割的钢板沿轨道方向放置（长度方向与轨道平行），钢板底部用耐火砖垫起。

调节氧气和乙炔的工作压力分别为 0.6 MPa 和 0.06 MPa。正式切割前先调试切割风线，若风线不佳，应当用通针修整，若修整不好，应立即更换割嘴。

将割嘴倾斜角度调整为 30°，再根据钢板位置横向和垂直方向调节割嘴位置，使割嘴与钢板表面的距离为 3~5 mm。

3. 切割

将倒顺开关扳至所需位置，打开乙炔和预热氧调节阀，点火并调整好预热火焰。待割件预热到工件燃烧温度后，打开切割氧阀割穿工件。接通行走电机电源，合上离合器，割机启动，切割开始。

气割过程中,可随时旋转升降架上的调节手轮,调节割嘴与工件之间的距离。

切割完毕后,先将切割氧阀门关闭,再依次关闭乙炔阀门、预热氧阀门,最后将小车停下。

4. 检查

检查钢板的切割情况,去除钢板背面的氧化铁挂渣。切口表面应整齐、光滑、无沟槽、无边缘熔化和未割穿现象。

5. 清理现场

练习结束后,必须整理工具设备,关闭气瓶,清理打扫场地,做到“工完场清”,并由值日生或指导教师检查,做好记录。

操作要点

(1)安置小车导轨应当略高于钢板所在平面。

(2)切割过程中在保证割穿的情况下,应尽量加快小车行进速度。

(3)若遇到割不穿问题时,可适当加大切割氧气压力。

(4)半自动气割质量的控制关键是依靠选择合理的气割工艺参数,以及在切割过程中根据切割情况及时调整气割工艺参数得以实现。

任务评价

教师根据学生任务完成情况,指导学生完成半自动气割任务评价表,任务评价内容见表6-5。

表6-5 半自动气割任务评价表

检 查 项 目	配分	测评数据	实得分数
切口表面应光滑干净,割纹要粗细均匀	20		
气割的氧化铁挂渣要少,且容易脱落	10		
气割切口的间隙要窄,且宽窄一致	10		
气割切口的钢板没有熔化现象,棱角完整	10		
切口与割件平面角度应正确	10		
割缝不歪斜	20		
文明生产	20		
总 分	100	总成绩	

任务三 等离子弧切割

任务目标

(1)掌握等离子弧切割的基本知识以及安全技术。

(2)掌握等离子弧切割设备的组成和使用方法。

(3)掌握手工空气等离子弧切割的基本操作方法。

任务分析

等离子弧切割是利用等离子弧热能实现金属熔化的切割方法。切割用等离子电弧温度一般为10 000~14 000 ℃,远远超过所有金属以及非金属的熔点。最初用于切割氧乙炔焰无法切割的金属材料,如铝合金及不锈钢等,但随着这种方法的发展,其应用范围已经扩大到碳钢和低合金钢。

根据切割气流的不同,可分为氮等离子弧切割、空气等离子弧切割和氧等离子弧切割等。根据等离子弧割枪操作方式不同可为分手工割枪及自动割枪。本任务学习空气等离子弧手工切割设备的使用。

知识准备

一、等离子弧切割原理基本知识

1. 等离子弧切割原理

等离子弧切割是利用高温高冲力的等离子弧作为热源,将被切割工件局部熔化,并立即吹除,随着割炬向前移动而形成狭窄切口来完成切割过程的切割方法,等离子弧切割过程不是依靠氧化反应,而是靠电弧高温熔化来切割工件的。

等离子弧切割原理如图6-8所示。其中,图6-8(a)采用转移弧,适用于金属材料切割;图6-8(b)采用非转移弧,既可用于非金属材料切割,也可用于金属材料切割。但由于工件不接电源,电弧挺度差,故能切割的金属材料厚度较小。

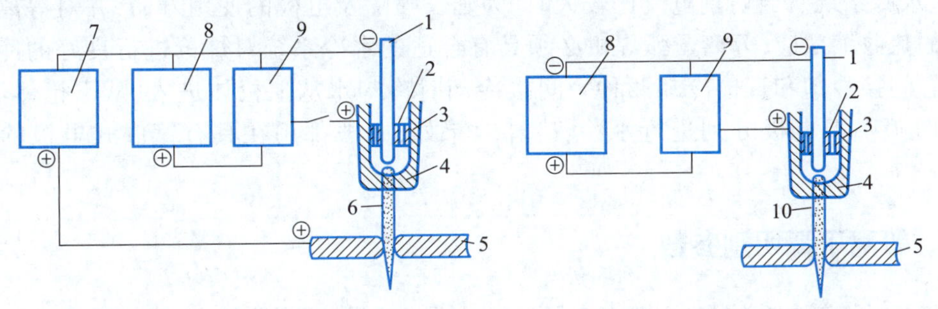

(a)转移型等离子弧切割　　(b)非转移型等离子弧切割

1—电极;2—离子气;3—对中环;4—喷嘴;5—工件;6—转移型等离子焰;7—转移弧电源;8—非转移弧电源;9—高频振荡器;10—非转移型等离子焰。

图6-8　等离子弧切割原理示意图

2. 等离子弧切割特点

(1)切割速度快,生产率高。它是目前常用的切割方法中切割速度最快的。

(2)切口质量好。等离子弧切割切口窄而平整,产生的热影响区和变形都比较小,所以切割边可直接用于装配焊接。

(3)应用面广。由于等离子弧的温度高,能量集中,所以能切割大部分金属材料,如不锈钢、铸铁、铝、铜等。在使用非转移型等离子弧时还能切割非金属材料,如石块、耐火砖、水泥块等。

3. 等离子弧切割设备

空气等离子弧切割设备主要由电源、割枪、控制系统、供气设备组成,水冷枪还需有水冷系统。如果是自动切割,还要有切割小车。

(1)电源。等离子弧切割采用具有陡降或恒流外特性的直流电源。为获得满意的引弧及稳弧效果,电源空载电压一般为切割时电弧电压的 2 倍,常用切割电源空载电压为 150~400 V。

(2)割枪。等离子弧切割用割枪的具体形式取决于割枪的电流等级,一般 60 A 以下割枪多采用风冷结构,即利用高压气流对喷嘴及枪体冷却及对等离子弧进行压缩。而 60 A 以上割枪多采用水冷结构,割枪压缩喷嘴的结构尺寸对等离子弧的压缩及稳定有直接影响,并关系到切割能力、割口质量及喷嘴寿命。

割枪中的电极可采用纯钨、钍钨、铈钨棒,也可采用镶嵌式电极。电极材料优先选用铈钨,但空气等离子弧切割时,则采用镶嵌式锆或铪电极。喷嘴和电极在切割过程中最易损坏,必须定期进行更换。

(3)控制系统。等离子弧切割过程的控制相对简单,主要有起动、停止控制,联锁控制及切割轨迹控制。大部分手工切割通过制枪上的触动开关控制操作过程,压下开关开始切割,松开开关或抬起割枪停止切割。

(4)供气设备。空气等离子弧切割供气装置的主要设备是一台大于 1.5 kW 的空气压缩机,切割时所需气体压力为 0.3~0.6 MPa。如选用其他气体,可采用瓶装气体经减压后供切割时使用。

(5)水冷系统。当切割电流比较大时,为延长喷嘴及电极的使用寿命,并对等离子弧产生良好的热收缩效应,等离子弧焊机必须具有合适的水冷系统对焊枪进行良好的冷却。冷却方式有间接冷却和直接冷却两种。间接冷却时冷却水从上枪体进入,从下枪体流出;直接冷却时喷嘴及电极分别进行水冷,冷却效果好,一般都用在具有镶嵌式电极的焊枪结构中。

二、等离子弧切割参数

等离子弧切割参数较多,主要有离子气的种类和流量、喷嘴孔径、空载电压、切割电流和切割电压、切割速度等。各种参数对切割过程的稳定性和切割质量均有不同程度的影响,切割时必须依据切割材料种类、工件厚度和具体要求来选择。

(1)离子气的种类和流量。等离子弧切割使用的离子气有 N_2、Ar、N_2-H_2、空气以及氧气等。离子气的种类决定切割时的弧压,弧压越高切割功率越大,切割速度及切割厚度都相应提高。但弧压越高,要求切割电源的空载电压也越高,否则难以引弧或电弧在切割过程中容易熄灭。

提高离子气流量,既能提高切割电压又能增强对电弧的压缩作用,有利于提高切割速度和切割质量。但气流量过大,反而使切割能力下降和电弧不稳定。

(2)空载电压。等离子弧切割要求电源有较高的空载电压(一般不低于 150 V),因为空载电压低将使切割电压的提高受到限制,不利于厚件的切割。切割厚度大的工件时,空载电压必须在 220 V 以上,最高可达 400 V。由于等离子弧切割空载电压较高,操作时必须注意安全。

(3)切割电流。一般依据板厚及切割速度选择切割电流,提供切割设备的厂商都向用户说明某一电流等级的切割设备能够切割板材的最大厚度。

(4)切割电压。电流增大可以增大切割厚度和切割速度,但切口加宽,且易烧损喷嘴。因此切割大厚度工件时,以提高切割电压最为有效。但电压过高或接近空载电压时,电弧难以稳定,为保证电弧稳定,要求切割电压不大于空载电压的 2/3。

(5)切割速度。在切割功率不变的前提下,提高切割速度使切口变窄,热影响区减小。应在保证切透的前提下尽可能选择大的切割速度。

(6)喷嘴高度。喷嘴距工件高度一般为 6~8 mm,空气等离子弧切割所需高度略小,正常切割时一般为 2~5 mm。除正常切割外,空气等离子切割时还可以将喷嘴与工件接触,即喷嘴贴着工件表面滑动,这种切割方式称为接触切割或笔式切割,切割厚度约为正常切割时的一半。

三、空气等离子弧切割

采用压缩空气作为离子气的等离子弧切割称为空气等离子弧切割。一方面由于空气来源广,因而切割成本低,另一方面用空气作为离子气时,等离子弧能量大,加之在切割过程中氧与被切割金属发生氧化反应而放热,因而切割速度快,生产率高。

当板材厚度为 12 mm 时,空气等离子弧切割速度为氧乙炔焰切割速度的 2 倍。而切割厚度为 9 mm 时、切割速度是氧乙炔焰切割速度的 3 倍。由于切割速度快,人工费相对降低,加之压缩空气价廉易得,空气等离子弧在切割 30 mm 以下板材时比氧乙炔切割更具优势。

空气等离子弧切割中存在的主要问题是电极受到强烈的氧化腐蚀,所以在实际生产中,采用镶嵌式锆(或铪)电极,并采用直接水冷式结构。为进一步降低电极烧损,也可采用复合式空气等离子弧切割,这种方法采用内外两层喷嘴,内层喷嘴通入常用的工作气体,外层喷嘴内通入压缩空气,如图 6-9 所示。

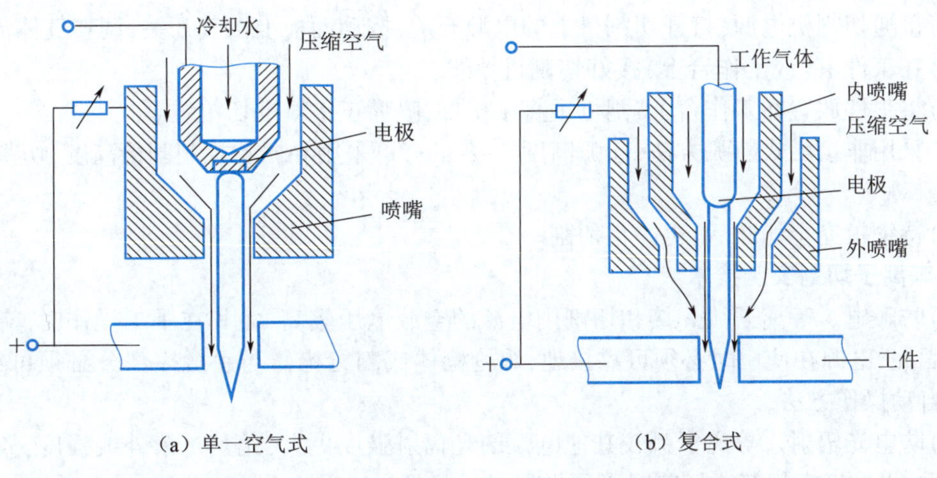

图 6-9 空气等离子弧切割方法示意图

任务实施

一、切割准备

1. 焊接设备与工具

LGK-120IGBT 等离子切割机、空气压缩机、钢直尺、石笔、木直尺、防护面罩、防护口罩等。

2. 实习割件

Q235 钢板，规格为 300 mm×130 mm×10 mm。

二、切割参数

LGK-120IGBT 等离子切割机主要参数见表 6-6。

表 6-6　LGK-120IGBT 等离子切割机主要参数

切割板厚/mm	切割电流/A	喷嘴直径/mm	气压/MPa	额定输出电压/V	空载电压/V	切割高度/mm	切割速度/($mm \cdot min^{-1}$)
10	100~120	1.6	0.5~0.6	120	300	5~8	1 200~1 700

三、操作步骤

1. 操作准备

将 10 mm 的钢板用钢丝刷仔细清理表面，去除氧化物、铁锈等，利用钢直尺和石笔在钢板上画出切割线(线宽小于 1.2 mm)。

2. 切割

(1)接通空气压缩机电源，空气压缩机工作，压力升至调定压力(一般为 0.5~0.7 MPa)后，空气压缩机停止工作，检查有无漏气现象。

(2)打开通向切割机的气路开关。

(3)接通切割机电源，打开切割机上的电源开关，按动面板上试气开关，调整气体流量。

(4)在工件上(或工作台上)接好切割机地线。

(5)将工件放置在工作台上，割枪垂直于工件，喷嘴正中对准切割线。

(6)采用非接触式起弧方法，起弧高度 5~8 mm，可采用导向轮控制割枪高度，切割方向从前向后运动。

(7)待钢板完全切断后，再停止切割。

3. 等离子切割安全技术

(1)防触电。等离子弧焊接和切割用电源的空载电压较高，尤其在手工操作时，有电击的危险。因此，电源在使用时必须可靠接地，焊枪枪体或割枪枪体与手触摸部分必须可靠绝缘，或采用自动操作方法。

(2)防电光辐射。等离子弧较其他电弧的光辐射强度更大，尤其是紫外线强度，故对皮肤损伤严重，操作者在焊接或切割时必须做好身体防护。

(3)防灰尘与烟气。等离子弧焊接和切割过程中伴随有大量气化的金属蒸汽、臭氧、氮化物等。切割时,可安置排风装置,也可以采取水中切割方法。

(4)防噪声。等离子弧会产生高强度、高频率的噪声,要求操作者必须佩戴耳塞。

4. 清理现场

练习结束后,必须整理工具,关闭设备,清理打扫场地,做到“工完场清”,并由值日生或指导教师检查,做好记录。

操作要点

起弧时,一般要从钢板边缘起弧,起弧成功后再根据钢板厚度匀速移动,进行切割,采用边缘起弧切割会延长易损件的寿命。

特殊情况,需要穿孔切割时,割枪要向一侧倾斜 30°角,等穿孔成功,进行移动时再慢慢将割炬转为垂直钢板,避免烧毁割枪。

发现切割质量变差、忽然断弧等情况,应立即检查割枪电极和喷嘴等易损件,防止烧毁割枪。

任务评价

教师根据学生任务完成情况,指导学生完成等离子弧切割任务评价表,见表 6-7。

表 6-7 等离子弧切割任务评价表

检 查 项 目	配分	测评数据	实得分数
切口表面应光滑干净,割纹要粗细均匀	20		
气割的氧化铁挂渣要少,且容易脱落	10		
气割切口的间隙要窄,且宽窄一致	10		
气割切口的钢板没有熔化现象,棱角完整	10		
切口与割件平面角度应正确	10		
割缝不歪斜	20		
文明生产	20		
总 分	100	总成绩	

参考文献

[1]杨跃. 典型焊接接头电弧焊实作[M]. 北京:机械工业出版社,2012.

[2]文清平,吴智. 焊接实训[M]. 北京:中国铁道出版社,2013.

[3]王艳芳,杨兵兵. CO_2 气体保护焊技术[M]. 北京:机械工业出版社,2011.

[4]胡玉文. 电焊工操作技术要领图解[M]. 济南:山东科学技术出版社,2005.

[5]王新民. 焊接技能实训[M]. 北京:机械工业出版社,2006.

[6]中国机械工程学会焊接学会. 焊接手册[M]. 北京:机械工业出版社,2007.

[7]徐继达. 金属焊接与切割作业[M]. 北京:气象出版社,2007.

[8]许志安. 焊接实训[M]. 北京:机械工业出版社,2008.

[9]杨松. 锅炉压力容器焊接技术[M]. 北京:机械工业出版社,2005.

[10]张梦欣. 焊接工艺与技能训练[M]. 北京:中国劳动社会保障出版社,2007.

[11]梁桂芳. 切割技术手册[M]. 北京:机械工业出版社,1997.

[12]陈倩清. 焊接实训指导[M]. 哈尔滨:哈尔滨工程大学出版社,2007.

[13]吴国志. 实用焊接安全技术[M]. 太原:山西人民出版社,2004.

[14]王大志. 焊接技术与焊接工艺问答[M]. 北京:机械工业出版社,2006.

[15]陈祝年. 焊接工程师手册[M]. 2 版. 北京:机械工业出版社,2010.

[16]雷世明. 焊接方法与设备[M]. 2 版. 北京:机械工业出版社,2009.

[17]沈惠塘. 焊接技术与高招[M]. 北京:机械工业出版社,2004.

[18]袁有德. 焊接机器人现场编程与虚拟仿真[M]. 北京:化学工业出版社,2020.

[19]胡新德,刘晓辉. 焊接机器人操作与编程[M]. 北京:机械工业出版社,2020.